Joseph Spengler

Angangsgründe der Rechenkunst und Algebra

Joseph Spengler

Angangsgründe der Rechenkunst und Algebra

ISBN/EAN: 9783743629851

Hergestellt in Europa, USA, Kanada, Australien, Japan

Cover: Foto ©berggeist007 / pixelio.de

Weitere Bücher finden Sie auf **www.hansebooks.com**

Anfangsgrün der Rechenkunst und Algebra.

Von
P. Joseph Spengler
der Gesellschaft Jesu.

Zweyte Auflage.

Augsburg,
n Verlag bey Matthäus Rieger und Söhne.
1773.

Vorrede.

Die Rechenkunst, gleichwie sie allen Ständen der Menschen sehr nützlich ist, also ist sie zur Erlernung der Weltweisheit, und der mathematischen Wissenschaften unentbehrlich. Wie sehr wäre es dann zu wünschen, daß alle studierende Jünglinge, welche diesen Wissenschaften sich einstens zu widmen gedenken, sie gleich in den ersten Jahren ihrer Jugend erlerneten, und also den so nothwendigen Grund zu diesen schönen und nützlichen Wissenschaften noch in den untern Schulen legten. Hierzu ist aber vorderst nothwendig, daß man ihnen ein solches Büchlein in die Hände gebe, welches ihnen die Grundsätze der Arithmetik, deutlich und gründlich vor Augen lege. Ob ich dieses Vorhaben in etwas erreichet habe, lasse ich dem geneigten Leser zu beurtheilen über.

Damit die Regeln der Rechenkunst tiefer in das Gedächtniß der Jünglinge eingedrücket würden, habe ich nicht unterlassen, die Ursache und den Beweis derselben anzuführen, so oft mir die Natur der Zahlen und andere leicht zu fassende Grundsätze einen solchen Beweis darbothen. Wenn ich aber aus der Algebra oder weit hergeholten Grundsätzen einen solchen Beweis hätte herleiten müssen, habe ich für besser erachtet, selben gar wegzulassen, damit ich den im Denken noch wenig geübten Knaben nicht unverständlich, und eben darum verdrüßlich würde.

Da=

Damit aber die Erlernung der Regeln angenehmer würde, habe ich fast überall die Nutzbarkeit derselben in verschiedenen, oder zur Handelschaft, oder zur Haushaltung, oder auch zur Mathematik und Weltweisheit gehörigen Aufgaben gezeiget. Wenn jemanden die aus der Weltweisheit entlehnten Aufgaben zu schwer gedunken sollen, kann er diese Aufgaben ohne Schaden weglassen.

Ich habe für gut erachtet, auch von der Algebra etwas Weniges beyzusetzen, damit die Knaben wenigstens die algebraische Formeln lesen, und einige leichtere Aufgaben vom ersten und zweyten Grade auflösen lerneten. Aus welchem jener sehr beträchtliche Nutzen erfolgen würde, daß man in Erlernung der Weltweisheit mit weit größerer Fertigkeit und Vergnügen, fortschreiten könnte.

Nun muß ich euch, studierende Jünglinge, noch einige Erinnerungen machen, welche ihr in Lesung dieses Büchleins euch wohl müsset gesagt seyn lassen. Begebet euch niemal zur Erlernung der Regeln der Arithmetik, außer mit der Feder in der Hand. Nachdem ihr eine Regel gelesen habet, nehmet alsogleich ein Exempel für die Hand: leset die Regel abermal, und machet von Punct zu Punct die Anwendung derselben in dem vorgenommenen Exempel. Also wird geschehen, daß die Dunkelheit, so ihr in der ersten Lesung der Regel vielleicht noch findet, durch die Anwendung derselben gänzlich verschwinde.

Hütet euch, daß ihr im Lernen nicht zu fast eilet: schreitet niemals weiter, ihr habet dann, was zuvor ist gesagt worden, vollkommen begriffen. Ja ihr müsset nicht zufrieden seyn, daß ihr die Regeln, welche fürgeschrieben werden,

ver-

verstehet; ihr müsset über das so lang bey einer jeden stehen bleiben, bis euch die Ausübung derselben durch alle mögliche Fälle geläufig, leicht, und ohne alle Beschwerniß fürkömmt.

Lasset euch angelegen seyn, daß ihr die Regeln nicht nur zu üben, sondern auch daher zu sagen, und anderen mit Worten zu erklären wisset. Wenn ihr diese drey Erinnerungen euch angelegen seyn lasset, so hoffe ich, es solle in diesem ganzen Werklein nichts seyn, welches ihr nicht mit leichter Mühe, und vielleicht auch ohne Lehrmeister begreifen könnet. Lebet wohl.

Verzeichniß

dessen,

was in diesem Werklein abgehandelt wird.

Von der Rechenkunst.

Erstes Kapitel.

Zweytes Kapitel.

Er-

Erster Abschnitt.

Zweyter Abschnitt.

Dritter Abschnitt.

Vierter Abschnitt.

Drittes Kapitel.

Erster Abschnitt.

Zweyter Abschnitt.

Dritter Abschnitt.

Vierter Abschnitt.

Viertes Kapitel.

Erster Abschnitt.

Zweyter Abschnitt.

Fünftes Kapitel.

Verzeichniß.

Erster Abschnitt.

Zweyter Abschnitt.

Dritter Abschnitt.

Vierter Abschnitt.

Fünfter Abschnitt.

Sechs-

Fünf-

Fünfter Abschnitt.

Sechster Abschnitt.

Siebentes Kapitel.

Erster Abschnitt.

Zweyter Abschnitt.

Anfangs-

Anfangsgründe der Algebra.

Erster theoretischer Theil.

Erstes Kapitel.

Zweytes Kapitel.

Drittes Kapitel.

Viertes Kapitel.

Zweyter praktischer Theil der Algebra.

Erstes Kapitel.

Erster Abschnitt.

Zweyter Abschnitt.

Dritter Abschnitt.

Zweytes

Zweytes Kapitel.

Drittes Kapitel.

Erster Abschnitt.

Zweyter Abschnitt.

Dritter Abschnitt.

Vierter Abschnitt.

Von der
Arithmetik
oder
Rechenkunst.

Erstes Hauptstück.

Von den
Zahlen überhaupt, und ihrem Werthe.

1. Alle Zahlen, sie mögen so groß seyn, als sie wollen, auszudrucken, bedienen wir uns nur zehn Zeichen oder Ziffern. Sie sind folgende 1. 2. 3. 4. 5. 6. 7. 8. 9. 0. Bey jedem aus diesen Zeichen, das letzte 0 ausgenommen, muß man einen doppelten Werth wohl unterscheiden. Den ersten Werth hat ein solches Zeichen, so zu sagen von seiner Natur, oder besser zu reden von

der ersten Einsetzung: also bedeutet 2 zwey, 4 vier, 7 sieben und so ferner. Den andern Werth bekömmt es von dem Orte, an dem es steht. Steht es zuletzt, das ist, an dem ersten Orte rechter Hand, so bedeutet es schlechterdings Einheiten. Steht es an dem zweyten Orte, von der Rechten zur Linken gezählet, so bedeutet es so vielmal zehn, als es sonst Einheiten bedeuten würde. Steht es an dem dritten Orte, so bedeutet es so vielmal hundert, und so ferner: daß also der Werth eines jeden solchen Zeichens immer um zehnmal größer wird, je weiter es von der Rechten zur Linken geschoben wird, oder was eben so viel ist, je mehr es Zeichen hinter sich bekömmt. Das Zeichen 0 bedeutet für sich selbst gar nichts, doch dienet es den Werth der andern zu vermehren. Also wenn 3 allein steht, bedeutet es drey Einheiten: setzet ihr aber zwo Nullen (0) darnach, und schreibet 300, zeiget es schon dreyhundert an, weil das Ziffer 3 nun schon an dem dritten Orte steht. Ein Anfänger befleiße sich, diesen zweyfachen Werth der Ziffern wohl zu begreifen, weil fast alles, was von der Arithmetik wird gesagt werden, auf diesem beruhet.

2. Aus diesem nun, was bisher gesagt ist worden, ist nichts leichters, als was immer für eine gegebene Zahl recht aussprechen. Ich hoffe, es wisse ein jeder drey neben einander stehende Ziffern auszusprechen: also weiß ja ein jeder, daß die Zahl 347 also müsse ausgesprochen werden: dreyhundert sieben und vierzig. Aber wenn eine

Zahl

Zahl aus vielen Ziffern besteht, braucht es schon einen Vortheil. Man soll zum Exempel die Zahl 3'''405·621''543·021'230·567 aussprechen. Theilet diese Zahl von der rechten Hand angefangen in ihre Classen ab, also daß ihr jeder Classe drey Ziffern gebet. Nach der ersten Classe machet oben ein Düpflein, nach der zweyten ein Strichlein: nach der dritten wieder ein Düpflein: nach der vierten zwey Strichlein, und also ferner, wie ihr in dem obigen Exempel sehet. Alsdenn sprechet jede Classe eben so aus, als wenn sie allein stünde, und wenn darauf ein Düpflein folget, sprechet tausend dazu: folget ein Strichlein, setzet Million dazu: folgen zwey Strichlein, setzet Billion dazu und so weiter. Ihr werdet hiemit die oben gegebene Zahl, also aussprechen: drey Trillionen, vierhundert und fünftausend, sechshundert und ein und zwanzig Billionen, fünfhundert drey und vierzigtausend, ein und zwanzig Millionen, zweyhundert und dreyßigtausend, fünfhundert und sieben und sechzig.

Hier setze ich einige Exempel zur Uebung bey. Die Erde hat 34'400·000 Schuhe im Durchmesser: 5406 deutsche Meilen im Umkreise: 9'288·000 Quadratmeilen in der Oberfläche: 2''665'560·000 im körperlichen Innhalte. Der Mond ist 46·440 deutsche Meilen von der Erde entfernet: Er hat 8'600·000 Schuhe im Durchmesser: 1351 deutsche Meilen im Umkreise; 714461 deutsche Meilen in der Oberfläche: 53311'200 in dem körperlichen Innhalte. Die Sonne ist von der Erde entfernet 18598360 deutsche Meilen. Sie hat 3440000000 Schuhe im Durchmesser: 540600 deutsche Meilen im Umkreise: 9289000000 in der Oberfläche, 2665560000000000 in ihrem körperlichen Innhalte. Wie müssen nun alle diese Zahlen ausgesprochen werden?

3. Eine Zahl, welche man aussprechen höret, recht zu schreiben, fällt insgemein den Anfängern ziemlich beschwerlich. Doch wird diese Beschwerniß sehr vermindert werden, wenn ihr die hierstehende Tabelle wohl betrachtet.

3	5	8	4	2	1	9	6	7	5	4	8	3	2	1
hundert Billionen	zehn Billionen	Billionen	hunderttausend Millionen	zehntausend Millionen	tausend Millionen	hundert Millionen	zehn Millionen	Millionen	Hunderttausend	Zehntausend	Tausend	Hunder	Zehner	Einheiten

In dieser Tabelle sehet ihr, daß nach der ersten Classe oder nach dreyen Ziffern die Tausende, nach der zweyten Classe, oder nach sechs Ziffern die Millionen, nach der dritten Classe die Tausende der Millionen, nach der vierten Classe, oder nach 12 Ziffern die Billionen anfangen. Wenn ihr also eine Zahl aussprechen höret, so könnet ihr alsogleich schliessen, wie viele Ziffern, wie

viele

viele Classen ihr brauchet: schreibet dann jede Classe sonderheitlich wie ihr sie aussprechen höret, und wenn eine Classe im Aussprechen gänzlich ausgelassen wird, oder doch nicht drey Ziffern bekömmt, so füllet alle leere Plätze mit Nullen an. Ihr höret zum Exempel diese Zahl aussprechen: drey und zwanzig Millionen, fünftausend und dreyßig. Ihr erkennet alsobald, daß diese Zahl bis in die dritte Classe (der Millionen) sich erstrecket. Ihr schreibet also die Classe der Millionen, wie ihr sie aussprechen höret: das ist, ihr schreibet 23. nach dieser nun müssen noch zwo ganze Classen, oder sechs Ziffern folgen. Die nächste Classe der Tausende, hat im Aussprechen nur ein Ziffer und zwar das letzte, nämlich 5: ihr füllet also die ersten zwo Stellen mit Nullen an, und schreibet 005. Die dritte Classe der Einheiten, hat wieder nur ein Ziffer, aber das zweyte, nämlich die Zehner; ihr füllet also den ersten und letzten Platz mit Nullen an, und schreibet 030. und also wird die ausgesprochene Zahl so geschrieben stehen 23,005,030.

Ein anders Exempel. Ihr höret diese Zahl, fünf Billionen und vier und zwanzig. Ihr erkennet alsogleich, diese Zahl erstrecke sich bis in die fünfte Classe der Billionen. Schreibet also diese Classe, wie sie ausgesprochen ist, nämlich 5. Die vierte Classe der tausend Millionen, und die dritte der Millionen, wird im Aussprechen niemal gehöret: füllet also beyde mit sechs Nullen an. Die zweyte Classe der Tausende, wird im Aussprechen abermal verschwiegen: schreibet also abermal drey Nullen. Die erste Classe hat die zwey letzten Ziffern, nämlich vier und zwanzig. Schreibet also diese zwey, aber vor selben noch eine Nulle, und so wird die ausgesprochene Zahl fünf Billionen und vier und zwanzig also geschrieben stehen 5,,000.000,000.024. Es wird nach dieser Erklärung die Weise eine ausgesprochene Zahl recht zu schreiben, dennoch vielen noch beschwerlich scheinen. Allein diese Beschwerniß läßt sich nicht besser heben, als durch die öftere Uebung. Ich will dann mehrere Exempel hier beysetzen. Der Mercur ist von der Sonne entfernet sieben Millionen dreyhundert zwey und zwanzigtausend und vierzig deutsche Meilen. Die Venus dreyzehn Millionen sechshundert sechs und achtzigtausend und vierzig Meilen. Der Mars acht und zwanzig Millionen achthundert vier und dreyßigtausend und achtzig Meilen. Der Jupiter vier und neunzig Millionen, vier und achtzigtausend Meilen. Der Saturn hundert sechs und siebenzig Millionen, achthundert acht und achtzigtausend, neunhundert und sechzig Meilen. Wie müssen alle diese Zahlen geschrieben werden?

In der Arithmetik kommen zweyerley Zahlen vor; ganze und gebrochene. Wir wollen jetzt von den ganzen reden. Die vornehmsten Verrichtungen, welche man mit diesen vornehmen kann, sind diese vier: Die Zusammensetzung (additio) die Abziehung (subtractio) die Vermehrung (multiplicatio) die Theilung (divisio).

Zwey-

Zweytes Hauptstück.

Von den

vier Hauptverrichtungen der Arithmetik in ganzen Zahlen.

Erster Abschnitt.

Von der Zusammensetzung oder Addition.

4. Schreib die Zahlen, welche sollen zusammen gesetzt werden, unter einander also, daß die Einheiten unter den Einheiten, die Zehner unter den Zehnern, die Hunderte unter den Hunderten u. s. f. in einer gerad abwärts gehenden Reihe zu stehen kommen: alsdenn mache den Anfang von den Einheiten: zähle selbe alle zusammen, und wenn die Summe nicht über neun steigt, so schreib sie, nachdem du zuvor einen Querstrich gezogen, eben in der Reihe der Einheiten. Wächst aber die Summe der Einheiten so hoch an, daß sie über 9 steigt, und folglich mit zweyen Ziffern müßte geschrieben werden, so schreib nur das letzte aus diesen zweyen Ziffern in die Reihe der Einheiten, das erste aber zähle alsogleich zu der Reihe der Zehner. Eben dieses beobachte mit den Zehnern, Hunderten u. s. f. Wir wollen es in einem oder andern Exempel sehen. Ihr sollet die Summe finden von diesen

dreyen Zahlen 325. 210. 42. Schreibet sie, wie ihr in der ersten Tabelle bey I sehet, und nach gezogenem Querstriche saget: 2 und 0 ist zwey, und 5 ist 7: schreibet also 7 in der Reihe der Einheiten: schreitet zu den Zehnern und saget: 4 und 1 ist 5, und 2 ist 7: schreibet 7 in der Reihe der Zehner. Saget wiederum 3 und 2 ist 5: schreibet also 5 in der Reihe der Hunderte. Und also habet ihr die verlangte Summe, so die gegebenen Zahlen ausmachen.

Man verlanget zu wissen, wie viel diese drey Zahlen 897. 789. 977. ausmachen. Schreibet sie gemäß der gegebenen Regel, wie ihr bey II sehet, und saget; 7 und 9 ist 16, und 7 ist 23. Schreibet in der Reihe der Einheiten nur das Ziffer 3, das 2 aber zählet alsogleich zu den Zehnern, und saget: 2 und 7 ist 9, und 8 ist 17, und 9 ist 26. Schreibet in der Reihe der Zehnern das letzte Ziffer 6, das erste 2 aber zählet zu der nächsten Reihe der Hunderte, und saget: 2 und 9 ist 11, und 7 ist 18 und 8 ist 26: das letzte Ziffer 6 schreibet in der Reihe der Hunderte: das erste 2, weil nichts mehr übrig ist, so ihr dazu zählen könnet, setzet in der Reihe der Tausende. Es ist also die verlangte Summe 2663.

Die Ursache dieser Regel ist klar aus dem, was oben (§. 1.) gesagt ist worden. Denn wenn die Summe der Einheiten über 9 steigt, und also mit zweyen Ziffern müßte geschrieben werden, so wird das erste derselben schon Zehner bedeuten, es muß also mit zu den übrigen Zehnern gezählet werden.

5. Wenn

5. Wenn ihr zweifelt, ob in der Addition kein Fehler vorbey gegangen, so ist das bequemste Mittel dieses zu erfahren, daß ihr die Addition noch einmal machet, doch so, daß ihr jetzt die Ziffern jeder Reihe von oben angefangen hinabwärts addieret; denn solchergestalt wird es nicht leicht geschehen, daß ihr wieder den nämlichen Fehler begehet.

Sehet hier noch einige Exempel. Die jüdische Kirche hat gedauret von der Schöpfung der Welt bis zur Sündfluth 1657 Jahre: von der Sündfluth bis zum Ausgange aus Egypten 796 Jahre: vom Ausgange aus Egypten bis zum ersten Könige 422 Jahre: vom ersten Könige bis zur babylonischen Gefangenschaft 474 Jahre: von der babylonischen Gefangenschaft bis zur Zerstörung Jerusalem 670 Jahre. Welches ist das ganze Alter der jüdischen Kirche?

Trier wird für die älteste Stadt in ganz Deutschland gemäß jenem alten Verse gehalten:

Tausend und dreyhundert Jahr
Stund Trier, eh Rom gebauet war.

wenn dieses wahr wäre, wie alt würde Trier seyn, in diesem 1772 Jahre? Es sind aber nach der Meinung der Geschichtschreiber, von Erbauung der Stadt Rom bis auf die Geburt Christi 751 Jahre verflossen.

Peter besitzt an Capitalen 15000 Gulden: an liegenden Gütern 9000 Gulden: sein Haus wird für 5700 Gulden geschätzet: sein Hausgeräth

räth wird für 650 Gulden angeschlagen. Wie hoch beläuft sich sein ganzes Vermögen?

Von einem Studenten wird, ehe er in die Vacanz abreiset, folgendes gefordert. Für die Kost 120 Gulden: für den Trunk 40 Gulden: für Holz und Licht 8 Gulden; für die Wäsche 6 Gulden: geliehenes Geld 25 Gulden, wie viel muß er bezahlen?

Einem andern Studenten wird die Rechnung also gemacht: im Monate October 8 Gulden, im November 22 Gulden: im December 25 Gulden, im Jenner 28 Gulden, im Hornung 24 Gulden, im Märze 30 Gulden, im Aprile 20 Gulden: im Maye 19 Gulden, im Junius 22 Gulden, im Julius 23 Gulden, im August 18 Gulden, im September 9 Gulden. Wie groß ist seine Schuld?

Erste Anmerkung. In dergleichen Exempeln, wo so viele Zahlen müssen zusammen gesetzt werden, ist sehr dienlich, daß man sie alle in gewisse Classen eintheile: die Zahlen jeder Classe anfangs besonders addiere: und alsdenn diese Partialsummen abermal addiere, damit man also die verlangte ganze Summe bekomme. Ihr sehet diese Exempel angesetzt, und aufgelöst in der ersten Tabelle bey III, IV, V, VI und VII.

Zweyte Anmerkung. Dem Lehrmeister wird obliegen, seinen Schülern viele dergleichen Exempel, aufzugeben, und selbe in der Addition lang und wohl zu üben, bevor er zu der Subtraction schreitet. Eben dieses ist auch von den folgenden Verrichtungen zu verstehen.

Zwey-

Zweyter Abschnitt.

Von der Abziehung oder Subtraction.

6. Die Abziehung gebrauchen wir, um zu erkennen, um wie viel eine gegebene Größe eine andre, gleichfalls gegebene übertreffe, oder was für ein **Unterschied** (differenz) zwischen zwoen gegebenen Größen sey: oder endlich, was für ein Rest bleibe, wenn eine gegebene Größe von einer andern gleichfalls gegebenen abgezogen wird. Man pflegt diese Verrichtung also anzuzeigen $5 - 2 = 3$. Das Zeichen (—) wird ausgesprochen durch **weniger**, das Zeichen = durch **ist gleich**: ihr werdet also die angezogene Stelle so lesen: 5 weniger 2 ist gleich 3.

In einfachen Zahlen, welche nur aus einem Ziffer bestehen, ist die Abziehung leicht. Also sieht ein jeder, daß, wenn man 2 von 5 abzieht, der Rest 3 seyn werde: oder was eines ist, daß 3 der Unterschied zwischen 5 und 2 sey.

7. Für Zahlen, welche aus mehr Ziffern bestehen, merket folgende Regel. Schreibet die kleinere Zahl, das ist jene, die ihr abziehen wollet, unter die größere, das ist unter jene, von der die Abziehung geschehen soll, eben so, wie ihr in der Addition gethan habet. Ziehet die Einheiten von den Einheiten ab, die Zehner von den Zehnern, u. s. f. schreibet jedesmal den Rest eben in selber Reihe.

Exem-

Exempel. Was ist für ein Unterschied zwischen 798 und 323? Nachdem ihr diese zwo Zahlen geschrieben habet, wie in der ersten Tabelle bey I zu sehen ist, saget: 3 von 8 bleibt 5: schreibet 5 unter dem Querstriche in der Reihe der Einheiten. Saget weiter: 2 von 9 bleibt 7: schreibet 7 in der Reihe der Zehner. Endlich saget: 3 von 7 bleibt 4, und schreibet 4 in der Reihe der Hunderte, so habet ihr 475, den gesuchten Rest oder Unterschied.

Die Ursache dieser Regel ist, weil, wenn ihr von der Zahl 798 die Einheiten, die Zehner, die Hunderte, welche die Zahl 323 in sich begreift, abziehet, nothwendig eine solche Anzahl der Einheiten, der Zehner, der Hunderte überbleiben muß, welche den ganzen Unterschied zwischen 798 und 323 ausmachen.

8. Erste Anmerkung. Geschieht es, daß in einer Reihe die untere Zahl größer ist als die obere, so nehmet aus der folgenden Reihe eines weg, und setzet es in die vorhergehende, wo es allezeit zehn gilt, wie es aus dem 1 §. erhellet. Also kann von der um zehn vermehrten Zahl die Abziehung geschehen. Die Zahl aber in der folgenden Stelle ist um eins kleiner geworden, welches dann durch einen Punkt kann bemerket werden.

Exempel. Ihr sollet 38 von 64 abziehen. Nachdem ihr die Zahlen gehöriger Maßen untereinander geschrieben habet; (S. Tab. I bey II)

so

so saget: 8 kann von 4 nicht abgezogen werden: aber 8 von 14 bleibt 6: schreibet dann 6 in der Reihe der Einheiten. Saget weiter 3 von 5 bleibt 2: schreibet 2 in der Reihe der Zehner, so habet ihr 26 den verlangten Rest.

9. Zweyte Anmerkung. Wenn in einer Reihe die untere Zahl von der oberen nicht kann abgezogen werden, und in der zur Linken folgenden Stelle eine 0 steht, so gehet so weit gegen die Linke fort, bis ihr eine Zahl antreffet, und nehmet von ihr 1 weg, so ist es eben soviel, als wenn ihr in alle leere Stellen 9, und in die, wo man nicht subtrahiren konnte, 10 gesetzet hättet: wie abermal aus dem 1 §. klar ist.

Exempel. Was bleibt für ein Rest, wenn 3576 von 4002 abgezogen wird? Schreibet die gegebene Zahlen richtig unter einander (Tab. I bey III) und fanget also an: 6 von 2 kann nicht abgezogen werden: in der nähsten Stelle zur Linken steht eine 0: ich rücke also so weit zur Linken, bis ich eine Zahl antreffe, nämlich bis zum 4. Von diesem nehme ich 1, dieses gilt in der nähsten Stelle, nämlich in der Reihe der Hunderte, zehn: von diesen zehn nehme ich abermal eins weg. Dieß weggenommene 1 gilt in der nähsten Stelle der Zehner wieder zehn, in der vorigen Stelle der Hunderte aber bleiben noch 9. Von diesen zehn, nehme ich wieder 1, so bleiben in der Stelle der Zehner 9, in der letzten Stelle der Einheiten aber sind nun 12: hiemit sage ich, 6 von 12 läßt 6, und 7 von 9

läßt

läßt 2, und 5 von 9 läßt 4: endlich 3 von 3 läßt nichts. Ihr habet also 426 den verlangten Rest.

10. Wollet ihr wissen, ob ihr recht gerechnet habet, so addieret den gefundenen Rest zu der kleinern von den gegebenen Zahlen, die Summe muß der größern gleich seyn.

Hier sind einige Exempel zur Uebung. Das Vermögen des Peters war 48500 Gulden: nun hat er einen Schaden gelitten von 5402 Gulden. Wie viel bleibt ihm noch?

Die Mannschaft eines gewissen Fürsten war beym Anfange des Kriegs 50000 Mann stark: im Kriege sind 30000 Mann verlohren gegangen: wie stark ist seine Mannschaft jetzt?

Ein Kaufmann vermag 56078 Gulden: seine Schulden belaufen sich auf 1003 Gulden: wie groß ist sein wahres Vermögen?

Im Jahre Christi 1497 ward von Christophorus Columbus die neue Welt entdecket, wie lange haben wir in diesem Jahre 1772 einige Wissenschaft von ihr?

Friedrich läßt nach seinem Ableiben folgendes Vermögen nach sich: an Capitalen 35600 Gulden, an liegenden Gütern 18300 Gulden, sein Haus wird für 3000 Gulden angeschlagen, das Hausgeräth wird für 6000 Gulden geschätzet. Nun aber ist er 15000 Gulden schuldig. Die in der Krankheit gemachten Unkosten belaufen sich auf 24 Gulden, die Leichbegängniß hat 18 Gulden gekostet: er hat im Testamente den Armen auszutheilen verordnet 350 Gulden: andere milde

Stif-

Stiftungen betragen 700 Gulden, wie viel bleibt den Erben zu theilen übrig? Siehe in der ersten Tabelle bey IV, V, VI, VII.

Anmerkung. In dergleichen Exempeln, wo mehrere Zahlen zum Vermögen, mehrere zur Ausgabe gehören, müsset ihr zuerst diese und jene in besondere Summen addieren: alsdenn die Summe der Ausgaben, von der Summe des Vermögens abziehen.

Dritter Abschnitt.

Von der Vermehrung oder Multiplication.

11. In jeder Multiplication kommen drey Zahlen vor, derer Nämen man wohl merken muß: die Zahl welche soll multiplicieret werden oder der Multiplicandus, die Zahl, durch welche die Multiplication geschehen soll, oder der Multiplicator (diese beyde werden durch einen beyden gemeinen Namen die Factores genennet) und endlich die Zahl welche aus der Multiplication entsteht, oder das Product.

12. Multiplicieren heißt so viel, als finden, wie viel herauskomme, wenn ich eine gegebene Zahl oder den Multiplicandus so oft nehme, als der Multiplicator anzeiget. Also wenn ich 12 durch 4 multiplicieren soll, so muß ich finden, was entstehe, wenn ich die Zahl 12 viermal nehme.

13. Die einfache Zahlen durch einander zu multiplicieren brauchet man keine Regeln; denn jeder weiß, daß 2 multipliciert mit 3, das ist dreymal genommen 6 ausmachet, welches also kurz ausgedruckt wird $2 \times 3 = 6$: das Zeichen $\times$ heißt also so viel als multiplicieret durch. Eben so ist $3 \times 5 = 15$. Damit man die Multiplication fertig üben möge, muß man zuvor alle Producte, welche aus der Multiplication der einfachen Zahlen entstehen, wohl auswendig wissen. Sehet hier eine Tabelle, in welcher diese Producte alle enthalten sind.

2×2 = 4	3×3 = 9	4×4 = 16	5×5 = 25
2×3 = 6	3×4 = 12	4×5 = 20	5×6 = 30
2×4 = 8	3×5 = 15	4×6 = 24	5×7 = 35
2×5 = 10	3×6 = 18	4×7 = 28	5×8 = 40
2×6 = 12	3×7 = 21	4×8 = 32	5×9 = 45
2×7 = 14	3×8 = 24	4×9×36	
2×8 = 16	3×9 = 27		
2×9 = 18			
6×6 = 36	7×7 = 49	8×8 = 64	9×9 = 81
6×7 = 42	7×8 = 56	8×9 = 72	
6×8 = 48	7×9 = 63		
6×9 = 54			

In der zweyten Reihe dieser Tabelle ist das Product 3×2 nicht angesetzet, weil man schon in der ersten findet $2 \times 3 = 6$. Nun ist es aber eines, ob ich sage: zwey multiplicieret durch drey, oder drey multiplicieret mit zwey, das Product ist immer 6. Eben aus dieser Ursache fängt

die

die dritte Reihe an von $4 \times 4 = 16$: die vierte von $5 \times 5 = 25$ u. s. f.

14. Wenn der Multiplicandus aus mehreren Ziffern besteht, der Multiplicator aber eine einfache Zahl ist, so beobachtet diese Regel. Schreibet den Multiplicator unter die Einheiten des Multiplicandus. Ziehet einen Querstrich darunter. Multiplicieret die Einheiten des Multiplicandus durch den Multiplicator: steigt das Product nicht über 9, so schreibet es unter dem Striche in der Reihe der Einheiten, steigt es aber über 9, und müßte folglich mit zweyen Ziffern geschrieben werden, so schreibet nur das letzte Ziffer in der Reihe der Einheiten, das erste behaltet unterdessen in der Gedächtniß, alsdenn multiplicieret die Zehner des Multiplicandus durch den Multiplicator, zum Producte zählet alsogleich die Zahl des vorigen Products, die ihr euch gemerkt habet. Steigt die Summe nicht über 9, so schreibet sie in der Stelle der Zehner, und schreitet mit der Multiplication zu den Hunderten des Multiplicandus. Uebersteigt sie aber 9, so schreibet nur das letzte Ziffer in der Reihe der Zehner, das erste behaltet in der Gedächtniß, damit ihr es zum Producte, welches ihr erhaltet, wenn ihr die Hunderte des Multiplicandus durch den Multiplicator vermehret, zählen könnet, u. s. f.

Exempel. Was entsteht für ein Product, wenn 352 durch 3 multiplicieret wird? Schreibet die Zahlen wie ihr in der ersten Tabelle bey den Exempeln der Multiplication bey I sehet. Saget dreymal zwey ist 6, schreibet 6 in der Reihe der Einheiten. Saget ferner: dreymal fünf ist 15, schreibet nur das Ziffer 5 in der Reihe der Zehner, das 1 behaltet in der Gedächtniß: saget ferner: dreymal drey ist 9, und 1, das ich zuvor gemerket habe, ist 10. Schreibet 0 in die Reihe der Hunderte: und 1 in die Reihe der Tausende. Die Ursache dieser Regel wird ein jeder leicht selbst einsehen. Denn wenn ihr eine Zahl z. E. 352 mit einer andern einfachen Zahl z. E. mit 3 vermehren sollet, so müsset ihr die Einheiten, die Zehner und die Hunderte dreymal nehmen: steigt nun das Product der Einheiten, der Zehner u. s. f. über 9, daß es also mit zweyen Ziffern müßte ausgedrückt werden, so gehöret ja das erste Ziffer schon zu der nähst folgenden Stelle, es muß also zum Producte derselben gezählet werden.

15. Wenn sowohl der Multiplicandus als Multiplicator aus mehreren Ziffern besteht: schreibet sie an, wie bey der Addition ist gesagt worden, multiplicieret den ganzen Multiplicandus durch die erste Zahl des Multiplicators, und solchergestalt bekommet ihr den ersten Theil des Products. Alsdenn multiplicieret den ganzen Multiplicandus durch das zweyte Ziffer des Multiplicators, und so bekommet ihr den zweyten Theil des Products; doch da ihr diesen zweyten Theil anschreibet, müsset ihr gleich mit dem ersten Ziffer um eine Stelle linker Hand weiter hineinrucken. Eben so machet es mit allen übrigen Ziffern des

Mul-

Multiplicators. Zuletzt addieret alle solchergestalt erhaltenen Theile des Products, und ihr bekommet das verlangte ganze Product.

Ihr sollet z. E. 5821 durch 235 multiplicieren. Schreibet diese Zahlen unter einander, wie ihr Tab. I bey II sehet. Wenn ihr 5821 durch 5 multiplicieret, erhaltet ihr 29105 als den ersten Theil des Products. Multiplicieret ihr eben diese 5821 durch 3, so entsteht 17463 der zweyte Theil des Products: dieses schreibet also an, daß das erste Ziffer 3 des andern Theils unter 0 dem zweyten Ziffer des ersten Theils zu stehen komme. Wenn ihr endlich den Multiplicandus 5821 durch 2 multiplicieret, so entsteht 11642, als der dritte Theil des Products. Diesen schreibet also an, daß das erste Ziffer 2 schon in die dritte Reihe komme. Wenn ihr nun diese drey Theile addieret, so ist die Summe 1367935: und diese ist das verlangte Product.

Der Beweis dieser Regel fließt aus dem vorigen. An diesem allein möchtet ihr vielleicht noch zweifeln, warum ihr mit der ersten Zahl des zweyten und dritten Theils des Products immer tiefer hineinrucken müsset. Aber auch dieser Zweifel wird leicht verschwinden, wenn ihr nur also schließet. Wenn ich mit dem zweyten Ziffer des Multiplicators zu multiplicieren anfange, multipliciere ich nicht mehr mit Einheiten, sondern mit Zehnern; und da ich sage: dreymal eins ist drey, sollte ich in der That sagen, dreyßigmal eins ist dreyßig, oder drey Zehner. Das Ziffer 3 gehöret also in der Reihe der Zehner. Eben so, da ich sage: zweymal eins ist zwey, war es so viel gesagt, als zweyhundertmal 1 ist zweyhundert, oder 2 Hunderte. Das Ziffer 2 gehöret also in die Stelle der Hunderte.

16. Anmerkung. Wenn im Multiplicator unter andern Ziffern Nullen vorkommen, so dörfet ihr nur den Multiplicandus mit den übrigen Ziffern multiplicieren, doch so, daß ihr jedesmal das erste Ziffer eines jeden Partialproducts in jene Stelle schreibet, aus welcher jenes Ziffer des Multiplicators ist, mit dem ihr dazumal multiplicieret. Sehet in der ersten Tabelle bey III.

17. Wenn einer oder beyde aus den Factoren am Ende eine oder mehrere Nullen haben, so werdet ihr eure Arbeit weit kürzer machen, wenn ihr nur die übrigen Ziffern miteinander multiplicieret, und dem erhaltenen Producte rechter Hand so viele Nullen anhänget, als viele ihr an beyden Factoren weggelassen habet. Sehet in der ersten Tabelle bey IV, V und VI.

Die Ursache beyder dieser Anmerkungen, werdet ihr leicht begreifen, wenn ihr ein solches Exempel mit allen seinen Nullen berechnet; da ihr dann sehen werdet, wie viele unnütze Nullen ihr bekommet.

Exempel zur Uebung. Ein Soldat bekömmt täglich 5 Kreutzer. Wie viele bekömmt er innerhalb einem Jahre oder in 365 Tagen?

Man soll einen Saal mit Steinen belegen, derer ein jeder einen Schuh in die Länge, einen

in

in die Breite hat. Nach der Länge des Saales könnten 153 solche Steine liegen; die Breite hält 75. wie viel brauchet man Steine?

Es sind in einem Kloster 40 Personen. Jede Person wird jährlich für ihren Unterhalt auf 250 Gulden gerechnet. Wie groß wird der Aufwand seyn?

Es soll eine Mauer mit gebackenen Ziegelsteinen errichtet werden. Die Länge der Mauer fasset 8500 nach der Länge gelegte Steine. Die Dicke der Mauer soll von 7 der Breite nach gelegten Steinen seyn: die Höhe soll 250 haben. Wie viele Steine brauchet man?

18. Wenn ihr erfahren wollet, ob ihr die Multiplication ohne Fehler verrichtet habet, so könnet ihr die ganze Arbeit noch einmal wiederholen, und für den Multiplicator annehmen, was zuvor der Multiplicandus war. Es muß, wenn kein Fehler eingeschlichen ist, wieder das vorige Product herauskommen. Oder wenn euch diese Arbeit zu beschwerlich fällt, so möget ihr die sogenannte Neunerprobe machen auf folgende Art. Addieret alle Ziffern des Multiplicators zusammen, und aus der Summe werfet so oft 9 weg, als ihr könnet: den Rest schreibet zur Linken in den Winkel eines gezogenen Kreutzes, wie ihr Tab. I bey XI sehet. Eben dieses thut mit den Ziffern des Multiplicandus, und schreibet den Rest zur Rechten des gezogenen Kreutzes: multiplicieret diese beyde Reste durch einander, aus dem Producte werfet abermal 9 weg, so oft ihr könnet.

Den Rest schreibet oben in das Kreutz. Endlich addieret auch alle Ziffern des Products, und werfet aus der Summe 9 weg, so oft es sich thun läßt: den Rest schreibet unten in das Kreutz. Steht oben und unten in dem Kreutze eine gleiche Zahl, so könnet ihr ziemlich wahrscheinlich schliessen, die Multiplication sey recht geschehen. Ich sage ziemlich wahrscheinlich; denn wenn das Product eben um 9, um 18, oder um eine andere vielfache Zahl von 9 fehlerhaft wäre, so würde eure Probe doch von statten gehen, und ihr zween gleiche Reste oben und unten in das Kreutz bekommen.

Exempel. Ihr verlanget zu erfahren, ob 1346660 das wahre Product aus 38476 und 35 sey. Nach gezogenem Kreutze verfahret also. Saget: 3 und 5 ist 8. weil nun in 8 niemal 9 enthalten ist, so schreibet 8 zur Linken des Kreutzes wie ihr unten sehet. Saget ferner: 6 und 7 ist 13 und 4 ist 17 und 8 ist 25 und 3 ist 28. In diesen 28 ist 9 dreymal enthalten; denn dreymal neun ist 27, so ihr nun diese dreymal 9 oder diese 27 wegwerfet, so bleibt der Rest 1. Diesen Rest 1 schreibet zur Rechten des Kreutzes. Nun multiplicieret die in den Winkeln des Kreutzes stehende zween Reste durch einander, und saget: einmal acht ist 8; dieses 8 schreibet oben in das Kreutz. Endlich saget: 6 und 6 ist 12 und 6 ist 18 und 4 ist 22 und 3 ist 25, und 1 ist 26. In diesen 26 ist 9 zweymal enthalten; denn zweymal neun ist 18; diese von 26 abgezogen, lassen 8.

Schrei=

Schreibet diese 8 unten in das Kreutz. Ihr habet nun oben und unten die nämliche Zahl, woraus ihr schließet, 1346660 sey das wahre Product der Zahlen 38476 und 35.

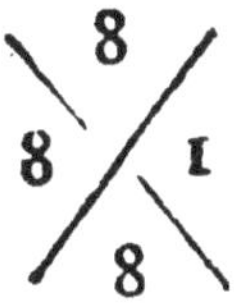

Anmerkung. Wenn im Addieren der Ziffern des Products, oder eines der Factoren eine große Summe herauskömmt, und ihr nicht gleich sehet, was nach weggenommenen 9 für ein Rest bleibe, könnet ihr dieses leicht erfahren, wenn ihr die Ziffern dieser Summe noch einmal addieret, und aus dieser neuen Summe, welche insgemein sehr klein seyn wird, die 9 wieder wegwerfet; denn der Rest, den ihr solchergestalt bekommet, ist eben der wahre Rest der ersten Summe. Im vorigen Exempel ist, aus Addierung der Ziffern des Products, 26 entstanden. Wenn ihr nun die zwey Ziffern dieser Summe 6 und 2 wieder addieret, so bekommet ihr 8 den verlangten Rest.

Zweyte Anmerkung. Wenn bey einem der Factoren durch das Addieren eine solche Summe entsteht, die nach weggeworfenen Neunern nichts zum Reste giebt; so könnet ihr alsogleich zur Addierung der Ziffern des Products schreiten, denn die Summe muß nach Wegwerfung der 9 abermal 0 zum Reste geben.

19. Ich will noch kürzlich eine in etwas veränderte Art der Multiplication anführen, welche man insgemein die Multiplication durch die Tabelle nennet. Ich will sie alsogleich in einem Exempel erklären.

Ihr sollet 38524 durch 273 multiplicieren. Zu allererst müsset ihr euch eine Tabelle aus dem Multiplicandus 38524 verfertigen, das ist, ihr müsset das Zweyfache, das Dreyfache, das Vierfache u. s. f. bis auf das Zehnfache dieses Multiplicandus suchen, welches füglich auf folgende Art geschehen kann. Ziehet einen langen aufrecht stehenden Strich, und schreibet an selbem zur Linken hinunter 1. 2. 3. u. s. f. bis auf 10. (siehe Tab. II bey XI) neben Eins schreibet zur Rechten des Strichs den Multiplicandus 38524. multiplicieret diesen mit 2; das Product 77048 schreibet zur Rechten des Strichs neben die Zahl 2, als das Zweyfache des Multiplicandus; addieret das Zweyfache zum Einfachen, und ihr habet das Dreyfache, welches ihr neben 3 schreibet. Addieret dieses Dreyfache zum Einfachen, und ihr bekommet das Vierfache u. s. f. bis auf das Zehnfache. Ist dieses Zehnfache dem Einfachen gleich, allein mit diesem Unterschiede, daß es zuletzt noch eine Nulle darüber hat, so ist die Tabelle richtig, und ohne Fehler gemacht worden.

Nachdem die Tabelle fertig ist, so schreitet zur Multiplication selbst. Der Multiplicator ist in unserm Exempel 273. Weil nun 3 das erste Ziffer desselben ist, so schreibet aus der Tabelle

her-

heraus das Dreyfache, nämlich 115572, welches neben 3 steht. Und weil das zweyte Ziffer des Multiplicators 7 ist, so schreibet aus der Tabelle heraus das Siebenfache des Multiplicandus, nämlich 269668, und setzet es unter das vor herausgeschriebene Dreyfache, doch also, daß ihr mit dem ersten Ziffer um eine Stelle weiter zur Linken hineinrucket. Weil die dritte Zahl des Multiplicandus 2 ist, so schreibet auch das Zweyfache des Multiplicandus aus der Tabelle heraus, aber rucket im Ansetzen wieder um eine Stelle tiefer hinein. Addieret alles zusammen, wie in der gemeinen Multiplication; so habet ihr das verlangte Product.

Anmerkung. Diese Art zu multiplicieren, kann jenen dienen, die in dem sogenannten Einmal eins noch keine Fertigkeit haben; denn in dieser Art der Multiplication, werden sie nicht so leicht fehlen, als in der gemeinen. Zweytens kann sie auch mit Vortheile gebraucht werden, wenn es sich ereignet, daß der nämliche Multiplicandus durch mehrere zerschiedene Multiplicatores soll multiplicieret werden; denn wenn die Tabelle einmal gemacht ist, so läßt sich alles ohne Mühe herausschreiben.

Vierter Abschnitt.

Von der Division oder Theilung.

20. Durch die Division untersuchen wir, wie oft eine gegebene Größe, welche der Divisor genannt wird, in einer andern gegebenen

Grösse, welche man den Dividendus nennet, enthalten sey. Die Zahl, welche dieses anzeiget, heißt der Quotient. Also wenn man fraget, wie oft 3 in 12 enthalten sey, ist 3 der Divisor, 12 der Dividendus, 4 der Quotient.

21. Aus diesem folget, daß, wenn die Theilung richtig und genau gewesen ist, der Quotient durch den Divisor multiplicieret ein dem Dividendus gleiches Product geben müsse. Also weil 3 in 12 eben viermal enthalten ist, so ist $3 \times 4 = 12$. Daher, wenn das Product aus dem Divisor und Quotient grösser ist als der Dividendus, so ist der Quotient zu groß genommen worden, und im Gegentheile zu klein, wenn das Product um so viel kleiner ist als der Dividendus, daß der Rest dem Divisor gleich ist, oder denselben gar übertrifft. Die Anfänger wollen sich dieses wohl in die Gedächtniß eindrücken.

23. Die Division in einfachen Zahlen ist ganz leicht. Also ist einem jeden klar, daß 2 in 6 dreymal, 4 in 8 zweymal enthalten ist, welches man kurz durch Zeichen also ausdrücket: $\frac{6}{2} = 3$ und $\frac{8}{4} = 2$. Das ist, 6 dividieret mit 2 ist gleich 3, und acht dividieret durch $4 = 2$. Ja, wenn der Divisor eine einfache Zahl ist, und der Dividendus kleiner als 100, so wird ein jeder, der das Einmaleins wohl inne hat, den Quotient alsogleich erkennen.

Wenn ihr einen Quotient bekommet, der nicht genau ist, als wenn ihr 9 durch 4 theilen solltet, so sehet ihr, daß 4 in 9 mehr dann zwey-

mal,

Missing Page

Missing
Page

zweyten Classe enthalten sey, schreibet den neuen Quotient neben den vorigen: multiplicieret damit den Divisor: das Product ziehet von der zweyten Classe des Dividendus ab: zu dem Reste setzet wieder ein neues Ziffer des Dividendus herab: wiederholet alles wie oben, so lange, bis ihr nach verrichteter Abziehung kein neues Ziffer des Dividendus herabzusetzen habet.

Exempel. Ihr sollet 784 durch 2 theilen. Schreibet den Divisor und Dividendus wie ihr Tab. II bey I sehet. Fraget; wie oft ist 2 in 7 enthalten: antwortet 3mal: schreibet 3 als den ersten Theil des Quotient hinter dem Striche: saget 2mal 3 ist 6: schreibet 6 unter die Zahl 7, ziehet einen Querstrich: saget 6 von 7 bleibt 1, schreibet diesen Rest 1 unter den Strich: setzet das nächste Ziffer 8 des Dividendus daneben, und ihr habt 18 als die zweyte Classe des Dividendus. Nun fraget neuerdings: wie oft ist 2 in 18 enthalten: antwortet: 9mal, schreibet 9 als den zweyten Theil des Quotient neben den zuvor gefundenen Quotient, multiplicieret 9 mit 2: das Product 18 schreibet unter die zweyte Classe des Dividendus. Nach verrichteter Abziehung bleibt kein Rest. Setzet das nächste Ziffer 4 des Dividendus herab: und fraget noch einmal: Wie oft ist 2 in 4 enthalten? Antwortet: 2mal: schreibet 2 als den dritten Theil des Quotient neben die schon zuvor gefundenen zwey Ziffern des Quotient: multiplicieret 2 mit 2: das

Pro-

Product 4 schreibet unter 4. Nach verrichteter Abziehung bleibt kein Rest; ihr habet auch in dem Dividendus kein Ziffer mehr, welches ihr herabsetzen könntet: die Division ist also zu Ende, und der gesuchte Quotient ist 392.

28. **Erste Anmerkung.** Wenn die erste Zahl des Dividendus kleiner ist, als der Divisor, so müsset ihr die zwey ersten Ziffern des Dividendus, als die erste Classe annehmen, und fragen, wie oft der Divisor in diesen zweyen ersten Ziffern zugleich enthalten sey. Das übrige geht vollkommen wie zuvor. Ihr sollet z. E. 141 durch 3 theilen, sehet in der zweyten Tabelle bey II. Saget: wie oft ist 3 in 14 enthalten? Antwortet: viermal: schreibet 4, als den Quotient: multiplicieret 3 mit 4, das Product 12 ziehet von 14 ab: neben den Rest 2 setzet das nächste Ziffer 1 des Dividendus. Fraget wieder: Wie oft ist 3 in 21 enthalten? Antwortet: 7mal; denn 3mal 7 ist 21: dieses von 21 abgezogen, läßt keinen Rest: also ist 47 der verlangte Quotient.

29. Wenn es sich ereignet, daß nach einer Abziehung kein Rest bleibt, und die nächste Zahl des Dividendus, welche muß herabgesetzt werden, kleiner ist als der Divisor, so müsset ihr alsogleich im Quotient eine 0 schreiben, und alsdenn zwey Ziffern herabsetzen. Z. E. Ihr sollet 1521 durch 3 theilen (sehet in der zweyten Tabelle bey III). Ihr bekommet für den ersten Theil des Quotient 5 und nach verrichteter Multiplication 15 zum Producte, und nach der Abzie-

hung keinen Rest: und wenn ihr das nächste Ziffer 2 herab setzet, so ist 3 in 2 niemal enthalten. Setzet also eine Nulle neben 5 in dem Quotient, und schreibet beyde noch übrige Ziffern des Dividendus, nämlich 21 herab. Nun ist 3 in 21 siebenmal enthalten: also ist 507 der verlangte Quotient.

Die Ursache dieser ganzen Verrichtung läßt sich leicht einsehen. Ihr untersuchet nämlich nach und nach, wie oft euer Divisor in den Hunderten, in den Zehnern, in den Einheiten enthalten sey, und eben dadurch findet ihr, wie oft er im ganzen Dividendus stecke. Dieses allein könntet ihr zweifeln, warum ihr in dem ersten Exempel gefragt, wie oft ist 2 in 7 enthalten? und nicht vielmehr, wie oft ist 2 in 700 enthalten? indem das Ziffer 7 dort nicht 7 Einheiten, sondern 7 hunderte bedeutet. Auf diesen Zweifel antworte ich. Obwohl ihr nur gefragt habet: wie oft ist 2 in 7 enthalten? und geantwortet: 3mal, so folgen doch in dem Quotient noch zwey andere Ziffern. Es ist also eben so viel, als wenn ihr gefragt hättet: wie oft ist 2 in 700 enthalten? und geantwortet: 3hundertmal. Aber ihr saget weiter: 2 ist in 700 noch öfter als nur 300mal enthalten; denn dreyhundertmal 2 machet erst 600 aus. Ich antworte hierauf, ja: jedoch ist das 3 in 700 nicht 400mal enthalten: das erste Ziffer des Quotient, welches, weil noch zwey folgen, die Hunderte bedeutet, darf also nicht 4 seyn. Das nach der Abziehung übergebliebene Hundert aber wird für die nächste Frage aufbehalten. Ihr habet alsdenn zweytens gefragt: wie oft ist 2 in 18 enthalten? die Antwort war: 9mal. Aber weil nach dem 9 im Quotient noch ein Ziffer folget, so war es eben soviel, als wenn ihr gefragt hättet: wie oft ist 2 in 180 enthalten? und geantwortet 90mal. Weil nun 2mal 90 genau 180 machen, so bleibt für die nächste Frage nichts mehr übrig, als das letzte Ziffer 4 des Dividendus. Ihr fraget dann letztlich: wie oft ist der Divisor 2 in 4 enthalten? und antwortet: 2mal. Also habet ihr den Quotient 392 richtig bekommen.

Sehet hier noch einige Exempel von dieser Gattung. Es sollen 93255 Gulden unter drey Erben gleich ausgetheilet werden. Wie viel zieht ein jeder?

7 Fuder Wein sind um 932 Gulden gekauft worden. Wie theuer kömmt eines?

500015 Gulden sollen unter 5 Personen gleich ausgetheilt werden. Wie viel trifft einer? Siehe in der zweyten Tabelle bey IV, V und VI.

30. Nun ist noch zu erklären übrig, was zu thun sey, wenn sowohl der Divisor, als Dividendus aus mehrern Ziffern besteht. Ich will es gleich in einem Exempel zeigen. Ihr sollet z. E. 147475 durch 362 theilen. Schreibet erstlich den Divisor und Dividendus auf die Art an, wie §. 26 ist gesagt worden, und wie ihr in der zweyten Tabelle bey VII sehet. Alsdenn sehet, wie viele

Ziffern ihr für die erste Classe des Dividendus annehmen müsset, damit der Dividendus darinn enthalten sey. Weil nun 362 in den dreyen ersten Ziffern 147 des Dividendus noch nicht enthalten ist, so erkennet ihr, daß ihr die vier ersten Ziffern 1474 als die erste Classe annehmen müsset, welche ihr dann von den übrigen durch einen Punct absönderet. Dividieret nun diese erste Classe 1474 des Dividendus durch 362. In dieser Absicht sollte ihr fragen, wie oft 362 in 1474 enthalten sey; weil sich aber auf diese Frage hart antworten läßt, so fraget nur allein: wie oft ist 3 in 14 enthalten? antwortet: viermal: schreibet 4 in den Quotient: Multiplicieret den ganzen Divisor 362 durch 4, und saget: viermal 2 ist 8: schreibet 8 unter das letzte Ziffer der ersten Classe des Dividendus: fahret weiter fort, und saget: viermal 6 ist 24: schreibet 4 unter 7; die Zahl 2 behaltet in der Gedächtniß. Saget ferner: viermal 3 ist 12, und die zuvor behaltenen 2 dazu sind 14. Schreibet diese 14 unter 14. Ihr habet also 1448 als das Product des Divisors durch den Quotient multiplicieret: Nachdem ihr einen Zwerchstrich darunter gezogen habet, so ziehet dieses Product von der ersten Classe ab. Der Rest wird 26 seyn. Zu diesem setzet das nächste Ziffer 7 des Dividendus, woraus dann 267 entsteht. Nun müsset ihr die ganze Arbeit auf ein neues anfangen. Ihr sehet aber alsogleich, daß 362 größer, als diese zwente Classe, und folglich in selber niemal enthalten ist. Schreibet dann eine 0 in den Quotient, und setzet alsogleich das noch übrige Ziffer 5 des Dividendus herab: woraus 2675 als die dritte Classe des Dividendus entsteht. Fraget jetzt: wie oft ist 3 in 26 enthalten? ihr antwortet: achtmal; denn dreymal 8 ist 24. Aber wenn ihr den Divisor 362 mit 8 multiplicieret, so kömmt das Product 2896 heraus, welches grösser ist als 2675 die gegenwärtige Classe des Dividendus, und folglich von ihr nicht kann abgezogen werden. Woraus ihr dann erkennet, daß der Quotient 8 zu groß ist. Schreibet also 7 in den Quotient: multiplicieret den Diviser 362 durch 7: das Product ist 2534: dieses von 2675 abgezogen giebt den Rest 141. Weil nun kein Ziffer des Dividendus mehr übrig ist, so schreibet diesen Rest zu dem gefundenen Quotient, und den Divisor darunter, so habet ihr den verlangten Quotient $407\frac{141}{362}$.

31. Anmerkung. Weil man nicht leicht wissen kann, wie vielmal der ganze Divisor in jeder Classe des Dividendus enthalten ist, so setzet man, er stecke so vielmal darinn, als die erste Zahl des Divisors, in dem ersten oder in den zweyen ersten Ziffern des Dividendus. Deßwegen fragtet ihr in eurem Exempel nur, wie oft 3 in 14 enthalten sey. Nun trifft aber dieses nicht jederzeit zu: jedoch kann es in keinen Irrthum verleiten, weil die Probe alsobald angestellt wird, wenn man den Divisor durch den angenommenen Quotient multiplicieret, und den Quotient so lang vermindert, bis ein Product heraus kömmt, welches abgezogen werden kann. Man muß aber

hiebey

hiebey auch acht haben, daß man den Quotient nicht gar zu klein annehme: welches alsdenn geschehen würde, wenn nach der Abziehung ein Rest bleiben sollte, der größer als der Divisor, oder doch demselbigen gleich wäre. Diese Art nun ist ziemlich verdrüßlich, weil man die Sache erst versuchen, und oft den Quotient nicht nur ein sondern wohl drey und viermal um eines vermindern muß: dieses geschieht absonderlich alsdenn, wenn das zweyte Ziffer des Divisors eine große Zahl z. E. ein 9 oder 8 ist. Um nun dieser Beschwerniß in etwas abzuhelfen, wird folgende Regel sehr dienlich seyn. So oft das erste Ziffer des Divisors in dem ersten, oder (wenn das erste Ziffer des Divisors größer ist als das erste des Dividendus) in den zweyen ersten Ziffern des Dividendus enthalten ist, so oft muß auch das zweyte Ziffer des Divisors enthalten seyn in dem zweyten oder dritten Ziffer des Dividendus, nachdem man zuvor, was von dem vorgehenden Ziffer übergeblieben ist, dazu gerechnet hat. Wir wollen es in einem Exempel sehen (in der zweyten Tabelle bey VIII.)

Ihr sollet 8023 durch 198 theilen. Fraget erstens. Wie oft ist 1 in 8 enthalten? Die Antwort ist: achtmal: aber dieser Quotient 8 ist zu groß, weil das zweyte Ziffer 9 in 0 nicht nur nicht achtmal, sondern wohl gar niemal enthalten ist. 7 Ist auch zu groß; denn wenn ihr 7 von 8 abziehet, so bleibt 1, welches mit dem nächsten

sten Ziffer des Dividendus, 10 ausmachet. Nun aber ist 9 in 10 nicht 7mal enthalten. 6 Ist abermal zu groß; denn 6 mit 1 multiplicieret ist 6. Dieses von 8 abgezogen läßt 2. Diese machen mit dem nächsten Ziffer des Dividendus 20 aus. Nun aber ist 9 in 20 nicht 6mal enthalten. 5 Ist noch zu groß, denn 5mal 1 ist 5. Dieses von 8 abgezogen giebt 3 zum Reste: welches mit dem nächsten Ziffer des Dividendus 30 ausmachet. Nun aber ist 9 in 30 nicht 5mal enthalten. 4 Ist recht; denn 4mal 1 ist 4: Dieses von 8 abgezogen giebt 4 zum Reste: diese machen mit dem nächsten Ziffer des Dividendus 40 aus. Nun aber ist 9 in 40 gewiß 4mal enthalten. Schreibet also 4 in den Quotient. Multiplicieret damit den ganzen Divisor: das Product 792 ziehet ab: der Rest ist 10: setzet das nächste Ziffer 3 des Dividendus dazu: es entsteht 103. In diesem ist der Divisor 198 niemal enthalten. Schreibet also eine 0 in den Quotient, den geblieben Rest daneben, und unter diesen den Divisor, so habet ihr den gesuchten Quotient $40\frac{103}{198}$. Sehet in der zweyten Tabelle IX, X, XI noch drey Exempel.

32. Wenn der Divisor 10. 100. 1000 oder eine andere solche Zahl ist, welche neben einem 1 eine oder mehrere 0 bey sich hat, ist die Division alsogleich vollbracht, wenn man im Dividendus zur linken Hand so viele Ziffern abschneidt, als der Divisor 0 hat. Diese abgeschnittenen Ziffern machen den Rest der Division aus, die

davor

davor stehenden den Quotient. Exempel ihr sollet 57842 durch 100 dividieren. Der Quotient wird seyn $578\frac{42}{100}$.

33. Wenn der Divisor neben andern Ziffern am Ende einige 0 angehänget hat, so schneidet durch ein Strichlein so viele letzte Ziffern des Dividendus ab, als im Divisor am Ende 0 stehen. Mit den übrigen Ziffern des Divisors verrichtet die Theilung wie gewöhnlich. Nach vollbrachter Division, setzet die zuvor abgeschnittenen Ziffern neben den Rest, der zuletzt geblieben ist, und schreibet den ganzen Divisor darunter.

Exempel. Ihr sollet 675469 durch 5400 dividieren. Die Bearbeitung der ganzen Division und der Quotient wird seyn, wie in der zweyten Tabelle bey XII zu sehen.

34. Die Probe über jede Division könnet ihr machen, da ihr den Quotient mit dem Divisor multiplicieret, und zu dem Producte den Rest, wenn in der Division einer geblieben ist, addieret: was herauskömmt, muß dem Dividendus gleich seyn. Ist euch diese Arbeit zu beschwerlich, so könnet ihr euch wieder der Neuner Probe bedienen auf folgende Art. Ziehet zwey Linien kreuzweise: addieret alle Ziffern des Divisors, die Summe ist in dem IX Exempel der zweyten Tabelle gleich 7. Schreibet 7 in einen seitwärts stehenden Winkel des Kreutzes, wie ihr hier sehet

: addieret alle Ziffern des Quotients: die

Summe ist 17: 9 davon bleiben 8. Schreibet 8 in den andern seitwärts stehenden Winkel, wie hier 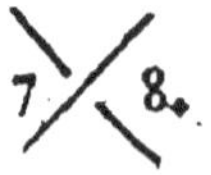

Multiplicieret diese beyde Reste durch einander, zum Producte 56 addieret die Ziffern des in der Division gebliebenen Rests: die Summe wird 68: wenn ihr 9 wegwerfet, so oft ihr könnet bleibt 5. Diesen Rest schreibet oben in das Kreutz, wie hier 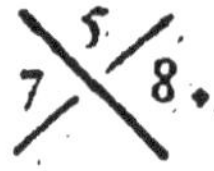

Addieret endlich alle Ziffern des Dividendus: die Summe ist 23. Wenn ihr 9 wegwerfet, so oft ihr könnet, bleibt 5. Dieses schreibet unten in das Kreutz: wie hier 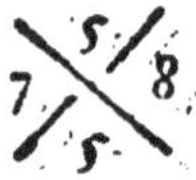

Weil nun oben und unten im Kreutze eine gleiche Zahl zu stehen kömmt, ist es ein ziemlich wahrscheinliches Zeichen, daß ihr im Dividieren keinen Fehler begangen habet. Ich sage, ein wahrscheinliches kein unfehlbares Zeichen; denn wenn ihr eben um 9, um 18 oder um eine andere vielfache Zahl von 9, gefehlet hättet: würdet ihr dennoch eine gleiche Zahl oben und unten in das Kreutz bekommen.

Weil die Division ziemlich schwer ist, und eine lange Uebung brauchet, will ich noch einige Exempel beysetzen, doch werde ich nicht die ganze Bearbeitung, sondern nur zur linken den Divisor, zur Rechten den Quotient, in der Mitte den Dividendus ansetzen.

Divi-

Divisor.	Dividendus.	Quotient.
579	43800771	75649
45007	23884044718	530674
446	244572000	687000
59600	57659066400	967434
1000	67954382000	67954382
79	282016	$3569\frac{65}{79}$.

35. Es ist noch übrig, daß ich kürzlich die Weise, die Division durch die Tabelle zu verrichten, erkläre. Erstlich muß man eine Tabelle aus dem Divisor machen, vollkommen auf die Art, wie in der Multiplication gesagt worden. Ist die Tabelle fertig, so untersuchet, wie viele Ziffern des Dividendus ihr brauchet, damit euer Divisor darinn enthalten sey, und sönderet diese Ziffern von den übrigen durch einen Punkt ab. Suchet aus allen Zahlen, welche in eurer Tabelle zur Rechten des aufrecht stehenden Strichs stehen, jene heraus, welche entweder dieser ersten Classe des Dividendus gleich ist, oder aus allen, welche kleiner als dieselbe sind, ihr zum nächsten kömmt. Diese Zahl schreibet unter die erste Classe des Dividendus, die einfache Zahl, welche zur linken des Strichs daneben steht, schreibet, als den ersten Theil des Quotient. Verrichtet die Abziehung: zum Reste setzet das nächste Ziffer des Dividendus. Suchet wieder in eurer Tabelle jene Zahl, welche aus allen denen, die kleiner sind, dieser zweyten Classe zum nächsten kömmt: die daneben zur Linken stehende einfache Zahl setzet in den Quotient: wiederholet die

ganze Arbeit, wie oben, so lange bis alle Ziffern des Dividendus herabgesetzt, und dividieret sind.

Exempel. Ihr sollet 70251807402 durch 79863 dividieren. Die aus dem Divisor verfertigte Tabelle, wird seyn wie ihr sie in der dritten Tabelle bey XIII sehet. Die Division selbst werdet ihr also verrichten. Für die erste Classe des Dividendus müsset ihr sechs Ziffern nämlich 702518 annehmen, weil der Divisor in den ersten fünf noch nicht enthalten ist. Wenn ihr nun diese Zahl 702518 in eurer Tabelle suchet, so findet ihr selbe nicht. Die Zahl 718767, die neben dem 9 steht, ist die erste, welche diese erste Classe des Dividendus übertrifft; ihr schreibet also die nächst darob stehende nämlich 638904, als unter allen kleinern die nächste unter diese erste Classe des Dividendus, die Zahl 8 aber, die zur Linken daneben steht, setzet ihr in den Quotient. Ihr ziehet 638904 von 702518 ab: der Rest ist 63614: zu diesem setzet ihr das nächste Ziffer des Dividendus nämlich die 0 herab, so entsteht 636140 die zweyte Classe des Dividendus. Wenn ihr nun mit dieser zweyten Classe, und hernach mit der dritten u. s. f. eben so verfahret, wie ihr mit der ersten gethan habet, so wird die ganze Bearbeitung der Division also stehen, wie ihr in der zweyten Tabelle bey XIII sehet.

Ein jeder sieht, daß diese Weise zu dividieren bey denen, die im Rechnen nicht wohl geübt sind, sonderbar bey grossen Zahlen einen nicht geringen

Vor-

I

2) 784 (392
6
18
18
04
4
0

II

3) 141 (47
12
21
21
0

III

3) 1521 (507
15
c21
21
0

IV

3) 93255 (31085
9
03
3
025
24
15
15
0

XI

273) 10517052 (38524
819
2327
2184
1430
1365
655
546
1092
1092
0

XII

5400) 675469 $(125\frac{469}{5400}$
54
135
108
274
270
4

V

7) 932 $(133\frac{1}{7}$
7
23
21
22
21
1

VI

5) 500015 (1000b3
5
000015
15
0

VII

362) 1474.75 $(407\frac{141}{362}$
1448
2675
2534
141

VIII

198) 8023 $(40\frac{103}{198}$
792
103

IX

205) 36824 $(179\frac{129}{205}$
205
1632
1435
1974
1845
129

X

7563) 590624922 (78094
52941
61214
60504
71092
68067
30252
30252
0

	Die Tabelle.
1	79863
2	159726
3	2,39589
4	319452
5	399315
6	479178
7	559041
8	638904
9	718767
10	798630

XIII

79863) 70251807402 (879654
638904
636140
559041
770997
718767
522304
479178
431260
399315
319452
319452
0

Diese Tabelle muß nach der vierzigsten Seite eingebunden werden.

Vortheil hat: nicht allein weil das verdrüßliche Nachsinnen, welches mit der gemeinen Art verknüpfet ist gänzlich gehoben wird, sondern auch, weil man hier nicht leicht fehlen kann, und in den größten Exempeln, sich nicht abmattet. Absonderlich wird diese Art mit Vortheil gebraucht, wenn durch einen nämlichen Divisor mehr verschiedene Zahlen sollen dividieret werden: indem alsdenn für alle diese Divisionen die Tabelle, welche doch fast die größte Arbeit ist, nur einmal darf gemacht werden. Die Anfänger, damit sie sich diese Weise zu dividieren recht bekannt machen, können die in der zweyten Tabelle angesetzten Exempel der Division wieder vornehmen, und auf diese Art auflösen.

Drittes Hauptstück.

Von

eben diesen vier Hauptverrichtungen bey Größen von verschiedenen Gattungen.

Erster Abschnitt.

Von der Addition oder Zusammensetzung der Zahlen, welche Größen von verschiedenen Gattungen anzeigen.

35. Es ereignet sich nicht selten, daß man verschiedenes Geld, verschiedenes Gewicht, verschiedene Längen, verschiedene Zeit u. s. f. zusammen addieren, oder von einander subtrahieren muß. Bevor ich nun erkläre, wie man hierinn verfahren muß, will ich kürzlich anzeigen, wie diese Dinge, das Geld, die Zeit, das Gewicht, die Längen, und andere dergleichen pflegen eingetheilet zu werden.

Vom Gelde.

Die kleinste Münze, deren wir Deutschen uns bedienen, ist der Häller. Zween Häller machen einen Pfenning, vier Pfenninge einen Kreuzer, vier

Kreutzer einen Batzen, fünfzehen Batzen einen Gulden. Der Groschen ist auch eine bey uns gewöhnliche Benennung. Nun aber machen drey Kreutzer einen Groschen, zwanzig Groschen einen Gulden.

Von dem Gewichte.

Das Gewicht drucken wir durch Pfunde aus. Ein Pfund wird gemeiniglich in 32 Lothe eingetheilet: ein Loth hat 4 Quintlein: ein Quintlein 4 Pfenninggewichte.

Von der Zeit.

Eine Stunde hat 60 Minuten: eine Minute 60 Secunden: eine Secunde 60 Terzen u. s. f. 24 Stunden machen einen Tag aus. Das Jahr bestehet aus 365 Tagen, 5 Stunden, 48 Minuten und 57 Secunden.

Von den Längen im Feldmessen.

Die Längen auf der Erde pflegen wir durch Stäbe zu messen, deren ein jeder 6 Schuhe in der Länge hat, obwohl man sich zuweilen auch zehnschuhichter Stäbe bedienet. Ein Schuh wird in 12 Zolle, ein Zoll in 12 Linien, eine Linie in 12 Puncten abgetheilet.

Vom Wein und Biermaaße.

Wein und Bier messen wir durch Fuder. Ein Fuder hat 12 Eymer, ein Eymer 60 Maaß, eine Maaß 4 Quärtlein.

Vom Getreydemaaße.

Ein Scheffel hat 8 Mätze: ein Mätze 4 Vierling, ein Vierling 4 Viertel.

Im Anschreiben dergleichen Größen von verschiedener Gattung schreibet man über die Zahlen gewisse Zeichen, damit man erkennen möge, was jede Zahl für Grössen anzeiget. Also bedeutet das Zeichen fl. Gulden, der Buchstab B. Batzen, das Zeichen χ. Kreutzer, das Zeichen ₰. Pfenninge, der Buchstab hl. Häller. Wenn ihr also anzeigen wollet 100 Gulden, 12 Batzen, 2 Kreutzer, 3 Pfenninge, 2 Häller, so schreibet

fl. B. χ. ₰. hl.
100. 12. 2. 3. 2. Die Stunden werden angezeigt durch St: Die Minuten durch ein ober der Zahl von der Rechten zur Linken gezogenes Strichlein: die Secunden durch zwey solche

St. ′ ″
Strichlein. Also heißt 6. 3. 25. sechs Stunden, 3 Minuten und 25 Secunden. Die Pfunde zeigen wir an durch ℔, die Lothe durch L. die Quintlein durch Q, die Pfenninggewichte durch ₰. Die Stäbe oder Ruthen werden angezeigt durch R: die Schuhe durch o: Die Zolle durch ein Strichlein: Die Linien durch zwey: Die Punkten durch drey. Nun will ich zur Addition und Subtraction dergleichen Größen schreiten.

36. Wenn ihr aus dem, was eben ist gesagt worden, wisset, wie viele Einheiten von einer jeden Gattung erfordert werden, daß sie eine Einheit von der nächsten höhern Gattung

tung ausmachen, so hat die Addition gar keine Beschwerniß mehr. Dieses merket wohl, daß ihr die Größen von gleicher Gattung immer unter einander schreibet, das ist die Gulden unter die Gulden, die Kreutzer unter die Kreutzer, und so von andern zu reden. Alsdenn beobachtet diese Regel.

Machet den Anfang bey den Zahlen der kleinsten Gattung: addieret selbe in eine Summe: diese Summe theilet durch jene Zahl, welche Eins von der nächsten höhern Gattung ausmachet: den Rest schreibet in der Stelle jener Gattung, deren Zahlen ihr damals addieret habet: Den Quotient aber zählet zu der nächsten höhern Gattung. Auf gleiche Art verfahret mit den Zahlen der nächsten Gattung, und schreitet also von der kleinsten bis zur größten.

Exempel. Ihr sollet die Summe finden aus
fl. B. X. S. fl. B. X. S.
35. 12. 3. 2. und aus 40. 14. 2. 3: und
fl. B. S.
aus 59. 11. 2. Schreibet diese Zahlen, wie ihr hier sehet.

fl.	B.	X.	S.
35.	12.	3.	2
40.	14.	2.	3
59.	11.	0.	2
136.	8.	4.	3

Addieret die Zahlen, welche Pfenninge anzeigen; denn diese sind in unserm Exempel die

klein-

kleinste Gattung. Saget also 2 Pfenninge und 3 sind 5 und 2 sind 7: diese Summe 7 dividieret durch 4; denn 4 Pfenninge machen einen Kreutzer. Der Quotient ist 1, der Rest 3: diesen Rest 3 schreibet in der Reihe der Pfenninge, den Quotient 1 zählet zu den Zahlen der nächsten Gattung nämlich der Kreutzer, und saget: 1 Kreutzer und 2 sind 3, nnd noch 3 sind 6. Dividieret diese Summe 6 abermal durch 4, weil 4 Kreutzer einen Batzen machen. Den Rest 2 schreibet in der Stelle der Kreutzer: der Quotient 1 aber zählet zur nächsten Classe der Batzen, und saget: 1 und 11 sind 12, und 14 sind 26, und 12 sind 38. Dividieret diese Summe 38 durch 15, weil 15 Batzen einen Gulden machen. Der Quotient ist 2, den ihr zur nächsten Classe behaltet: den Rest 8 schreibet in der Stelle der Batzen. Saget endlich: 2 und 9 (weil die Zahlen der Gulden ziemlich groß sind, lassen sie sich nicht leicht auf einmal addieren, sondern man addieret füglicher zuerst die Einheiten, alsdenn die Zehner) sind 11, und 5 sind 16. Schreibet 6, das 1 behaltet, und saget: 1 und 5 sind 6, und 4 sind 10, und 3 sind 13. Schreibet 13 neben 6, so habet ihr die verlangte Summe

fl.	B.	Xr.	Pf.
136.	8.	2.	3.

Ein

Ein anderes Exempel in Zahlen, welche Längen anzeigen.

R.	°	'	''	'''
5678.	4.	10.	11.	3.
895.	3.	7.	8.	5.
567.	5.	9.	10.	4.
735.	2.	6.	7.	2.
42.	3.	3.	5.	1.
7920.	2.	2.	6.	3.

In diesem Exempel ist die Summe der Puncte 15, welche 1 Linie und 3 Puncte ausmachen. Die Summe der Linien ist 42, welche 3 Zolle und 6 Linien gelten. Die Summe der Zolle ist 38. Diese machen 3 Schuhe und 2 Zolle aus. Die Summe der Schuhe ist 20. Diese gelten 3 Ruthen (eine Ruthe zu 6 Schuhe gerechnet) und 2 Schuhe. Die Summe der Ruthen ist 7920. Also habet ihr die ganze Summe

R.	°	'	''	'''
7920.	2.	2.	6.	3.

Drittes Exempel von der Zeit.

Ihr sollet die Summe finden von

St.	'	''
23.	15.	45.
21.	23.	4.
12.	35.	49.
3.	0.	14.
60.	14.	52.

Fan=

Fanget bey den Secunden an, und saget: 4 und 9 ist 13, und 4 ist 17, und 5 ist 22. Schreibet 2 unter die Einheiten der Secunden, und fahret fort: 2 und 1 ist 3, und 4 ist 7, und 4 ist 11. Dividieret diese 11 durch 6 (denn solchergestalt dividieret ihr die ganze Summe der Secunden durch 60) der Quotient ist 1: der Rest 5. Schreibet diesen Rest unter die Zehner der Secunden: den Quotient 1 aber zählet zu den Minuten, und sprechet: 1 und 5 sind 6, und 3 sind 9, und 5 sind 14. Schreibet 4 unter die Einheiten der Minuten, und fahret fort: 1 und 3 sind 4, und 2 sind 6, und 1 sind 7. Diese Zahl 7 dividieret durch 6: ihr bekommet 1 zum Quotient, und gleichfalls 1 zum Reste: den Rest schreibet unter die Zehner der Minuten: den Quotient aber zählet zu den Stunden, und saget: 1 und 3 sind 4, und 2 sind 6, und 1 sind 7, und 3 sind 10. Schreibet 0 unter die Einheiten der Stunden, und fahret fort: 1 und 1 sind 2, und 2 sind 4, und 2 sind 6. Schreibet 6 unter die Zehner der Stunden. Also habet ihr die verlangte Summe: 60 Stunden, 14 Minuten, und 52 Secunden. Wollet ihr diese Stunden in Tage verändern, müsset ihr die Zahl 60 der Stunden durch 24 dividieren, weil 24 Stunden einen Tag ausmachen. Nun ist aber 24 in 60 zweymal enthalten, und bleiben noch 12 Stunden übrig.

Anmerkung: Ihr habet im vorhergehenden Exempel bey den Secunden und Minuten

nur

nur die Summe der Zehner durch 6 dividieret. Aber, wie ich schon gesagt habe, ist dieses eben so viel, als wenn ihr die ganze Summe durch 60 dividieret hättet: welches ihr euch dann wohl merken müsset für alle jene Exempel, in welchen ein Divisor vorkömmt, der nur aus Zehnern und einer 0 besteht.

Sehet hier einige Exempel zur Uebung.

Ein Haushalter hat folgende fünf Ausgaben gehabt. Erstlich 136 Gulden, 58 Kreutzer, 3 Pfenninge. Zweytens 47 Gulden, 9 Kreutzer, 2 Pfenninge. Drittens 204 Gulden, 48 Kreutzer, 3 Pfenninge. Viertens 87 Gulden, 8 Kreutzer. Fünftens 107 Gulden, und 3 Pfenninge. Wie groß ist die ganze Ausgabe?

fl.	x.	S.
136.	58.	3
47.	9.	2
204.	48.	3
87.	8.	0
107.	0.	3
583.	5.	3

Anmerkung. Dergleichen Rechnungen kommen sehr oft vor in Verfertigung der Inventarien, in den Rechnungen der Haushalter. Da es dann sich öfter ereignet, daß man sehr viele dergleichen Posten, welche wohl mehrere Blätter anfüllen, zusammen addieren muß. In diesem Falle dann kann man jede Seite in mehrere

Classen abtheilen: jede Classe sonderlichen addieren: die Particularsummen eines jeden Blattes auf ein besonderes Papier schreiben: selbe zusammen addieren, damit man also die Summe des ganzen Blattes bekomme. Diese Summe aus allen Classen einer Seite wird zu unterst am Blatte unter einem Querstriche angeschrieben. Eben diese Summe, wird auch zu unterst auf folgendem Blatte geschrieben. Die Posten dieses folgenden Blattes werden, wie zuvor in eine Summe gebracht: diese Summe unter die vorige geschrieben: beyde zusammen addieret und also bekömmt man die Summe zwoer Seiten. Diese Summe wird zu unterst auf der dritten Seite wieder angeschrieben: diese dritte Seite abermal zusammen gerechnet, u. s. f. bis man alle Posten in eine Summe gebracht hat.

Ein reicher Bauer hat am Gretreide lassen ausdreschen 7 Scheffel, 6 Mätze, 3 Vierlinge: und wieder 13 Scheffel, 7 Mätze, 2 Vierlinge: und drittens 18 Scheffel, 5 Mätze, 3 Vierlinge: und viertens 20 Scheffel, 7 Mätze, 3 Vierlinge: und endlich fünftens 19 Scheffel, 3 Mätze, 2 Vierlinge. Was beträgt die ganze Summe?

Sch.	M.	V.
7.	6.	3
13.	7.	2
18.	5.	3
20.	7.	3
19.	3.	2
80.	7.	1

Ein

Ein Handelsmann hat einem Tuchmacher folgende Wolle geliefert. Erstens 20 Centner, 87 Pfunde, 3 Vierlinge. Zweytens 38 Centner, 75 Pfunde. Drittens 41 Centner, 3 Vierlinge. Viertens 54 Centner, 68 Pfunde, 1 Vierling. Wie viel macht alles aus? Der Centner wird zu 100 Pfunde gerechnet.

Cent.	℔.	V.
20.	87.	3
38.	75.	0
41.	0.	3
54.	68.	1
155.	31.	3

Zweyter Abschnitt.

Von der Abziehung oder Subtraction.

37. Die Abziehung hat wieder gar nichts schweres. Ihr müsset abermal von der kleinsten Gattung den Anfang machen; die untere Zahl von der obern abziehen, und den Rest in eben selber Stelle unter dem Querstriche schreiben. Kann die untere Zahl von der obern nicht abgezogen werden, weil die obere kleiner als die untere ist, so müsset ihr die obere Zahl um so viele Einheiten vermehren, als erfordert werden, eines von der nächsten höhern Classe auszumachen, und alsdenn die Abziehung verrichten. Hernach schreitet zu der nächsten Gattung; merket aber dabey, daß die obere Zahl um Eins ist kleiner geworden.

Exempel. Ihr sollet 15 Gulden, 12 Batzen, 3 Kreutzer von 30 Gulden, 10 Batzen, 2 Kreutzern, 2 Pfenningen abziehen. Schreibet diese Zahlen, wie ihr hier sehet.

fl.	B.	X.	S.
30.	10.	2.	2
15.	12.	3.	0
14.	12.	3.	2

Weil keine Pfenninge abzuziehen sind, so bleiben die Pfenninge der obern Zahl unverändert. Schreibet also 2 unter dem Striche in der Reihe der Pfenninge. Schreitet nun zu den Kreutzern, und saget: 3 Kreutzer können von 2 nicht abgezogen werden. Nehmet also einen Batzen aus der vorhergehenden Stelle weg. Weil nun dieser vier Kreutzer gilt, so habet ihr jetzt 6 Kreutzer. Saget also: 3 von 6, bleibt 3. Diesen Rest 3 schreibet in der Reihe der Kreutzer. Sprechet weiter 12 Batzen können von 9 (denn die Zahl 10 ist um 1 kleiner geworden) nicht abgezogen werden. Nehmet also einen Gulden von der vorhergehenden Stelle. Dieser gilt 15 Batzen. Ihr habet also jetzt 24 Batzen. Saget also: 12 von 24, bleiben 12. Schreibet 12 in der Reihe der Batzen. Die obere Zahl der Gulden ist wieder um 1 kleiner geworden; saget also: 15 von 29, bleiben 14. Schreibet 14 in der Stelle der Gulden; und ihr habet den verlangten Rest 14 Gulden 12 Batzen, 3 Kreutzer und 2 Pfenninge.

Zwey-

Zweytes Exempel. Ihr sollet 7 Tage, 14 Stunden, 37 Minuten, von 8 Tagen, 2 Stunden, 28 Minuten abziehen. Schreibet diese Zahlen, wie ihr hier sehet.

T.	St.	′
8.	2.	28
7.	14.	37
0.	11.	51

Machet von den Minuten den Anfang, und saget: 7 von 8, bleibt 1. Schreibet 1 unter die Einheiten der Minuten, und saget: 3 von 2 lassen sich nicht abziehen: ich nehme also 1 von den Stunden: diese gilt in der Stelle der Minuten 60, oder 6 Zehner; ich habe also jetzt 8 Zehner der Minuten: ich sage demnach 3 von 8, bleiben 5. Ich schreibe 5 in der Stelle der Zehner der Minuten. Schreitet nun zu den Stunden. 14 Stunden können von 1 nicht abgezogen werden; nehmet also von den Tagen 1 weg: dieser gilt 24 Stunden: ihr habet also jetzt 25 Stunden. Von diesen ziehet 14 ab: es bleiben 11. Schreibet 11 in der Reihe der Stunden. Nun gehet zu den Tagen, und saget: 7 von 7, läßt nichts. Ihr habet also den verlangten Rest 11 Stunden und 51 Minuten.

Drittes Exempel von den Längen.

R.	°	′	″
6.	4.	8.	11
5.	5.	9.	8
0.	4.	11.	3

Anmerkung. In diesem Exempel ist eine Ruthe abermal zu 6 Schuhe gerechnet.

Viertes Exempel abermal von der Zeit.

St.	′	″
15.	0.	12
11.	14.	18
3.	45.	54

In diesem Exempel hat die obere Zahl keine Minuten. Die Secunden der untern können von den Secunden der obern nicht abgezogen werden. Ihr müsset also 1 von den Stunden wegnehmen, und erstens in die Stelle der Minuten setzen. Da gilt 1 Stunde 60 Minuten: von diesen 60 nehmet ihr wieder 1 fort: es bleiben also noch 59 Minuten: dieses weggenommene 1 aber gilt in der Stelle der Secunden abermal 60: und also habet ihr in der Stelle der Secunden 72 Secunden. Wenn ihr dieses wohl merket, so werdet ihr in allen Exempeln von dieser Gattung gar keine Schwierigkeit mehr finden. Hier sind einige Exempel zur Uebung.

Einer ist schuldig 25 Gulden, 35 Kreutzer, und 2 Pfenninge. Daran bezahlet er 15 Gulden, 24 Kreutzer. Was bleibt ihm noch zu bezahlen?

fl.	X.	S.
25.	35.	2.
15.	24.	
10.	11.	2

Ein

Ein Haushalter hat dieses Jahr hindurch eingenommen 785 Gulden, 54 Kreutzer, und 3 Pfenninge. Die Ausgabe des ganzen Jahrs beläuft sich auf 640 Gulden, und 3 Pfenninge. Wie viel hat er vorgeschlagen?

fl.	x.	S.
785.	54.	3
640.	0.	3
145.	54.	0

Eine Hauserin hat von ihrer Frau bekommen 15 Gulden. Davon hat sie ausgegeben, erstens 5 Gulden, 7 Kreutzer: Zweytens 2 Gulden und 5 Kreutzer, und drittens 26 Kreutzer 3 Pfenninge, was muß sie noch zurück geben?

	fl.	x.	S.
Einnahme.	15.	0.	0
Sum. der Ausg.	7.	38.	3
Rest : :	7.	21.	1

Ausgaben.

fl.	x.	S.
5.	7.	0
2.	5.	0
0.	26.	3
7.	38.	3

Ein Kaufmann hat 76 Centner, 87 Pfunde Zucker gekauft: davon hat er verkauft 49 Centner, 89 Pfunde, und 14 Lothe. Wie viel hat er noch im Vorrathe?

Cent.	℔.	L.
76.	87.	0
49.	89.	14
26.	97.	18

Ein Bauer hat 168 Scheffel Getreid aufbehalten. Von diesem verkauft er 65 Scheffel, 6 Mätze, 3 Vierlinge. Wie viel behält er noch im Vorrathe?

Sch.	M.	V.
168.	0.	0
65.	6.	3
102.	1.	1

Die Sonne läuft den Frühling und Sommer über vom Widder bis in die Waage in 186 Tagen, 14 Stunden und 53 Minuten: den Herbst und Winter durch von der Waage bis in Widder in 178 Tagen, 14 Stunden 56 Minuten. Wie viel ist das erste halbe Jahr größer als das andere?

T.	St.	,
186.	14.	53
178.	14.	56
7.	23.	57

Wenn ein fester Körper in eine flüßige Materie versenket wird, so verliehret er etwas an seiner Schwere. Nun wollen wir setzen, ihr hättet einen Stein, der in der Luft 100 Pfunde wäge. Nun hienget ihr selben an einem Stricke in das Wasser, und befändet an der Waage, daß er nur noch 40 Pfunde, 16 Lothe, 3 Quintlein wäge. Wie viel würde er im Wasser von seiner Schwere verlohren haben?

℔.	L.	Q.
100.	0.	0
40.	16.	3
59.	15.	1

Dritter Abschnitt.

Von der Reduction der Größen von verschiedener Gattung.

38. Wenn ihr z. E. eine Summe Gelds in Gulden, Kreutzern und Pfenningen ausgedrückt habet, ist es oft sehr gut, ja fast nothwendig, wie ihr bald sehen werdet, daß ihr diese Summe zur untersten Benamsung bringet, das ist in lauter Pfenningen ausdrücket. Die Weise nun diese Veränderung zu machen, nenne ich die **absteigende Reduction.** Eben so, wenn ihr z. E. eine Summe Gelds in lauter Pfenningen ausgedrückt bekommet, ist es gut, wenn ihr zu

finden wisset, wie viel diese Pfenninge Kreutzer, Batzen und Gulden ausmachen. Und diese Art der Veränderung nenne ich die aufsteigende Reduction. Ich will beyde in einigen Exempeln erklären.

Ihr sollet 375 Gulden zu Kreutzer machen, oder in Kreutzern ausdrücken. Ihr wisset, daß 60 Kreutzer einen Gulden machen. Multiplicieret also die Zahl 375 durch 60. Das Product 22500 ist die verlangte Anzahl der Kreutzer. Ihr hättet auch die gegebene Zahl 375 der Gulden durch 15 multiplicieren können (denn 15 Batzen machen einen Gulden) das Product würde gewesen seyn 5625 Batzen. Wenn ihr nun dieses Product mit 4 multiplicieret hättet (weil 4 Kreutzer einen Batzen machen) so hättet ihr eben die vorige Zahl 22500 der Kreutzer bekommen.

Wenn euch eine Summe Gelds in verschiedenen Gattungen gegeben wird, und ihr alles zur untersten Benennung bringen sollet, so müsset ihr die oberste Benennung zu der folgenden kleinern bringen: und alsdann zu diesem Producte die Zahl von dieser zweyten Benennung addieren: die Summe wieder zur nächsten kleinern Benennung bringen, und also fort bis zur untersten.

Ihr

Ihr sollet z. E. 350 Gulden, 14 Batzen, 3 Kreutzer und 2 Pfenninge zur untersten Benennung der Pfenninge bringen.

Multiplicieret	350	
durch	15	denn 15 Batzen machen einen Gulden.
	1750	
	350	
das Product ist	5250	
addieret dazu	14	Batzen
die Summe	5264	ist die Anzahl der Batzen, welche in 350 Gulden und 14 Batzen enthalten sind.
diese Summe multiplicieret durch	4	
das Product ist	21056	
addieret	3	Kreutzer
die Summe	21059	ist die Anzahl der Kreutzer, welche in 350 Gulden, 14 Batzen und 3 Kreutzern enthalten sind.
diese Summe multiplicieret mit	4	
das Product ist	84236	
addieret	2	Pfenninge
die Summe	84238	ist die Anzahl der Pfenninge, welche in 350 Gulden, 14 Batzen, 3 Kreutzern und 2 Pfenningen enthalten sind.

Ein anders Exempel. Ihr sollet 23 Tage, 21 Stunden, 54 Minuten, 35 Secunden zur kleinsten Benennung der Secunden bringen.

Multiplicieret	23	
durch	24	
	92	
	46	
zum Producte	552	
addieret	21	
die Summe	573	
multiplicieret durch	60	
zum Producte	34380	
addieret	54	
die Summe	34434	
multiplicieret durch	60	
zum Producte	2066040	
addieret	35	
die Summe	2066075	ist der verlangte Ausdruck in Secunden.

39. Nun ist die aufsteigende Reduction noch zu erklären. Diese ist der absteigenden entgegen gesetzt, und wird durch die Division vollbracht. Wir wollen es in einem Exempel sehen.

Wie viele Batzen, wie viele Gulden stecken in 22500 Kreutzern?

Dividieret	22500	
durch	4	denn 4 Kreutzer machen einen Batzen.
der Quotient	5625	ist die Anzahl der Batzen.
diesen Quotient dividieret durch	15	weil 15 Batzen einen Gulden machen.
den Quotient	375	ist die verlangte Anzahl der Gulden.

Anmerkung. Wenn nach einer Division ein Rest bleibt, so gehöret er zu jener Gattung oder Benennung, von welcher der Dividendus ist.

Exempel. Wie viele Minuten, Stunden und Tage sind in 2066075 Secunden enthalten?

Dividieret	2066075	
durch	60	
der Quotient ist	$34434\frac{35}{60}$	das ist 34434 Minuten und 35 Secunden.
die ganze Zahl dividieret durch	60	
der Quotient ist	$573\frac{54}{60}$	das ist 573 Stunden und 54 Minuten.
das Ganze dividieret durch	24	
der Quotient ist	$23\frac{21}{24}$	das ist 23 Tage und 21 Stunden.

Ihr

Ihr findet also, daß 2066075 Secunden 23 Tage 21 Stunden, 54 Minuten und 35 Secunden ausmachen.

Dritter Abschnitt.

Von der Multiplication und Division der Größen von verschiedenen Benennungen.

40. Wenn ihr eine solche Summe, welche aus verschiedenen Größen besteht, durch eine Zahl multiplicieren, oder dividieren sollet, so bringet alles zur untersten Benennung: was herauskömmt multiplicieret, oder dividieret durch die gegebene Zahl. Was ihr hiedurch bekommet, bringet abermal zu den größeren Benennungen.

Ihr sollet z. E. eine Länge von 15 Ruthen, 4 Schuhen, 3 Zollen, und 9 Linien 7mal nehmen. Man fraget, was hieraus für eine Länge entstehe. Reducieret alles zu Linien. Ihr bekommet 13581 Linien. Diese multiplicieret mit 7. Das Product ist 95067. Diese reducieret wieder zu Zollen, Schuhen und Ruthen. Ihr bekommet 110 Ruthen, keinen Schuh, 2 Zolle, 3 Linien.

Wenn man verlangte ihr sollet 110 Ruthen, 0 Schuh, 2 Zolle, 3 Linien in 7 Theile theilen, so müßtet ihr diese Länge in lauter Linien ausdrucken; das Product 95067 durch 7 dividieren: den Quotient 13581 wieder zu Zollen, Schuhen und

Ruthen reducieren; da ihr dann erhalten würdet 15 Ruthen, 4 Schuhe, 3 Zolle, 9 Linien.

41. Ihr könnet bey der Multiplication auch also verfahren. Multiplicieret die Zahlen jeder Benennung durch den gegebenen Multiplicator. Die Producte schreibet ein jedes in seiner Stelle. Alsdenn dividieret das Product der kleinsten Benennung durch jene Zahl, welche erfordert wird, eines von der nächsten höheren Benennung auszumachen. Den Rest schreibet in dieser Stelle der kleinsten Benennung: den Quotient aber zählet zu der Zahl der nächsten höheren Benennung. Die Summe dividieret abermal durch jene Zahl, welche erfordert wird eines von der nächsten höheren Benennung auszumachen. Den Rest schreibet wieder in dieser Stelle der zweyten Benennung: den Quotient aber zählet zu der vorhergehenden: und schreitet also von der kleinsten Benennung bis zu der größten.

Exempel. Ihr sollet 15 Ruthen, 4 Schuhe, 3 Zolle und 9 Linien durch 7 multiplicieren.

Multiplicieret die Zahlen jeder Benennung durch 7. Ihr bekommet 105 Ruthen, 28 Schuhe, 21 Zolle und 63 Linien. Nun dividieret 63 durch 12; denn 12 Linien machen einen Zoll. Der Quotient ist 5, und der Rest 3. Diesen Rest 3 schreibet in der Stelle der Linien: den Quotient 5 aber addieret zu den vorhergehenden 21 Zollen. Die Summe ist 26 Zolle. Dividieret diese Summe durch 12; weil 12 Zolle einen

einen Schuh machen. Der Quotient ist 2, der Rest gleichfalls 2. Diesen Rest 2 schreibet in der Stelle der Zolle: den Quotient 2 zählet zu den vorhergehenden 28 Schuhen. Ihr habet also jetzt 30 Schuhe. Diese Summe 30 dividieret durch 6; weil 6 Schuhe eine Ruthe machen. Der Quotient ist 5. Rest bleibet keiner. Schreibet also 0 in der Stelle der Schuhe: den Quotient 5 zählet zu den vorhergehenden 105 Ruthen. Die Summe ist 110. Folglich ist das ganze Product 110 Ruthen, 0 Schuh, 2 Zolle, 3 Linien, eben wie ihr oben nach der ersten Art gefunden hattet.

Ihr könnet also folgende Exempel nach der ersten, oder nach der zweyten Art auflösen, es muß immer das nämliche Product entstehen.

Eine Armee brauchet monatlich für ihre Pferde 735 Scheffel, 5 Mätze, und 2 Vierlinge Haber. Was braucht man in 6 Monathen?

	Sch.	M.	V.
	735.	5.	2
			6
die Producte sind	4410.	30.	12
nach der Reduction	4414.	1.	0

Ein Speisemeister braucht täglich 3 Eymer 25 Maaße und 3 Quärtlein Bier. Was braucht er in einer Woche?

	E.	M.	Q.
	3.	25.	3
			7
die Producte sind	21.	175.	21
und nach der Reduction	24.	0.	1

Eine

Eine Armee von 75000 Mann steht im Felde. Jedem Mann werden wochentlich 3 Pfunde und 2 Vierlinge Fleisches gereichet. Wie viel brauchet man in 6 Wochen?

	℔.	V.	
	3.	2	
		6	
die Producte sind	18.	12	
und nach der Reduction	21.	0	für einen Mann
	× 75000		
	105		
	147		
	1575000		für alle zugleich
oder	15750		Centner.

Der Mond durchläuft in einer Stunde 32 Minuten und 26 Secunden in seiner Laufbahne. Wie weit kömmt er in einem Tage?

		′	″
		32.	56
			24
die Producte sind		768.	1344
	°	′	″
und nach der Reduction	13.	10.	24

42. Bey der Division könnet ihr, anstatt alles zur untersten Benennung zu bringen, und alsdenn erst die Division vorzunehmen, die Sache auch also angreifen. Dividieret die Zahl der größten Benennung durch den gegebenen Divisor: den Quotient schreibet in eben dieser Stelle: den

Rest reducieret durch die Multiplication zu der nähstfolgenden kleinern Benennung, und addieret die Zahl eben dieser nachfolgenden kleinern Benennung dazu. Die Summe dividieret abermal durch den gegebenen Divisor, und schreitet also von der größten Benennung bis zu der kleinsten.

Exempel.

Der Mond durchläuft in seiner Bahne 13 Grade, 10 Minuten und 24 Secunden in einem Tage. Wie weit kömmt er in einer Stunde?

Wenn ihr 13, die Zahl der größten Benennung durch 24 dividieret, so ist der Quotient 0, der Rest 13. Schreibet also 0 in der Stelle der Grade: den Rest aber 13 multiplicieret mit 60, weil ein Grad 60 Minuten gilt: das Product ist 780: addieret die in der nähsten Stelle stehenden 10 Minuten dazu, so habet ihr 790 Minuten. Diese Summe dividieret durch 24. Der Quotient ist 32, der Rest 22. Schreibet den Quotient 32 in der Stelle der Minuten: den Rest 22 aber multiplicieret mit 60; weil 1 Minute 60 Secunden gilt: das Product ist 1320. Zu diesem addieret die in der nähsten Stelle stehenden 24 Secunden. Ihr bekommet also 1344 Secunden. Dividieret diese Summe durch 24. Der Quotient ist 56, und zwar ohne Rest. Schreibet 56 in der Stelle der Secunden. Der Mond durchläuft also in einer Stunde 32 Minuten und 56 Secunden seiner Laufbahne.

Zween Kramer haben unter sich zu theilen 713 Gulden und 38 Kreutzer. Was beträgt der Theil eines jeden?

	fl.	X.
	713.	38.
2		
	356.	49.

Im Jahre Christi 1568 ward der große Obeliscus Vaticanus, den ehemals Kayser Cajus Caligula aus Egypten nach Rom bringen und aufrichten lassen, nachdem er von den Gothen umgeworfen worden, von dem Papst Sixtus dem fünften durch seinen Baumeister Dominicus Fontana von der Erde wieder aufgehoben, fortgeführet, und vor die Peterskirche auf vier metallene Löwen gesetzet: wo er noch heut zu Tage steht. Da nun dieser einzige pyramidenförmige Stein 8692 Centner und 28 Pfunde: das Eisenwerk aber, mit welchem er verwahret, und woran die Seile befestiget worden, 454 Centner und 52 Pfunde gewogen, wird gefragt: wie viel von dieser ungeheuren Last an jedem der 40 Seile, an welchen er vermittelst der Machinen ist aufgezogen worden, gehangen?

	Cent.	℔.
Schwere des Obeliscus : :	8692.	28
Schwere des Eisenwerks :	454.	52
Schwere der ganzen Last :	9146.	80
Diese dividieret durch : :	40	
Der Quotient : :	228.	67

ist die Last eines jeden Seils.

43. Es giebt noch eine andre Art der Multiplication und Division, welche aber fast nur in der Geometrie vorkömmt. Bevor ich diese erkläre, muß ich vorläufig erinnern, daß eine Fläche, welche einen Schuh in die Länge, und einen in die Breite hat, ein Quadratschuh; welche einen Zoll in die Länge, einen in die Breite hat, ein Quadratzoll; welche eine Linie in die Länge, eine in die Breite hat, eine Quadratlinie genennet wird. Eben also wird jene Zahl, welche entsteht, wenn eine andere Zahl durch sich selbst multiplicieret wird, das Quadrat dieser letztern genennet.

Nun wollen wir setzen, ihr sollet eine Länge von 15 Ruthen, 4 Schuhen, 3 Zollen und 9 Linien durch eine andre Länge von 7 Ruthen, 5 Schuhen, 6 Zollen und 8 Linien multiplicieren: das ist, ihr sollet finden, wie viel Quadratruthen, Quadratschuhe u. s. f. jener Platz in sich habe, dessen Länge 15 Ruthen, 4 Schuhe, 3 Zolle 9 Linien: die Breite aber 7 Ruthen, 5 Schuhe, 6 Zolle und 8 Linien hat.

Reducieret beyde Factoren zu Linien: ihr bekommet für den Multiplicandus 13581: für den Multiplicator 6848. Diese zwo Zahlen durcheinander multiplicieret geben zum Producte 93002688, welches Product die Quadratlinien ausdrückt, die in besagtem Platze enthalten sind. Damit ihr nun diese Quadratlinien zu Quadratzollen, zu Quadratschuhen, und zu Quadratruthen

then machet, müsset ihr die Quadratlinien nicht durch 12 sondern durch das Quadrat von 12, nämlich durch 144 dividieren: die Quadratzolle wieder durch das Quadrat von 12, oder durch 144: so bekommet ihr die Quadratschuhe: diese durch das Quadrat von 6 oder durch 36, so erhaltet ihr die Quadratruthen. Solchergestalt werdet ihr im gegenwärtigen Exempel bekommen 124 Quadratruthen, 21 Quadratschuhe, und 12 Quadratzolle.

Eben so, wenn man euch saget: ein Platz begreife in sich 124 Quadratruthen, 21 Quadratschuhe, 12 Quadratzolle: seine Länge sey 15 Ruthen, 4 Schuhe, 3 Zolle und 9 Linien, ihr sollet nun seine Breite finden: müsset ihr erstens alles zur untersten Benennung bringen, welches geschieht, wenn ihr die Quadratruthen mit 36, die Quadratschuhe mit 144, die Quadratzolle abermal mit 144 multiplicieret. Da ihr dann bekommen werdet 93002688 Quadratlinien. Alsdenn müsset ihr auch den Divisor in Linien ausdrücken: weil aber dieser nicht aus Quadratruthen, nicht aus Quadratzollen, sondern aus einfachen Ruthen, Zollen u. s. f. besteht, so müsset ihr die Ruthen mit 6, die Schuhe mit 12, die Zolle gleichfalls mit 12 multiplicieren: das Product wird seyn 13581 Linien. Dividieret nun 93002688 durch 13581. Der Quotient ist 6848 die Breite in einfachen Linien ausgedrückt. Veränderet diese in Zolle, Schuhe und Ruthen, indem ihr die Linien durch 12, die Zolle durch 12, die Schuhe durch 6 dividieret. Ihr werdet finden 7 Ruthen, 5 Schuhe, 6 Zolle und 8 Linien, als die verlangte Breite des Platzes.

Viertes Hauptstück.

Von den

Brüchen.

Erster Abschnitt.

Von einigen Veränderungen der Brüche.

44. Ein Bruch ist ein oder etliche Theile eines ganzen, welches man sich in mehrere Theile abgetheilet vorgestellet. Ein Bruch wird also durch zwo Zahlen ausgedrückt: eine zeiget an, in wie viele Theile das ganze eingetheilet werde, und heißt der Nenner: die andre zeiget an, wie viele dergleichen Theile in gegenwärtigem Falle gegeben sind, und wird der Zähler genannt. Um einen Bruch anzuschreiben setzet man den Zähler oberhalb des Nenners, und einen kleinen Querstrich dazwischen. Z. E. $\frac{2}{3}$: da ist 2 der Zähler, 3 der Nenner.

Ein eigentlicher Bruch ist jener, welcher weniger gilt als ein ganzes. Da nun der Nenner das in eine gewisse Anzahl der Theile zergliederte ganze, der Zähler aber die Anzahl solcher

cher Theile, welche in jedem Falle gegeben sind, anzeiget, so muß in einem eigentlichen Bruche der Zähler kleiner seyn als der Nenner.

Ein uneigentlicher Bruch ist jener, welcher mehr, oder doch so viel als ein ganzes gilt. Deßhalben muß in einem solchen Bruche der Zähler größer, oder doch so groß als der Nenner seyn. Z. E. Ein eigentlicher Bruch ist $\frac{1}{2}$: ein uneigentlicher $\frac{5}{3}$, oder auch $\frac{5}{5}$.

45. Den Werth eines Bruchs zu erkennen muß man weder den Zähler allein, weder den Nenner allein betrachten, sondern das Verhältniß des Zählers zu dem Nenner: und gilt allezeit jener Bruch mehr, in welchem der Zähler minder oft in seinem Nenner enthalten ist. Also gilt der Bruch $\frac{2}{3}$ mehr als der Bruch $\frac{6}{13}$; weil der Zähler 2 in seinem Nenner 3 nur ein und ein halbesmal enthalten ist, da doch in dem zweyten Bruche der Zähler 6 in seinem Nenner 13 zweymal begriffen ist. Die zween Brüche $\frac{1}{2}$ und $\frac{5}{10}$ gelten beyde gleichviel, weil in beyden der Zähler in dem Nenner eben zweymal enthalten ist.

Erste Aufgabe.

Zween oder mehrere Brüche unter einerley Benennung bringen.

46. Diese Aufgabe recht zu verstehen ist zu merken, daß, wie aus dem, was eben ist gesagt worden, erhellet, ein Bruch auf ver-

schiedene Art kann ausgedrückt werden, ohne daß sein Werth verändert wird. Nun verlanget man, ihr sollet zween oder mehrere gegebene Brüche also abändern, daß sie alle einerley Nenner bekommen, und doch ein jeder seinen vorigen Werth behalte. Die Sache geht also an. Multiplicieret den Zähler eines jeden Bruchs mit den Nennern aller übrigen Brüche: auf solche Art bekommet ihr die neuen Zähler. Alsdenn multiplicieret alle Nenner durch einander, das Product ist der neue allgemeine Nenner.

Exempel.

	I	II
Gegebene Brüche	$\frac{2}{3}$, $\frac{1}{4}$	$\frac{1}{3}$, $\frac{1}{2}$, $\frac{2}{5}$
Reducirte Brüche	$\frac{8}{12}$, $\frac{3}{12}$	$\frac{10}{30}$, $\frac{15}{30}$, $\frac{12}{30}$

	III	IV
Gegebene Brüche	$\frac{2}{5}$, $\frac{2}{3}$, $\frac{3}{7}$	$\frac{3}{8}$, $\frac{5}{9}$
Reducirte Brüche	$\frac{42}{105}$, $\frac{70}{105}$, $\frac{45}{105}$	$\frac{27}{72}$, $\frac{40}{72}$

Der Beweis dieser Regel ist ganz leicht. Wir haben oben gesagt, daß der Werth eines Bruchs so lange der alte verbleibe, so lange das Verhältniß des Zählers zu dem Nenner das alte ist. So ist auch für sich selbst klar, daß dieses Verhältniß immer das alte verbleibt, wenn ich den Zähler und Nenner beyde durch eine nämliche Zahl multipliciere. Nun aber haben wir in unsrer Regel nichts anders zu thun vorgeschrieben, als den Zähler und den Nenner eines jeden Bruchs durch die Nenner aller andern Brüche zu multiplicieren, wie einem jeden erhellen

hellen wird, der die oben angesetzten Exempel wieder betrachten will.

47. Es läßt sich aber die Sache zuweilen etwas leichter verrichten; wenn nämlich die Nenner der gegebenen Brüche also beschaffen sind, daß der größte durch alle kleinere ohne Rest kann dividieret werden. In diesem Falle lasse ich den Bruch, der den größten Nenner hat, unverändert: in den übrigen multipliciere ich allezeit den Zähler sowohl als den Nenner mit jener Zahl, die ich zum Quotient bekomme, wenn ich den größten Nenner durch den Nenner desselben Bruchs dividiere.

Ihr sollet z. E. diese drey Brüche $\frac{3}{7}$, $\frac{9}{14}$, $\frac{13}{28}$ unter einen Nenner bringen. Ihr sehet alsogleich, daß der größte Nenner 28 sich durch beyde kleinere 7 und 14 genau und ohne Rest theilen lasse. Der letzte Bruch $\frac{13}{28}$ bleibt also unverändert. In dem ersten $\frac{3}{7}$ multiplicieret ihr zuerst den Zähler 3, hernach den Nenner 7 durch 4; denn wenn ihr 28 durch 7 dividieret, so ist 4 der Quotient. Also wird der erste Bruch $\frac{3}{7}$ verwandelt in $\frac{12}{28}$. In dem zweyten Bruche $\frac{9}{14}$ multiplicieret den Zähler 9 und den Nenner 14 durch 2; weil 28 durch 14 dividieret 2 zum Quotient giebt. Hiemit wird der Bruch $\frac{9}{14}$ verwandelt in $\frac{18}{28}$. Ihr habet also anstatt der gegebenen Brüche diese neuen $\frac{12}{28}$, $\frac{18}{28}$, $\frac{13}{28}$. Sehet hier noch einige Exempel.

	I			II	
Gegebene Brüche	$\frac{2}{3}$,	$\frac{4}{9}$,	$\frac{7}{18}$	$\frac{1}{5}$,	$\frac{4}{15}$
Reducierte Brüche	$\frac{12}{18}$,	$\frac{8}{18}$,	$\frac{7}{18}$	$\frac{3}{15}$,	$\frac{4}{15}$

48. Wenn sich der größte Nenner nicht durch alle kleinere ohne Rest dividieren läßt, so hat dennoch ein Vortheil Platz, den ich jetzt erklären will.

Erstens. Streichet aus allen gegebenen Nennern alle jene aus, welche einen andern ohne Rest dividieren.

Zweytens. Erwählet nach Belieben eine Zahl, durch welche ihr einige aus den noch übergebliebenen Nennern ohne Rest dividieren könnet, und merket euch diese zum dividieren nach Belieben erwählte Zahl, oder schreibet sie, damit sie nicht vergessen werde, zur Seite. Mit dieser Zahl dividieret jene Nenner, bey denen es ohne Rest angeht. Bey denen es nicht angeht, diese dividieret, sofern es nur möglich ist, durch eine andre Zahl, durch welche die zuvor erwählte ohne Rest kann dividieret werden. Setzet alle aus diesen Divisionen entstehende Quotienten unter die dividierten Zahlen herab. Jene aber die ihr gar nicht habet dividieren können, rücket gleichfalls herab.

Drittens. Bey der neuen Reihe wiederholet die ganze Arbeit wie zuvor, und dieses so lange, bis in der ganzen letzten Reihe nicht mehr zwo Zahlen zu finden sind, die sich durch eine nämliche Zahl dividieren lassen.

Vier-

Viertens. Ist dieses geschehen, so multiplicieret alle Zahlen der untersten Reihe. Und auch die zum dividieren nach Belieben erwählten Zahlen alle durch einander, das Product ist der allgemeine Nenner, den alle Brüche bekommen müssen.

Um nun die Zähler zu finden, dividieret diesen allgemeinen Nenner durch den Nenner eines jeden Bruchs: den Quotient multiplicieret mit dem Zähler desselben, so habet ihr den Zähler eben desselben Bruchs.

So schwer und weitläuftig nun diese Regel immer scheinen mag, so ist doch die Ausübung leicht, und kürzet die Arbeit, sonderlich wenn viele Brüche unter einen Nenner sollen gebraucht werden, um sehr viel ab. Wir wollen es in einigen Exempeln sehen.

Es sollen alle diese Brüche unter einen Nenner gebracht werden.

$$\frac{1}{2}, \frac{2}{3}, \frac{3}{4}, \frac{2}{5}, \frac{5}{6}, \frac{3}{8}, \frac{7}{10}, \frac{1}{15}, \frac{3}{16}, \frac{5}{18}.$$

Unter den Nennern sind 2, 3, 4, 5, 6, 8 alle tauglich einen andern ohne Rest zu dividieren, wie ihr leicht sehet. Ihr löschet also diese alle aus. Es bleiben

10, 15, 16, 18.

Aus diesen vieren lassen sich drey durch die Zahl 2 dividieren. Schreibet also diese Zahl 2 linker Hand an, und nach einer gezogenen halben Kreislinie schreibet alle aus der Division entstehende Quotienten, wie auch die Zahl 15, die sich durch 2 nicht dividieren läßt. Es wird also folgende Reihe entstehen.

2) 5, 15, 8, 9

Die Zahl 5 tauget eine andere nämlich 15 ohne Rest zu dividieren, diese Zahl 5 wird also ausgelöschet. Es bleiben noch diese drey 15, 8, 9.

Aus diesen noch übrigen dreyen Zahlen lassen sich zwo, nämlich 15 und 9 durch 3 dividieren. Schreibet also diesen Divisor 3 zur Linken, und neben ihn die Quotienten, samt der Zahl 8, die sich nicht dividieren läßt. Hieraus entsteht

3) 5, 8, 3

Aus diesen dreyen noch übrigen Zahlen können nimmermehr zwo durch was immer für eine nämliche Zahl dividieret werden. Die Arbeit ist also am Ende. Multiplicieret nun 5, 8, 3 die Zahlen der letzten Reihe, wie auch 3 und 2, die zur Division erwählten Zahlen alle durch einander: das Product 720 ist der allgemeine Nenner, den alle Brüche bekommen müssen.

Dividieret nun diesen allgemeinen Nenner 720 durch 2 den Nenner des ersten Bruchs: den Quotient 360 multiplicieret mit dem Zähler 1. Das Product bleibt 360: und dieses ist der Zähler des ersten Bruchs. Wenn ihr eben so bey allen übrigen Brüchen verfahret, so werdet ihr anstatt der gegebenen diese neuen bekommen.

$\frac{360}{720}, \frac{480}{720}, \frac{540}{720}, \frac{288}{720}, \frac{600}{720}, \frac{270}{720}, \frac{540}{720}, \frac{48}{720}, \frac{135}{720}, \frac{200}{720}.$

Zwey=

Zweytes Exempel. Man verlanget diese Brüche $\frac{4}{9}$, $\frac{5}{16}$, $\frac{7}{20}$, $\frac{5}{27}$, $\frac{3}{32}$, $\frac{1}{40}$ unter einem Nenner zu haben.

Durch den ersten Nenner 9 läßt sich der vierte 27: durch den zweyten 16 der fünfte 32: durch den dritten 20 der sechste 40 genau und ohne Rest dividieren. Nachdem ihr also die drey ersten ausgestrichen habet, bleiben noch diese drey.

27, 32, 40

Aus diesen lassen sich der zweyte und dritte durch 8 genau dividieren. Ihr bekommet hiedurch

8) 27, 4, 5

Weil es nun nicht mehr möglich ist zwo aus diesen dreyen Zahlen durch eine nämliche zu dividieren, so multiplicieret 8, 27, 4, 5 durch einander: das Product 4320 ist der allgemeine Nenner. Wenn ihr diesen durch 9 den Nenner des ersten Bruchs dividieret, und den Quotient 480 durch desselben Zähler 4 multiplicieret, so wird das Product 1920 der Zähler des ersten Bruchs seyn. Wenn ihr eben so mit den übrigen Brüchen verfahret, werdet ihr anstatt der Anfangs gegebenen diese bekommen.

$\frac{1920}{4320}$, $\frac{1350}{4320}$, $\frac{1512}{4320}$, $\frac{800}{4320}$, $\frac{405}{4320}$, $\frac{108}{4320}$.

Drittes Exempel. Ihr sollet gegenwärtige Brüche unter einen Nenner bringen.

$\frac{2}{9}$, $\frac{3}{16}$, $\frac{7}{20}$, $\frac{5}{24}$, $\frac{7}{30}$.

Aus diesen Nennern ist keiner tauglich einen andern ohne Rest zu dividieren. Aber der dritte

20 und der fünfte 30 lassen sich durch 10 genau theilen. Aus den übrigen lassen sich der zweyte 16, und der vierte 24 durch 2 (welche Zahl in dem nach Belieben erwählten Divisor 10 genau und ohne Rest enthalten ist) dividieren. Nehmet also alle diese Divisionen vor. Hieraus entsteht

10) 9, 8, 2, 12, 3

In dieser gegenwärtigen Reihe taugen die Zahlen 2 und 3 eine andre genau zu dividieren. Löschet sie also aus. Es bleiben

9, 8, 12

Aus diesen können die zwo letzten durch 4 dividieret werden. Dividieret sie also. Ihr bekommet

4) 9, 2, 3

In dieser Reihe tauget die Zahl 3 eine andre nämlich die Zahl 9 genau zu dividieren. Löschet also die Zahl 3 aus. Es bleiben noch

9, 2

Nun multiplicieret, die Zahlen 9 und 2: wie auch die zum dividieren nach Belieben erwählten Zahlen 10 und 4 alle durch einander: das Product 720 ist der allgemeine Nenner. Wenn ihr nun die Zähler nach der vorgeschriebenen Art suchet, so bekommet ihr anstatt der Anfangs gegebenen Brüche diese neuen

$\frac{160}{720}, \frac{135}{720}, \frac{252}{720}, \frac{150}{720}, \frac{168}{720}.$

Zweyte

Zweyte Aufgabe.

Einen gegebenen Bruch einfacher ausdrücken.

49. Wir bekommen sehr oft Brüche, derer Zähler und Nenner große Zahlen sind. Nun ist die Frage, wie man finden könne, ob ein solcher gegebener Bruch mit kleinern Zahlen könne ausgedrückt werden, ohne seinen Werth zu verändern, und welche diese Zahlen seyn.

Es ist klar, daß der Zähler and Nenner des Bruchs würden kleiner werden, ohne daß der Werth des Bruchs verändert wurde, wenn ich beyde durch eine nämliche Zahl dividieren sollte, (§. 45.) und zwar um so viel kleiner, je größer die Zahl wäre, mit der ich die Division verrichtete, und folglich die allerkleinsten, die möglich sind, wenn ich sie beyde mit der größten Zahl, die möglich ist, dividierte. Es ist also nur noch die Frage, wie ich diese Zahl finden könne, mit der sich der Zähler sowohl, als der Nenner genau und ohne Rest dividieren lassen. Bevor ich aber diese Frage auflöse, muß ich einige Grundsätze voranschicken.

Eine jede Größe wird die Maaß einer andern genennet, wenn durch sie diese andre genau und ohne Rest kann dividieret werden. Also saget man 3 sey eine Maaß von 12. Ferner wird eine Größe die gemeine Maaß vieler andern genannt, wenn durch sie alle diese andern ohne Rest können divi=

dividieret werden. Also ist 3 die gemeine Maaß von 9, 12, 21 und 24.

Erster Grundsatz. Wenn eine Größe eine andre, und diese eine dritte mißt, so wird auch die erste eine Maaß der dritten seyn. Also weil 3 die Zahl 12 mißt, und 12 mißt 24, so ist 3 auch eine Maaß von 24.

Zweyter Grundsatz. Wenn eine Größe die gemeine Maaß zwoer andern ist, so wird sie auch derselben Summe und Differenz messen. Also weil 3 die gemeine Maaß von 12 und 21 ist, so mißt 3 auch die Summe von 12 und 21 nämlich 33, und auch die Differenz zwischen 12 und 21 nämlich 9.

Dritter Grundsatz. Wenn eine Größe durch eine andre dividieret einen Rest überläßt, so wird, wenn dieser Rest von dem Dividendus abgezogen wird, der Divisor den neuen Dividendus messen. Also wenn man 14 durch 3 dividieret, so bleibt 2 übrig. Ziehet nun 2 von 14 ab, so bleiben 12, welche der Divisor 3 mißt.

Nun diese Grundsätze voraus geschicket, wollen wir zur Auflösung unsrer Aufgabe schreiten. Dividieret die größere Zahl durch die kleinere, bleibt kein Rest, so ist eben diese kleinere Zahl die gesuchte größte Zahl, mit welcher beyde der Zähler und Nenner ohne Rest können dividieret werden. Bekommet ihr aber einen Rest, so dividieret mit diesem Reste jenes, was vorher der Divisor war: und dieses wiederholet so lange, bis

ihr

ihr in einer Division keinen Rest mehr bekommet. Geschieht dieses so wird jener Divisor, mit welchem die Division ohne Rest angegangen ist, der gesuchte größte gemeine Divisor seyn: mit dem ihr also den Zähler und Nenner euers gegebenen Bruchs dividieret. Die Quotienten werden einen neuen Bruch ausmachen, der dem gegebenen gleich und in den kleinsten Zahlen, die möglich sind, ausgedrückt ist. Sollter ihr aber in einer Division 1 zum Reste bekommen, so ist dieses ein unfehlbares Zeichen, daß der Zähler und Nenner des gegebenen Bruchs durch keine Zahl, beyde zugleich, können ohne Rest dividieret werden, und daß folglich dieser Bruch nicht könne einfacher ausgedrückt werden.

Exempel. Ihr sollet den Bruch $\frac{91}{294}$ zum einfachsten Ausdrucke bringen. Dividieret den Nenner (wir wollen ihn Deutlichkeit halber A nennen) durch den Zähler 91, den wir B nennen. Der Rest C wird seyn 21. Dividieret durch diesen Rest C den vorigen Divisor B: ihr bekommet einen neuen Rest D, nämlich 7. Durch diesen Rest D dividieret den vorigen Divisor C. Die Division ist genau und ohne Rest. Also ist D oder 7, die größte Zahl, durch welche sich der Zähler und Nenner des gegebenen Bruchs beyde theilen lassen. Wenn ihr nun zuerst 91, alsdenn 294 durch 7 dividieret, so bekommet ihr die Quotienten 13 und 42: es ist also der einfachste Ausdruck des gegebenen Bruchs dieser $\frac{13}{42}$.

Der Beweis dieser Auflösung ruhet auf jenen dreyen Grundsätzen, welche wir vorangeschickt haben, und kann kürzlich also gegeben werden. Der letzte Rest D mißt den vorigen Divisor C, wie auch sich selbst. Dieser Divisor C mißt B — D, gemäß dem dritten Grundsatze: folglich mißt eben dieses D auch das B allein gemäß dem zweyten Grundsatze. Das B mißt A — C gemäß dem dritten Grundsatze; also mißt auch D das A—C gemäß dem ersten Grundsatze: hiemit mißt dieses D auch das A allein gemäß dem zweyten Grundsatze. Also ist D eine gemeine Maaß von A und von B. Daß es aber die größte gemeine Maaß sey, erhellet aus dem; weil eine Größe, damit sie das A und das B messe, auch nothwendig den Rest D messen muß, wie aus dem oben angeführten Beweise klar ist. Nun giebt es aber keine größere Maaß von D als das D selbst.

50. Anmerkung. Ich sehe wohl, daß dieser Beweis schwerer ist, als daß ich hoffen könnte, er werde von den meisten Knaben leicht gefasset werden. Er mag also ohne Schaden, bey im Nachdenken minder geübten Knaben weggelassen werden. Ja wenn die allgemeine Auflösung gegenwärtiger Aufgabe einen Lehrer für seine Schüler zu schwer gedunket, so mag er sie wohl gar auslassen, und sich begnügen ihnen zu zeigen, wie man einen gegebenen Bruch nach und nach herabsetzen kann; indem man die Division des Zählers sowohl, als des Nenners mit 2. 3 oder einer andern einfachen Zahl versuchet. Zu diesem

Ende

Ende aber ist sehr nützlich folgende Eigenschaften der Zahlen zu wissen.

I. Jede gerade Zahl kann durch 2 ohne Rest dividieret werden. Wenn also der Zähler und Nenner eines Bruchs für ihr letztes Ziffer eine gerade Zahl haben, kann der Bruch herabgedrückt werden, indem man beyde durch 2 dividieret, so lange es angeht. Also ist $\frac{128}{432} = \frac{64}{216} = \frac{32}{108} = \frac{16}{54} = \frac{8}{27}$.

II. Jede Zahl die am Ende eine 0 hat, kann durch 5, und durch 10 dividieret werden. Also wird der Bruch $\frac{20}{30}$ herabgesetzt auf $\frac{2}{3}$.

III. Jede Zahl, deren letztes Ziffer ein 5 ist, läßt sich durch 5 dividieren. Also wird der Bruch $\frac{15}{85}$ herabgebracht auf $\frac{3}{17}$ und der Bruch $\frac{120}{215}$ auf $\frac{24}{43}$.

IV. Jede Zahl, welche also beschaffen ist, daß wenn man alle Ziffern, aus denen sie besteht, addieret, eine Summe herauskömmt, die durch 3 ohne Rest kann getheilet werden, läßt sich durch 3 dividieren. Also läßt sich der Zähler und Nenner des Bruchs $\frac{288}{351}$ durch 3 dividieren; weil die Summe aller Ziffern des Zählers 18, des Nenners 9 machet, welche beyde Zahlen durch 3 können dividieret werden. Wenn ihr also den Zähler und Nenner durch 3 dividieret, bekommet ihr $\frac{96}{117}$. Dieser Bruch läßt sich noch einmal durch 3 herabdrücken, und man bekömmt $\frac{32}{39}$.

Wenn ihr findet, daß der Zähler und Nenner eines Bruchs, beyde zugleich sich weder durch

2, noch durch 3, noch durch 5 dividieren lassen, so seyt ihr versichert, daß sie durch keine einfache Zahl beyde können dividieret werden, ausgenommen etwann mit 7, mit welcher Zahl ihr dann die Division versuchen könnet.

Dritte Aufgabe.

Aus einem uneigentlichen Bruche die ganzen herausnehmen.

51. Dividieret den Zähler durch den Nenner, so zeiget der Quotient die ganzen an, welche in dem gegebenen Bruche stecken. Wenn die Division einen Rest giebt, wird selber der Zähler eines neuen Bruchs, der Nenner bleibt eben derselbe, welcher im gegebenen Bruche war.

Exempel.

	I	II	III	IV
Gegebene Brüche	$\frac{17}{6}$	$\frac{20}{5}$	$\frac{35}{7}$	$\frac{43}{8}$
Reducierte Brüche	$2\frac{5}{6}$	4	5	$5\frac{3}{8}$

Vierte Aufgabe.

Ganze in einen Bruch verändern.

52. Wenn kein Nenner gegeben ist, den der Bruch bekommen soll, so schreibet unter das gegebene ganze das 1, so bekömmt es die Gestalt eines Bruchs. Also ist $3=\frac{3}{1}$, $5=\frac{5}{1}$, $2=\frac{2}{1}$. Wenn ein Nenner gegeben ist, den der Bruch bekommen soll,

soll, so multiplicieret die gegebene ganze Zahl durch den gegebenen Nenner. Ist neben dem ganzen noch ein Bruch mit eben dem Nenner, so addieret den Zähler dieses Bruchs zu dem Producte, und setzet unter die Summe den gegebenen Nenner. Z. E. $3\frac{2}{5} = \frac{17}{5}$, $2\frac{1}{3} = \frac{7}{3}$, $4\frac{3}{8} = \frac{35}{8}$.

Fünfte Aufgabe.

Einen gegebenen Bruch in einen andern verändern, der einen gegebenen Nenner hat.

53. Es ereignet sich nicht selten, daß man einen Bruch bekömmt, der eine solche Zahl zu seinem Nenner hat, in welche das ganze, von dem damals die Rede ist, nicht pflegt abgetheilt zu werden. Da es dann sehr nützlich wäre diesen Bruch in einen andern zu verändern, der eine solche Zahl zu seinem Nenner hätte, in welche das ganze, von dem man redet, gemeiniglich getheilet wird. Wir wollen setzen, die Rede sey von Gulden, und ich habe den Bruch $\frac{3}{75}$. Weil ein Gulden nicht pflegt in 75 Theile abgetheilt zu werden, weiß ich eigentlich nicht, was dieser Bruch austrägt. Wenn ich ihn aber in einen andern veränderte, dessen Nenner 60 wäre; so wüßte ich gleich, wie viele sechzigste Theile eines Guldens, das ist, wie viele Kreutzer der gegebene Bruch ausmachet. Um nun diese Veränderung zu machen, stellet die Sache also an.

Den Zähler des gegebenen Bruchs multiplicieret mit dem Nenner, den ihr dem neuen Bruche geben wollet: das Product dividieret mit dem Nenner des gegebenen Bruchs: der Quotient wird der Zähler des neuen Bruchs seyn. Bleibt nach der Division ein Rest, so ist dieser Rest der Zähler eines neuen Bruchs mit eben dem Nenner des gegebenen Bruchs, doch ist wohl zu merken, daß es nicht mehr ein Bruch ist jenes Ganzen, von dem Anfangs die Rede war, sondern eines solchen Theils des Ganzen, den der angenommene neue Nenner anzeiget. Wir wollen das Exempel, so wir oben gesetzt haben, vornehmen. Der Bruch $\frac{3}{75}$ eines Guldens soll verändert werden in einen andern, der die Zahl 60 zum Nenner hat. Multiplicieret den Zähler 3 mit 60, und ihr bekommet 180. Dieses Product dividieret durch 75, nämlich durch den Nenner des gegebenen Bruchs. Der Quotient ist $2\frac{30}{75} = 2\frac{6}{15} = 2\frac{2}{5}$. Ihr habet also anstatt des Bruchs $\frac{3}{75}$ diesen $\frac{2}{60}$ das ist 2 Kreutzer, und noch dazu $\frac{2}{5}$ eines Kreutzers. Dieser letzte Bruch kann insgemein ohne Gefahr eines merklichen Fehlers geschätzet werden, weil die Rede gemeiniglich schon von sehr kleinen Dingen ist. Also sehet ihr, daß $\frac{2}{5}$ eines Kreutzers beynahe 2 Pfennige ausmachen. Jedoch wenn ihr die Sache noch genauer zu wissen verlanget, könnet ihr diesen Bruch $\frac{2}{5}$ wieder in einen andern verändern, dessen Nenner 8 ist; weil ein Kreutzer in 8 Häller pflegt abgetheilt zu werden. Wenn ihr demnach den Zähler 2 mit 8 multiplicieret, so ist das Product 16, und

wenn

wenn ihr dieses durch den Nenner 5 dividieret, so findet ihr 3 und $\frac{1}{5}$. Ihr erkennet hiemit, der Bruch $\frac{3}{75}$ eines Guldens trage 2 Kreutzer, 3 Häller und $\frac{1}{5}$ eines Hällers aus, welcher letzte Bruch aber weggelassen wird; weil ein $\frac{1}{5}$ eines Hällers durchaus nicht mehr zu achten ist.

Beweis dieser Regel. Wenn ihr einen Bruch in einen andern von gleichem Werthe verändern sollet, so müsset ihr einen neuen Zähler finden, welcher sich zu dem Nenner des neuen Bruchs verhält, wie sich der Zähler des Anfangs gegebenen Bruchs zu seinem Nenner verhält, wie aus dem 45. §. klar ist. Nun aber erhaltet ihr einen solchen Zähler, wenn ihr nach jetzt vorgeschriebener Art verfahret, wie weiter unten erhellen wird, da von der Proportion wird gehandelt werden.

Zweyter Abschnitt.

Von der Addition, Subtraction, Multiplication, und Division der Brüche.

Erste Aufgabe.

Brüche zusammen addieren.

54. Wenn die gegebenen Brüche einerley Nenner haben, so addieret die Zähler: die Summe ist der Zähler des neuen Bruchs, der Nenner aber bleibt der alte.

Anmerkung. Die Addition pflegt man anzuzeigen durch das Zeichen (+) es wird ausgesprochen durch das Wörtlein, mehr, oder und.

Exempel.

$\frac{2}{3} + \frac{1}{3} = \frac{3}{3} = 1.$ $\frac{7}{8} + \frac{1}{8} + \frac{5}{8} + \frac{3}{8} = \frac{16}{8} = 2.$

$\frac{4}{7} + \frac{3}{7} + \frac{2}{7} = \frac{9}{7} = 1\frac{2}{7}$

Haben aber die gegebenen Brüche verschiedene Nenner, so bringet sie unter einen (§. 46. 47. und 48.) alsdenn verfahret, wie oben ist gesagt worden.

Exempel.

Gegebene Brüche	$\frac{2}{3} + \frac{3}{4}$	$\frac{3}{5} + \frac{1}{2} + \frac{3}{4}$
Reducierte Brüche	$\frac{8}{12} + \frac{9}{12}$	$\frac{24}{40} + \frac{20}{40} + \frac{30}{40}$
Summe der Brüche	$\frac{17}{12} = 1\frac{5}{12}$	$\frac{74}{40} = 1\frac{34}{40} = 1\frac{17}{20}$

Gegebene Brüche	$\frac{1}{3} + \frac{5}{7} + \frac{3}{5} + \frac{1}{8}$
Reducierte Brüche	$\frac{280}{840} + \frac{600}{840} + \frac{504}{840} + \frac{105}{840}$
Summe der Brüche	$\frac{1489}{840} = 1\frac{649}{840}$

Hier sind noch einige Exempel zur Uebung.

Als die Kaiserlichen im Jahre 1690 den Türken die Festung Canischa in Ungarn abnahmen, befanden sich im Zeughause unter andern folgende wegen ihren artigen Beyschriften merkwürdige fünf Kartaunen.

Die erste vom Herzoge Karl, mit einem Bären und folgenden Worten bezeichnet.

Ich alter Bär, thu brummen sehr
Mit meiner Pfeifen ich alles umkehr.

Sie schoß $\frac{24}{35}$ eines Centners.

Die

Die zweyte vom Kaiser Ferdinand dem I 1548, mit einem Igel und der Beyschrift:

Ich Igel hab ein stachlicht Haar
Und stoß ein Mauer, Thür und Thor.

Sie schoß $\frac{21}{55}$ eines Centners.

Die dritte vom Kaiser Maximilian II 1569 mit einem Hahne und den Beyworten:

Ich bin ein Hahn, ein redlicher Mann,
Der krähen kann, daß Thürm und Maurn
zu Boden gahn.

Sie schoß $\frac{22}{55}$ eines Centners.

Die vierte vom Ferdinand I, darauf ein Reh, mit der Beyschrift:

Ich spring herein durch den grünen Wald
Vor mir manche Mauer darnieder fallt.

Sie schoß $\frac{22}{55}$ eines Centners.

Die fünfte vom Erzherzoge Karl 1580 mit einem Vogel und der Ueberschrift:

Von heller Stimm ist mein Gesang
Macht meinen Feinden angst und bang.

Sie schoß $\frac{16}{55}$ eines Centners.

Es wird gefragt, wie viel Eisen zu dergleichen fünf Kugeln erfordert worden?

$\frac{24}{55} + \frac{21}{55} + \frac{22}{55} + \frac{22}{55} + \frac{16}{55} = \frac{105}{55} = 1\frac{10}{11}$ Centner.

Wenn ein Stück Gold genommen wird, welches wiegt . . . 100 Lothe
so wiegt ein gleich großer Körper

des Bleyes	$60\frac{10}{19}$
des Silbers	$54\frac{22}{57}$
des Kupfers	$47\frac{7}{19}$
des Eisens	$42\frac{2}{19}$
des Zinnes	$38\frac{18}{19}$
des Wassers	$5\frac{5}{19}$

Nun fraget man: was werden diese sieben Körper, die von gleicher Größe sind, zusammen wiegen.

$$100 + 60\frac{10}{19} + 54\frac{22}{57} + 47\frac{7}{19} + 42\frac{2}{19} + 38\frac{18}{19} + 5\frac{5}{19}.$$

Die Summe der ganzen ist 346. Die Brüche, wenn ihr sie unter einen Nenner bringet, nach der §. 47. fürgeschriebenen Art, werden also stehen:

$$\frac{30}{57} + \frac{22}{57} + \frac{21}{57} + \frac{6}{57} + \frac{54}{57} + \frac{15}{57}$$

Die Summe ist $1\frac{48}{57} = 2\frac{34}{57}$. Addieret ihr die 2 ganzen zu den andern ganzen, so habet ihr die verlangte Schwere dieser sieben gleich großen Körper $348\frac{34}{57}$ Lothe.

Alle Körper, wenn sie in eine flüßige Materie versenket werden, verliehren etwas von ihrer Schwere. Nun lehret die Erfahrniß

Das Gold verliehre im Wasser $\frac{1}{18}$ seiner Schwere
Das Quecksilber , , $\frac{1}{14}$
Das Bley , , $\frac{1}{12}$
Das Silber , , $\frac{1}{10}$
Das Kupfer , , $\frac{1}{9}$
Das Eisen , , $\frac{1}{8}$
Das Zinn , , $\frac{1}{7}$

Wenn demnach von jedem ein Pfund genommen, und ins Wasser gehenget würde, wie viel verlöhren sie sämmtlich von ihrer Schwere?

Wenn ihr diese Brüche nach der §. 48. erklärten Art alle unter einen Nenner bringet, werden sie also stehen:

$$\frac{140}{2520}+\frac{180}{2520}+\frac{210}{2520}+\frac{252}{2520}+\frac{280}{2520}+\frac{315}{2520}+\frac{360}{2520}$$

Die Summe ist $\frac{1737}{2520}=\frac{193}{280}$ eines Pfunds.

Zweyte Aufgabe.

Einen Bruch von einem andern Bruche, oder auch von einem Ganzen abziehen.

55. Wenn ein Bruch von einem andern Bruche soll abgezogen werden, so bringet

beyde

beyde unter einen Nenner, alsdenn ziehet den Zähler des ersten von dem Zähler des andern ab.

Exempel.

	I	II	III
Gegebene Brüche	$\frac{3}{4} - \frac{2}{5}$	$\frac{1}{3} - \frac{2}{7}$	$\frac{3}{7} - \frac{2}{9}$
Reducierte Brüche	$\frac{15}{20} - \frac{8}{20}$	$\frac{7}{21} - \frac{6}{21}$	$\frac{27}{63} - \frac{14}{63}$
Differenz der Brüche	$\frac{7}{20}$	$\frac{1}{21}$	$\frac{13}{63}$

Geschieht es, daß der Zähler des Bruchs, welcher abgezogen werden soll, grösser ist, als der Zähler des Bruchs, von dem die Abziehung geschehen muß, so muß dieser ein oder mehrere Ganze bey sich haben, sonst ist die Abziehung unmöglich. In diesem Falle nun nehmet 1 von den Ganzen weg, und verwandelt es in einem Bruch (§. 52.) von eben demselben Nenner, den der abzuziehende Bruch hat: alsdenn verrichtet die Abziehung.

Exempel.

	I	II
Gegebene Brüche	$3\frac{1}{2} - \frac{3}{4}$	$2\frac{3}{4} - 1\frac{6}{7}$
Eben diese Brüche unter einem Nenner	$3\frac{4}{8} - \frac{6}{8}$	$2\frac{21}{28} - 1\frac{24}{28}$
Eben diese nach reducierter Einheit.	$2\frac{12}{8} - \frac{6}{8}$	$1\frac{49}{28} - 1\frac{24}{28}$
Rest : :	$2\frac{6}{8} = 2\frac{3}{4}$.	$\frac{25}{28}$.

	III	IV
	$4\frac{1}{3} - 2\frac{3}{5}$	$6\frac{3}{7} - \frac{4}{5}$
	$4\frac{5}{15} - 2\frac{9}{15}$	$6\frac{15}{35} - \frac{28}{35}$
	$3\frac{20}{15} - 2\frac{9}{15}$	$5\frac{50}{35} - \frac{28}{35}$
Rest :	$1\frac{11}{15}$	$5\frac{22}{35}$

Sol=

Sollet ihr einen Bruch von einem Ganzen abziehen, so machet eine Einheit des Ganzen zu einem Bruche von eben dem Nenner, den der abzuziehende Bruch hat, alsdenn verrichtet die Abziehung. Z. E. $3 - \frac{3}{4} = 2\frac{4}{4} - \frac{3}{4} = 2\frac{1}{4}$. und $4 - \frac{1}{2} = 3\frac{2}{2} - \frac{1}{2} = 3\frac{1}{2}$. Hier sind einige Exempel zur Uebung.

Wir lernen in der Geometrie, daß die Kugel $\frac{2}{3}$ von dem Raume eines Cylinders einnehme, der eine gleiche Höhe, und einen gleich grossen Durchmesser mit ihr hat. Wie viel bleibt demnach von dem Raume des Cylinders übrig, wenn die Kugel in selbigen gelegt wird?

$$1 - \frac{2}{3} = \frac{3}{3} - \frac{2}{3} = \frac{1}{3}.$$

Bey einem Goldschmied ist ein silberner Becher um 36 Gulden behandelt worden, mit dieser Bedingniß, daß er $\frac{3}{4}$ ℔ wägen soll: er ist aber nur $\frac{5}{8}$ ℔ schwer gerathen. Wie viel ist vom Gelde abzuziehen?

$\frac{3}{4} - \frac{5}{8} = \frac{6}{8} - \frac{5}{8} = \frac{1}{8}$. Da nun der Becher $\frac{6}{8}$ ℔ schwer hätte werden sollen, und $\frac{1}{8}$ abgeht, so muß der sechste Theil des Gelds abgezogen, und also anstatt 36 Gulden nur 30 bezahlt werden.

Manfredus Sattala zu Mayland hat ehemals einen Magnetstein gehabt, der kaum ein Pfund gewogen. Ohne Armatur hat er nur $\frac{5}{12}$ eines Pfunds Eisens gezogen: mit der Armatur aber hat er 60 Pfunde halten können. Wie viel hat er im zweyten Falle mehr gezogen als im ersten.

$$60 - \frac{5}{12} = 59\frac{12}{12} - \frac{5}{12} = 59\frac{7}{12}.$$

Zu Anfang des Jänners ist die Länge des Tages	$8\frac{4}{15}$	Stunden
des Hornungs	$9\frac{11}{30}$	
des Märzes	$10\frac{27}{30}$	
des Apriles	$12\frac{7}{10}$	
des Mayes	$14\frac{1}{3}$	
des Junius	$15\frac{17}{30}$	
des Julius	$15\frac{23}{30}$	
des Augusts	$14\frac{4}{5}$	
des Septembers	$13\frac{7}{30}$	
des Octobers	$11\frac{8}{15}$	
des Novembers	$9\frac{4}{5}$	
des Decembers	$8\frac{1}{2}$	

Wie viel nimmt der Tag von Monat zu Monat zu oder ab? Ihr werdet finden, daß er im Jänner wächst um 1 Stunde und $\frac{3}{30}$ oder $\frac{6}{60}$, das ist, 6 Minuten: Im Hornunge um 1 Stunde 32 Minuten: im Märze um 1 Stunde 48 Minuten. Im Aprile um 1 Stunde 38 Minuten: Im Maye um 1 Stunde 14 Minuten. Im Junius um 12 Minuten. Im Julius nimmt er ab um 58 Minuten: Im Auguste um 1 Stunde 34 Minuten: Im September um 1 Stunde 42 Minuten: Im October um 1 Stunde 44 Minuten: Im November um 1 Stunde 18 Minuten: Im December um 14 Minuten.

Desaguliers hat in Engelland im Junius, da die Sonne am wärmesten schien, einen Diamant, der 4 Grane wog, in den Brennpunct ei-

nes

nes Brennspiegels gelegt, und gefunden, daß er, nachdem er geschmolzen ist, $3\frac{1}{2}$ Grane von seiner Schwere verlohren. Woraus er geschlossen, daß man kleine Diamanten, um einen großen zu bekommen, nicht zusammen schmelzen könne, weil das meiste von ihnen, ehe sie schmelzen, verrauchet. Nun fraget man: wie schwer ist dieser Diamant geblieben.

$$4 - 3\tfrac{1}{2} = 3\tfrac{2}{2} - 3\tfrac{1}{2} = \tfrac{1}{2} \text{ Gran.}$$

Dritte Aufgabe.

Brüche multiplicieren.

56. Bevor ich zur Auflösung dieser Aufgabe schreite, will ich einige Anmerkungen machen.

I. Eine Größe multiplicieren heißt so viel, als selbe so oft nehmen, als der Multiplicator anzeiget. Z. E. Eine Größe multiplicieren mit 3 heißt selbe dreymal nehmen; multiplicieren mit 1 heißt selbe einmal nehmen: multiplicieren durch $\frac{1}{2}$ heißt sie ein halbesmal, oder den halben Theil davon nehmen: multiplicieren mit $\frac{2}{3}$ heißt den dritten Theil der gegebenen Größe zweymal nehmen. Aus diesem folget

II. Wenn der Multiplicator ein Bruch ist, so ist die Multiplication gleichsam mit einer Division vermischt. Ich muß nämlich die gegebene Größe mit dem Nenner des Bruchs dividieren, damit ich den durch selben Nenner angezeigten Theil

Theil derselben Größe bekomme. Z. E. Wenn ich eine Größe durch $\frac{2}{3}$ multiplicieren soll, muß ich selbe mit 3 dividieren, damit ich derselben dritten Theil bekomme, den ich alsdenn zweymal nehme, oder, was eines ist, durch 2 multipliciere.

III. Bey einem Bruche gilt es gleich viel, ob ich den Zähler desselben mit einer gewissen Zahl dividiere, oder ob ich den Nenner desselben durch eben diese Zahl multipliciere. Denn es ist ja ein Ding, ob ich dreymal weniger Theile eines Ganzen nehme, oder ob ich zwar eben so viele Theile desselben Ganzen nehme, als Anfangs gegeben waren, aber um dreymal kleinere. Nun aber, wenn ich den Zähler eines Bruchs z. E. durch 3 dividiere, so bekomme ich dreymal weniger Theile, als Anfangs im Dividendus gegeben waren. Multipliciere ich aber den Nenner durch 3, so bekomme ich zwar eben so viele Theile, als Anfangs im Dividendus gegeben waren, aber um dreymal kleinere. Wer diese Anmerkungen wohl begreift, der wird die Ursache folgender Regel leicht einsehen.

Erster Fall. Wenn ein Bruch durch einen andern soll vermehret werden, so multiplicieret die Zähler durch einander, und die Nenner gleichfalls durch einander: unter das erste Product schreibet das letzte.

Exempel.

$\frac{2}{3} \times \frac{3}{4} = \frac{6}{12} = \frac{1}{2}$. $\frac{2}{9} \times \frac{3}{8} = \frac{6}{72} = \frac{1}{12}$.

$\frac{3}{4} \times \frac{4}{5} = \frac{12}{20} = \frac{3}{5}$.

Man

Man hätte diese Regel in etwas ändern, und also geben können. Dividieret den Zähler des Multiplicandus mit dem Nenner des Multiplicators: den Quotient multiplicieret mit dem Zähler des Multiplicators, unter das Product schreibet eben den Nenner, den der Multiplicandus hat. Diese Regel würde unmittelbar aus dem Begriffe der Multiplication, wie selber oben in der ersten Anmerkung ist erkläret worden, fließen. Sie würde aber gar oft einer Schwürigkeit unterworfen seyn, weil gar oft der Zähler des Multiplicandus durch den Nenner des Multiplicators ohne Rest nicht kann dividieret werden. Man pflegt also anstatt dieser Division die Multiplication des Nenners vorzuschreiben, weil diese jederzeit angeht, und das nämliche hervorbringt, wie aus der dritten Anmerkung erhellet. Unterdessen so oft ihr sehet, daß der Zähler des Multiplicandus durch den Nenner des Multiplicators sich genau und ohne Rest dividieren läßt, könnet ihr allezeit euch dieser letzten Regel bedienen. Ihr werdet diesen Vortheil dabey haben, daß ihr das Product in einem einfacheren Ausdrucke bekommet.

58. Wenn ein Bruch durch ein Ganzes soll multiplicieret werden, so veränderet das Ganze in einen Bruch, indem ihr die Einheit unter dasselbe schreibet, alsdenn beobachtet die vorige Regel.

Exempel.

$\frac{2}{3} \times 4 = \frac{2}{3} \times \frac{4}{1} = \frac{8}{3} = 2\frac{2}{3}$. $\frac{1}{3} \times 5 = \frac{1}{3} \times \frac{5}{1} = \frac{5}{3} = 1\frac{2}{3}$

$\frac{2}{5} \times 10 = \frac{2}{5} \times \frac{10}{1} = \frac{20}{5} = 4$. $\frac{1}{8} \times 5 = \frac{1}{8} \times \frac{5}{1} = \frac{5}{8}$.

59. Wenn im Gegentheile ein Ganzes durch einen Bruch multiplicieret werden soll, so sehet ihr leicht, daß die Regel vollkommen die alte seyn muß: indem es ja allezeit frey steht, den Multiplicator mit dem Multiplicandus zu verwechseln. In der That es ist gleich viel, ob ihr $\frac{2}{3}$ mit 3, oder 3 mit $\frac{2}{3}$ multiplicieret, das ist, ob ihr $\frac{2}{3}$ dreymal, oder ob ihr den dritten Theil von 3 zweymal nehmet, das Product ist immer zwey.

60. **Dritter Fall.** Wenn ein Ganzes samt einem angehängten Bruche durch ein Ganzes samt einem angehängten Bruche multiplicieret werden soll, so machet das Ganze des Multiplicandus zu einem Bruche von eben dem Nenner den der angehängte Bruch hat: eben dieses thut mit dem Multiplicator, alsdenn verfahret, wie oben ist vorgeschrieben worden.

Exempel.

$$3\tfrac{2}{3} \times 4\tfrac{2}{5} = \tfrac{11}{3} \times \tfrac{22}{5} = \tfrac{242}{15} = 16\tfrac{2}{15}.$$

$$2\tfrac{1}{4} \times 1\tfrac{2}{3} = \tfrac{9}{4} \times \tfrac{5}{3} = \tfrac{45}{12} = 3\tfrac{9}{12} = 3\tfrac{3}{4}$$

$$1\tfrac{1}{5} \times 2\tfrac{1}{2} = \tfrac{6}{5} = \tfrac{5}{2} = \tfrac{30}{10} = 3.$$

Wenn wir uns in einem Spiegel von der Scheitel bis auf die Fußsole auf einmal sollen besehen können, muß er die Hälfte von unserer Länge haben. Gesetzt nun, es wäre einer fünf und einen halben Schuh lang, mit was vor einer Höhe des Spiegels würde er auskommen können?

$$5\tfrac{1}{2} \times \tfrac{1}{2} = \tfrac{11}{2} \times \tfrac{1}{2} = \text{[illegible]} = 2\tfrac{3}{4}.$$

Da

Da ein Silberling, um derer 30 unser Heiland von Juda ist verrathen worden, nach unsrer Münze einen halben Reichsthaler werth gewesen: um wie viel Geld ist unser Herr an seine Feinde verkauft worden?

$\frac{1}{2} \times 30 = \frac{1}{2} \times \frac{30}{1} = \frac{30}{2} = 15$ Reichsthaler.

Bey dem heiligen Evangelisten Lukas lesen wir, der fromme und getreue Knecht habe mit 1 Pfunde, welches bey uns $12\frac{1}{2}$ Reichsthaler beträgt, 10 Pfunde erworben. Wie viel machen diese nach unsrer Münze?

$12\frac{1}{2} \times 10 = \frac{25}{2} \times \frac{10}{1} = \frac{250}{2} = 125$ Reichsthaler.

Vierte Aufgabe.

Brüche dividieren.

61. Anmerkung. Es kömmt beyderseits ein gleicher Quotient heraus, wenn ich eine gegebene Zahl A durch eine andere gleichfalls gegebene Zahl B dividiere, und wenn ich diese gegebene Zahl A zuvor mit was immer für einer andern Zahl C multipliciere, und alsden das Product durch eine Zahl D dividiere, welche um so vielmal größer ist als die Zahl B, so viel die angenommene Zahl C Einheiten hat. Z. E. Wenn ich die Zahl 8 (A) dividiere durch die Zahl 4 (B), bekomme ich 2 für den Quotient. Multipliciere ich diese Zahl 8 (A) zuvor mit der Zahl 3 (C), so entsteht das Product 24; und wenn ich dieses dividiere durch 12 (D), welches

das Dreyfache von 4 (B) ist, bekomme ich abermal 2 zum Quotient. Auf dieses nun gründet sich die Regel der Division der Brüche.

62. **Erster Fall.** Wenn ein Bruch durch einen andern Bruch soll dividieret werden, so multiplicieret den Zähler des Dividendus durch den Nenner des Divisors, und den Nenner des Dividendus durch den Zähler des Divisors: unter das erste Product schreibet das letzte.

Exempel.

Ihr sollet $\frac{2}{3}$ dividieren durch $\frac{3}{4}$. Multiplicieret den Zähler 2 durch den Nenner 4: das Product ist 8. Multiplicieret den Nenner 3 durch den Zähler 3: das Product ist 9. Schreibet dieses Product unter das vorgehende, so habet ihr den Quotient $\frac{8}{9}$.

Beweis. Gemäß dem allgemeinen Begriffe der Division sollet ihr fragen, wie oft $\frac{3}{4}$ in $\frac{2}{3}$ enthalten sey. Weil aber diese Frage sich hart beantworten läßt, so multiplicieret ihr zuvor den Dividendus, das ist den Zähler des Dividendus durch 4 den Nenner des Divisors. Ihr bekommet hierdurch einen neuen Bruch $\frac{8}{3}$, welcher viermal größer ist als der Anfangs gegebene. Ihr müsset also jetzt diesen neuen Bruch nicht mehr durch $\frac{3}{4}$ sondern durch eine viermal größere Zahl nämlich durch 3 dividieren, gemäß dem, was in vorhergehender Anmerkung ist gesagt worden: das ist, ihr müsset den dritten Theil von $\frac{8}{3}$ nehmen. Zu diesem Ende solltet ihr zwar den Zähler 8 durch

3 di-

3 dividieren: weil aber diese Division oft einen Rest lassen würde, so gebrauchet ihr anstatt derselben die Multiplication des Nenners, welche allezeit angeht, und das nämliche hervorbringt, gemäß der dritten Anmerkung des 56. §. Hier sind einige Exempel zur Uebung.

$\frac{3}{5} : \frac{6}{7} = \frac{21}{30} = \frac{7}{10}$. $\frac{1}{2} : \frac{1}{3} = \frac{3}{2} = 1\frac{1}{2}$

$\frac{2}{3} : \frac{2}{5} = \frac{10}{6} = 1\frac{4}{6} = 1\frac{2}{3}$. $\frac{5}{6} : \frac{1}{8} = \frac{40}{6} = 6\frac{4}{6} = 6\frac{2}{3}$.

63. **Zweyter Fall.** Wenn ein Bruch durch ein Ganzes soll dividieret werden, so veränderet das Ganze in einen Bruch, indem ihr die Einheit darunter setzet: alsdenn beobachtet die vorige Regel.

64. **Dritter Fall.** Wenn ein Ganzes durch einen Bruch soll dividieret werden, so machet das Ganze zu einem Bruche mit dem Nenner 1. alsdenn beobachtet die vorige Regel.

Exempel.

$\frac{1}{2} : 2 = \frac{1}{2} : \frac{2}{1} = \frac{1}{4}$. $3 : \frac{2}{3} = \frac{3}{1} : \frac{2}{3} = \frac{9}{2} = 4\frac{1}{2}$

$\frac{1}{3} : 5 = \frac{1}{3} : \frac{5}{1} = \frac{1}{15}$. $\frac{2}{5} : 3 = \frac{2}{5} : \frac{3}{1} = \frac{2}{15}$.

$3 : \frac{2}{7} = \frac{3}{1} : \frac{2}{7} = \frac{21}{2} = 10\frac{1}{2}$.

65. **Vierter Fall.** Wenn ein Ganzes samt einem angehängten Bruche durch ein Ganzes samt einem angehängten Bruche soll dividieret werden, so bringet jedes Ganze, samt seinem angehängten Bruche unter einen Bruch (§. 52.), alsdenn beobachtet die vorige Regel.

Exempel.

$$2\tfrac{1}{2} : 1\tfrac{2}{3} = \tfrac{5}{2} : \tfrac{5}{3} = \tfrac{15}{10} = 1\tfrac{5}{10} = 1\tfrac{1}{2}.$$

$$1\tfrac{3}{5} : 4\tfrac{2}{3} = \tfrac{8}{5} : \tfrac{14}{3} = \tfrac{24}{70} = \tfrac{12}{35}$$

$$3\tfrac{1}{7} : 2\tfrac{3}{5} = \tfrac{22}{7} : \tfrac{13}{5} = \tfrac{110}{91} = 1\tfrac{19}{91}$$

Eben so ist $\tfrac{1}{2} : 2\tfrac{1}{2} = \tfrac{1}{2} : \tfrac{5}{2} = \tfrac{2}{10} = \tfrac{1}{5}$

und $3\tfrac{2}{3} : \tfrac{3}{4} = \tfrac{11}{3} : \tfrac{3}{4} = \tfrac{44}{9} = 4\tfrac{8}{9}.$

Bey Matthäus befiehlt unser Heiland dem heiligen Petrus, den Angel in das Meer zu werfen, und jenen Stater, den er in des ersten Fisches Munde würde gefunden haben, für sich und Ihn zu Capharnaum Zoll zu geben. Da nun ein solcher Stater so viel Geld, als bey uns ein halber Reichsthaler gilt: ist die Frage, wie viel der Heiland sowohl als Petrus für sich Zoll bezahlet haben.

$\tfrac{1}{2} : 2 = \tfrac{1}{2} : \tfrac{2}{1} = \tfrac{1}{4}$ Reichsthaler.

Nach den Beobachtungen der Naturkündiger geht ein jeder Schall, er mag stark oder schwach seyn, binnen $10\tfrac{1}{2}$ Secunden durch $\tfrac{1}{2}$ deutsche Meile. Wie weit kömmt er in einer Secunde?

$\tfrac{1}{2} : 10\tfrac{1}{2} = \tfrac{1}{2} : \tfrac{21}{2} = \tfrac{2}{42} = \tfrac{1}{21}$ einer deutschen Meile.

Anmerkung. Ein Körper, welcher einen Schuh in die Länge, einen in die Breite, und einen in die Höhe hat, wird ein Cubicschuh genannt. Eben so wird jener Körper der ein Zoll in die Länge, einen in die Breite, und einen in die Höhe hat ein Cubiczoll genannt, u. s. f.

Ein

Ein fester Körper tauchet sich in einer flüßigen Materie so tief ein, bis das durch den eingetauchten Theile vom Platze gedrungene flüßige Wesen soviel wiegt, als der ganze eingetauchte Körper.

Nun wollen wir setzen ein Cubicschuh Wasser aus dem Donaufluß wäge $65\frac{3}{5}$ ℔. Um was für einen großen Raum würde sich ein Schiff auf der Donau eintauchen, welches mit aller auf sich habenden Ladung 5825 ℔ schwer wäre.

$$5825 : 65\tfrac{3}{5} = \frac{5825}{1} : \frac{328}{5} = \frac{29125}{328} = 88\tfrac{261}{328}$$ Cubicschuhe.

Nach dem berühmten Baumeister Palladius soll eine Thüre jederzeit so hoch gemacht werden, daß die Höhe $\frac{12}{21}$ von der Höhe des Zimmers habe. Nun aber macht man die Thüren insgemein halb so breit als hoch. Wenn man also diesem nachkäme, wie breit müßten die Thüren gemacht werden?

$\frac{12}{21} : 2 = \frac{6}{21} = \frac{2}{7}$ von der Höhe des Zimmers.

Man kann schwere im See oder Meer versunkene Körper auf folgende Art wieder in die Höhe bringen. Man bindet so viele aufgeblasene Blasen an den versunkenen Körper, bis das Wasser, welches alle zugleich fassen würden, so viel ja etwas mehr wiegt, so groß die Schwere des versunkenen Körpers annoch im Wasser ist. Nun wollen wir setzen es sey ein Stuck, dessen Schwere annoch im Wasser auf $13\frac{2}{7}$ Centner geschätzet wird im See versunken. Wie viel Rindblasen müßte man daran binden, deren jede $\frac{13}{20}$ eines Centners Wasser fassen könnte: damit das Stuck in die Höhe getrieben würde.

$$13\tfrac{2}{7} : \tfrac{13}{20} = \tfrac{93}{7} : = \tfrac{13}{20} = \tfrac{1860}{91} = 20\tfrac{40}{91}.$$

Man müßte also 21 dergleichen Blasen daran binden.

Wie oft muß sich an einem Wagen ein Rad, dessen Peripherie $10\frac{2}{3}$ geometrische Schuhe hat, umkehren, bis der Wagen, eine deutsche Meile weit kömmt? Es fasset aber eine deutsche Meile 20000 dergleichen Schuhe.

$$20000 : 10\tfrac{2}{3} = \tfrac{20000}{1} : \tfrac{32}{3} = \tfrac{60000}{32} = 1875.$$

Fünftes Hauptstück.

Von den

Decimalbrüchen.

Es ist unbekannt, zu was für einer Zeit, und von wem diese Gattung der Brüche eingeführet worden ist. So viel ist gewiß, daß derselben Gebrauch in diesem Jahrhunderte zur Vollkommenheit ist gebracht worden.

Erster

Erster Abschnitt.

Von der Art die Decimalbrüche zu schreiben und auszusprechen, und vom gründlichen Begriffe derselben.

66. Die Decimalbrüche sind solche, welche die Einheit mit einer oder mehreren Nullen zu ihrem Nenner haben. Also sind $\frac{5}{10}$, $\frac{3}{100}$, $\frac{7}{1000}$, $\frac{13}{10000}$, $\frac{754}{100000}$ u. s. f. Decimalbrüche. Aber diese Nenner werden gar selten ausgedrückt: man begnüget sich, die Zähler zu schreiben, und selbe von den Ganzen durch ein kleines Strichlein, oder durch einen Punct abzusöndern; da dann allezeit die Einheit mit so vielen Nullen, so viel der Zähler Ziffern hat, als der Nenner verstanden wird. Also bedeutet 5,4 so viel als $5\frac{4}{10}$: und 4,65 so viel als $4\frac{65}{100}$: und 3,037 so viel als $3\frac{37}{1000}$. Wenn keine ganze zugegen sind, so wird vor dem Strichlein eine 0 geschrieben, diesen Abgang der ganzen anzuzeigen. Also heißt 0,5 so viel als $\frac{5}{10}$ und 0,35 so viel als $\frac{35}{100}$.

67. Hieraus lernet ihr jeden Decimalbruch auszusprechen. Ihr müsset nämlich den Zähler nach der gemeinen Art der ganzen Zahlen lesen, alsdenn die Einheit samt so vielen Nullen, so viele Ziffern im Zähler sind, als den Nenner dazu setzen. Ihr werdet also diesen Bruch 0,57 also lesen: sieben und fünfzig

hunderteste Theile: den Bruch 0,037 also: sieben und dreyßig tausendeste Theile, und so von andern.

Doch giebt es noch eine andere Art dergleichen Brüche auszusprechen. Denn weil $\frac{5}{10}$ und $\frac{7}{100}$, wenn sie unter einen Nenner gebracht (§. 47.) und alsdenn addieret werden, $\frac{57}{100}$ Theile ausmachen, so folget, daß man bey Decimalbrüchen entweders den ganzen Zähler auf einmal, und alsdenn den allgemeinen Nenner, oder aber jedes Ziffer des Zählers besonders samt seinem besondern Nenner aussprechen kann. Also könnet ihr diesen Bruch 0,357 entweders aussprechen durch: dreyhundert sieben und fünfzig tausendeste Theile, oder auch durch drey zehente, fünf hunderteste und sieben tausendeste Theile. Eben also wenn geschrieben steht 0.0037, könnet ihr lesen: sieben und dreyßig zehntausendeste Theile, oder aber: kein zehenter, kein hundertester Theil, drey tausendeste sieben zehntausendeste Theile.

68. Damit ihr euch einen rechten Begriff von diesen Brüchen machet, betrachtet folgende Tabelle: ihr werdet daraus den wahren Grund erkennen, auf welchem die ganze Berechnung der Decimalbrüchen beruhet.

Ganze

Ganze							Decimalen						
6	5	4	3	2	1	8	1	2	3	4	5	6	
Der Millionen.	Der Hunderttausende.	Der Zehntausende.	Der Tausende	Der Hunderte	Der Zehner	Die Stelle der Einheiten.	Der Zehnten Theile	Der Hundertesten	Der Tausendesten	Der Zehntausendesten	Der Hunderttausendesten		u. s. f.

Diese Tabelle zeiget, daß der Werth der Decimalzahlen von der Rechten zur Linken immer um zehnmal größer werde, eben wie bey den ganzen Zahlen, und daß also diese Decimalzahlen einerley Natur mit den ganzen haben.

69. Aus diesem folget erstens. Jede Decimalzahl bekömmt ihre Benennung und ihren Werth von dem Orte, an dem sie steht.

also ist
$$\begin{cases} 0{,}5 = \frac{5}{10} \\ 0{,}05 = \frac{5}{100} \\ 0{,}005 = \frac{5}{1000} \\ 0{,}0005 = \frac{5}{10000} \end{cases}$$

Zweytens. Die Nullen, welche den Decimalzahlen zur Rechten angehängt sind, verändern

dern derselben Werth nicht. Also gilt, 0,5 und 0,50 und, 0,500 gleich viel, nämlich $\frac{5}{10}$.

Drittens. Aber die Nullen, welche zur Linken der Decimalziffern stehn, vermindern ihren Werth, indem sie selbe von dem Strichlein weiter entfernen. Also $0,5 = \frac{5}{10}$, $0,05 = \frac{5}{100}$ und $0,0005 = \frac{5}{10000}$. Wenn ihr dieses alles wohl begriffen habet, so werdet ihr in dem, was folget, keine Beschwerniß mehr finden.

Zweyter Abschnitt.

Von der Addition und Subtraction der Decimalzahlen.

70. Im Anschreiben der Zahlen, welche ihr addieren oder subtrahieren wollet, habet acht, daß ihr die vom gleichen Werthe unter einander schreibet. Daher müsset ihr das Strichlein, welches die Ganzen von den Decimalen scheidet, wohl vor Augen haben. Diese Strichlein müssen im Anschreiben alle genau unter einander stehen; wodurch dann geschehen wird, daß die zehente Theile unter die Zehente, die Hundertste unter die Hundertste, u. s. f. zu stehen kommen: und zur Linken des Strichleins die Einheiten unter die Einheiten, die Zehner unter die Zehner u. s. f. Alsdenn verrichtet die Addition oder Subtraction eben so, als wenn die gegebenen Zahlen lauter ganze vorstelleten. In der Summe, oder in der Differenz setzet das Strichlein

lein gerad unter das Strichlein der oben stehenden Zahlen.

Exempel der Addition.

Welche ist die Summe dieser Zahlen 34,5 + 65,3 + 12,8 + 95 + 87,81 + 7,9

Schreibet sie also unter einander

34,5
65,3
12,8
95
87,81
7,9
Summe 303,31

II	III	IV
45,07	574,678953	0,975642
50,758	95,79643	0,745257
123,0057	78,0546	0,000598
74,702	54,789	2,8007
24,8	8,9	0,64053
318,3357	812,218983	5,162727

Exempel der Subtraction.

	I	II	III
von : :	74,284	437,5	75,0034
subtrahieret	45,375	89,657	57,875
Der Rest ist	28,909	347,843	17,1284

Anmerkung. In dem zweyten Exempel müsset ihr euch die zween letzten Plätze rechter Hand mit Nullen besetzet vorstellen. Ja wenn ihr woliet, könnet ihr die Nullen wirklich hinschreiben, weil dadurch der Werth nicht geändert wird, wie schon oben ist gesagt worden.

	IV	V	VI
von : :	562	345,7578	0,547893
subtrahieret	93,5784	157,	0,49758
Der Rest ist	468,4216	188,7578	0,050313

	VII	VIII
von : :	0,237	1
subtrahieret	0,228	0,997543
Der Rest ist	0,009	0,002457

Die Probe der Addition und Subtraction wird gemacht wie bey den ganzen.

Wir wollen nun die Anwendung in einigen Aufgaben machen.

Es ist verwunderlich, wie die Lagen der Erde unterweilen abwechseln. Zu Amsterdam ist ehemals ein Brunnen gegraben worden, wo man die Schichten wie folget, über einander gefunden.

Schwarze Gartenerde	0,7 einer Ruthe
Torf	0,9
Weicher Thon	0,9
Sand	0,8
Gartenerde	0,4
Thon	1
Erde	0,4
Sand	1
Thon	0,2
Weißer Sand	0,4
Trockene Erde	0,5
Morast	0,1
Sand	1,4
Sandichte Lette	0,3
Sand mit Thon vermenget	0,5
Sand mit Seemuscheln vermenget	0,4
Thon	10,2
Kießlichter Sand	3,1
Summe	23,2

Wenn man eine Portion von reinem Wasser nimmt, welche 1 Pfund wieget, so wiegt ein Stück

Erz von gleich großem körperlichen Inhalt	9
Silber	11,091
Gold	19,640
Stahel	7,803
Eisen	7,645

Queck-

Quecksilber	14,
Bley	11,310
Zinn	7,32
Englisch Zinn	7,295
Marmor	2,718
Grünlechtes Glas	3,620
Eichen Holz	0,550
Roth Brasilianisch Holz	1,031
Buchsbäumenes Holz	1,031
Ebenholz	1,177
Buchenholz	0,738
Pantoffelholz	0,240
Gelbes Wachs	0,955
Weinrauch	1,071

Nun fragt man, wie viel wägen alle diese Stücke zusammen, das Wasser nicht mit gerechnet? Ihr findet: 108, 235 Pfunde.

Ein Cubicschuh Wasser wiegt 72 Pfunde; ein Cubicschuh Eisen 550,440 Pfunde. Nun verliehrt jeder Körper, wenn er ins Wasser gesenkt wird, soviel von seiner Schwere, als das Wasser, so einen gleichen Raum mit ihm einnimmt, wiegt. Wenn also ein Cubicschuh Eisen ins Wasser versenket wird, wie viel wird er noch wägen.

550.440
72

Antwort. 478.440

Ein

Ein Cubicschuh von Eichenholz wiegt 39. 6 Pfunde. Ein Cubicschuh Buchenholz aber 53. 136. Um wie viel wiegt also dieser mehr als jener?

	53,136
	39,6
Antwort.	13,536 Pfunde.

Dritter Abschnitt.

Von der Multiplication der Decimalzahlen.

71. Multiplicieret beyde Factoren durch einander eben so, als wenn es ganze Zahlen wären. In dem Producte sönderet so viele zur Rechten stehende Ziffern durch das Strichlein von den ganzen ab, als viele Decimalziffern in beyden Factoren zugleich sind.

Exempel.

	I	II
Der Multiplicandus	3,024	32,12
Der Multiplicator	22,3	24,3
Das Product :	67,4352	780,516

	III	IV
Der Multiplicandus	78,546	5745
Der Multiplicator	4,36	0,0675
Das Product :	342,46056	387,7875

Anmerkung. Es ereignet sich nicht selten, daß man im Producte nicht so viele Ziffern hat, als man gemäß der Regel durch das Strichlein abschneiden sollte. In diesem Falle müsset ihr so viele Nullen zur Linken hinzusetzen, als nöthig sind, damit ihr die gehörige Anzahl der Decimalziffern abschneiden könnet.

Exempel.

	V	VI
Multiplicandus	0,5365	0,0347
Multiplicator	0,02435	0,0236
Das Product	0,013063775	0,00081892

Zweyte Anmerkung. Wenn ihr Decimalzahlen mit 10, 100, 1000 u. s. f. multipliciren sollet, so rucket nur das Strichlein um so viele Stellen gegen der Rechten, als der Multiplicator Nullen hat. Also ist $0,587 \times 10 = 5,87$; und $0,587 \times 100 = 58,7$; und $0,587 \times 1000 = 587$; und endlich $0,587 \times 10000 = 5870$.

Hier sind noch einige Exempel zur Uebung.

$57,056 \times 0,578 = 32,978368$
$76,543 \times 5,4246 = 415,2151578$
$0,56870 \times 0,5674 = 0,322731446$
$0,03246 \times 0,02364 = 0,0007673544$
$87640 \times 0,03687 = 3231,61863$
$94,35786 \times 6,57869 = 620,7511100034$
$3,141592 \times 52,7438 = 165,6995001296$

Nun

Nun wollen wir die Multiplication in einigen Aufgaben anwenden.

Ein Pfund Eisen verliehrt in dem Wasser 0.1308 eines Pfundes: ein Pfund Erz 0.1138 eines Pfundes: ein Pfund italiänischen Marmors, 0,3679. Nun dieses vorausgesetzet lassen sich folgende drey Aufgaben leicht auflösen.

Erste Aufgabe. Ein 352 Pfund schwerer eisener Körper ist in dem Wasser versunken. Wie viel wird er im Wasser noch wägen? wie große Kräften werden erfordert, selben empor zu ziehen?

$0{,}1308 \times 352 = 46{,}0416$ so viel verliehrt er im Wasser.

Dieses abgezogen von 352

giebt zum Rest : : 305,9584 so viel wird er also im Wasser wägen.

Zweyte Aufgabe. Wie viel braucht man Kräften eine marmorsteinerne Statuen von 573 Pfunden aus dem Wasser empor zu ziehen?

$0{,}3679 \times 573 = 210{,}8067$ so viel verliehrt sie im Wasser.

Dieses abgezogen von 573

giebt zum Rest : : 362,1933 so viel wiegt sie noch im Wasser.

Dritte Aufgabe. Ein erzener Lauf eines Stücks von 1375 Pfunden ist in das Wasser versenket worden. Wie viele Kräften sind nothwendig, selbes daraus zu erheben?

0,1138 × 1375 = 156,4750

Dieses abgezogen von : 1375
giebt zum Rest : 1218,5250

Ihr habet also gefunden, wie viel diese versunkene Körper noch im Wasser wägen. Wenn sie also mit um etwas größern Kräften angezogen werden, so werden sie in die Höhe getrieben werden.

Vierte Aufgabe. Wenn euch die Schwere eines Cubicschuhes Wasser bekannt ist, könnet ihr durch die Multiplication allein die Schwere eben eines solchen Cubicschuhes von allen jenen Körpern finden, welche in der zweyten Aufgabe des vorhergehenden Abschnitts angesetzet sind. Wir wollen setzen, ein Pariser Cubicschuh Wasser wäge 72 Pfunde: so dörft ihr nur diese Zahl 72 multiplicieren durch jene Zahl, welche in besagter Aufgabe neben jeder Gattung der Körper steht. Also findet ihr, es wäge

Ein Cubicschuh Erz 72 × 9 = 648
Silber 72 × 11,091 = 798,552
Gold 72 × 19,640 = 1414,080

und so von den übrigen.

Fünfte Aufgabe. Es ist eine steinerne Statue in mehrere Trümmer zerschlagen. Ein Künstler soll eine vollkommen gleiche von Erze verfertigen. Nun verlangt er von euch zu wissen, wie viele Pfund Erz er hiezu nöthig habe. Dieses zu berechnen, könnet ihr also verfahren. Lasset euch eine viereckichte reguläre Küste ver-

verfertigen, welche das Wasser halte. Messet die Länge und die Breite dieser Küste sehr genau. Wir wollen setzen die Länge sey 4 Schuhe, 3 Zolle, und 7,6 Linien, oder nachdem ihr alles in Linien verändert 619,6 Linien: die Breite 2 Schuhe, 3 Zolle und 5,4 Linien, oder nach der Reduction 329,4 Linien. Multiplicieret beyde durch einander.

619,6
329,4
204096,24 Product.

Dieses Product ist die Grundfläche der Küste in Quadratlinien ausgedrückt. Nun gießet so viel Wasser in die Küste, so viel ihr nöthig erachtet, daß alle Trümmer der zerbrochenen steinernen Statue darinn können versenket werden. Zeichnet an den Seiten der Küste, auf das genaueste, wie hoch das Wasser steht. Alsdenn werfet die Trümmer der Statue alle in das Wasser. Untersuchet, so genau es möglich ist, um wie viel nun das Wasser gestiegen ist. Wir wollen setzen, ihr findet, daß es um 11 Zolle und 7,3 Linien höher stehe, das ist, nach der Reduction, um 139,3 Linien. Multiplicieret die zuvor gefundene Grundfläche des Küstleins mit diesen 139,3 Linien

204096,24
139,3
28430606,232 Product.

Dieses Product ist der körperliche Innhalt der ganzen Statue in Cubiclinien ausgedrückt.

Untersuchet mit all möglicher Genauigkeit, wie viel ein Cubicschuh eines reinen Wassers wieget (ihr müsset aber einen solchen Schuh nehmen, in welchen ihr die Küste abgemessen habet) wir wollen setzen, ihr findet 72 Pfunde. Multiplicieret diese mit 9; weil das Erz neunmal schwerer ist als Wasser, das Product, 648 Pfunde, ist die Schwere eines Cubicschuh Erzes. Aus diesem folget, eine Cubiclinie von Erze wäge 0,000217017 von einem Pfunde. (Wie ihr durch die Division erfahren könntet, welche wir in dem nächsten Abschnitte erklären wollen) Multiplicieret dieses mit dem oben gefundenen körperlichen Innhalt der Statue.

$$\begin{array}{r} 28430606,232 \\ 0,000217017 \\ \hline 6169,924872649944 \end{array}$$ Product.

Dieses Product ist die Schwere der zu verfertigenden Statue. Wenn ihr also die Decimalzahlen weglasset, so erkennet ihr, daß er 6170 Pfunde Erz brauche.

Vierter Abschnitt.

Von der Division mit Decimalzahlen.

72. Erinneret euch hier jenes Grundsatzes; das Product, welches aus der Multipli-

plication des Quotient durch den Divisor entsteht, ist jederzeit dem Dividendus gleich (§. 21.) Aus diesem Grundsatze, wenn man, was von der Multiplication der Decimalzahlen ist gesagt worden, dazu nimmt, fließt diese allgemeine Regel der Division. In dem Divisor und Quotient zugleich müssen so viele Decimalziffern seyn, als viele derselben der Dividendus hat. Uebrigens verrichtet die Division mit Decimalzahlen eben so, als wenn sie alle lauter Ganze vorstelleten.

Aus dieser allgemeinen Regel fließen vier sonderheitliche, welche in vier verschiedenen Fällen, welche in der Division der Decimalzahlen vorkommen können, dienen müssen.

73. **Erster Fall.** Wenn der Divisor eben so viele Decimalziffern hat als der Dividendus, so zeigen alle Ziffern des Quotient ganze an: wie in diesen Exempeln.

8,45) 295,75 (35	0,0078) 0,4368 (56
2535	390
4225	468
4225	468
0	0

74. **Zweyter Fall.** Wenn der Dividendus mehr Decimalziffern hat als der Divisor, so schneidet in dem Quotient so viele zur Rechten stehende Ziffern durch das Strichlein ab, um so viel der Dividendus mehr Decimalziffern hat als

der Divisor. Also wenn der Dividendus vier, der Divisor 3 Decimalziffern hat, so müsset ihr im Quotient eine abschneiden: hat der Divisor drey, der Dividendus sieben, so muß der Quotient vier bekommen. Sehet folgende Exempel.

24,3) 780,516 (32,12
729
515
486
291
243
486
486
0

436) 34246,056 (78,546
3052
3726
3488
2380
2180
2006
2744
2616
2616
0

0,534) 0,30438 (0,57
2670
3738
3738
0

Anmerkung. Wenn nach vollbrachter Division ein Rest bleibt, so könnet ihr diesen Rest außer acht lassen, wenn ihr sehet, daß der Quotient schon etliche Decimalzahlen hat, und also schon genau genug gefunden ist, oder wenn der

Quo-

Quotient noch keine oder sehr wenige Decimalen hat, und hiemit noch nicht gar genau gefunden ist, so könnet ihr zu diesem Reste eine 0 setzen, und die Division weiter fortsetzen: bleibt nach dieser Division noch ein Rest, so könnet ihr wieder eine 0 hinzusetzen, und in der Division fortfahren u. s. f. so lang es euch beliebet, und bis ihr erkennet, daß nunmehr der Quotient genug Decimalen hat, und hiemit der Fehler, der aus Verachtung des letzten Rests entsteht, nicht mehr beträchtlich ist. Jedoch müsset ihr hiebey dieses merken, daß ihr alle hinzugesetzte 0 als Decimalziffern des Dividendus betrachtet, und im Quotient so viele letzte Ziffern durch das Strichlein absönderet, als viele alle Decimalziffern des Dividendus erfordern. Sehet hier ein Exempel.

2,35) 13,56 (5,7702
1175
1810
1645
1650
1645
500
470
30

In diesem Exempel waren Anfangs im Dividendus zwo Decimalzahlen; ihr habet aber in der Fortsetzung der Division vier 0 hinzugethan;

wenn ihr also diese als Decimalzahlen betrachtet, so sind nunmehr sechs Decimalziffern im Dividendus. Im Divisor sind zwey Decimalziffern; es müssen also im Quotient vier seyn: und folglich muß das Strichlein nach 5 gesetzet werden. Der letzte Rest 30 wird vernachläßiget, weil ihr im Quotient schon vier Decimalziffern habet; und also nicht mehr um einen zehntausendesten Theils eines ganzen fehlen könnet: welcher Fehler nicht mehr zu achten ist. Dieses wird noch besser weiter unten erkläret werden.

75. Dritter Fall. Wenn der Dividendus weniger Decimalziffern hat, so setzet am Ende des Dividendus alsobald, vor ihr die Division anfanget, so viele 0 hinzu, als erklecklich sind, daß die Anzahl der Decimalziffern des Dividendus jener des Divisors gleich werde. Wenn alsdann die Division zum Ende gebracht ist, zeigen die Ziffern des Quotient lauter ganze an. Sehet folgende Exempel.

2,521) 19743655,4

Setzet, vor ihr die Division anfanget zwo Nullen zum Dividendus; weil im Divisor drey Decimalziffern sind, der Dividendus aber nur eines hat. Das Exempel wird alsdenn also stehen, und die Division also fortlaufen, wie ihr hier sehet.

2,521) 19743655,400 ($7831676\frac{204}{2521}$

17647
20966
20168
7985
7563
4225
2521
17044
15126
19180
17647
15330
15126
204

Zweytes Exempel.

1,32) 2036

Setzet, vor ihr die Division anfanget zwo Nullen zum Dividendus, weil im Divisor zwo Decimalzahlen sind, der Dividendus aber keine hat. Das Exempel wird alsdenn also stehen, und die Division also laufen, wie ihr hier sehet.

1,32) 3036,00 (2300 lauter ganze.

264
396
396
0

Drittes Exempel.

0,3021) 50142

Setzet, vor ihr die Division fürnehmet, vier Nullen zum Dividendus; denn so wird der Dividendus so viel Decimalziffern bekommen, als der Divisor hat. Die Division selbst wird also laufen.

```
0,3021) 50142,0000 (165978 462/3021
        3021
        -----
        19932
        18126
        ------
         18060
         15105
         ------
          29550
          27189
          ------
           23610
           21147
           ------
            24630
            24168
            ------
              462
```

Anmerkung. In dem ersten und dritten Exempel könnet ihr, anstatt den zuletzt gebliebenen Rest in Gestalt eines Bruches anzuschreiben, nach und nach einige Nullen dazu setzen, und also in der Division fortfahren; da dann die neu entstandenen Ziffern, so viele Decimalziffern des Quotient seyn würden.

77. Vier-

76. Vierter Fall. Wenn nach verrichteter Division nicht so viele Ziffern im Quotient sind, als ihr gemäß der Regel abschneiden solltet; so setzet zur Linken so viele Nullen hinzu, als ihr nöthig habet. Sehet folgende Exempel.

```
957) 7,25406 (0,00758
     6699
     ----
      5550
      4785
      ----
       7656
       7656
       ----
          0
```

Weil in diesem Exempel der Dividendus fünf Decimalziffern hat, der Divisor aber gar keine, so muß der Quotient gleichfalls fünf bekommen. Nun aber bekömmt in der wirklichen Division der Quotient nur drey Ziffern nämlich 758; ihr setzet also noch zwo Nullen vor dieselbe, und alsdenn das Strichlein, und vor dieses noch eine Nulle, zum Zeichen, daß die ganze abgehen.

Zweytes Exempel.

```
0,575) 0,0007475 (0,0013
             575
             ---
            1725
            1725
            ----
               0
```

Weil in diesem Exempel der Dividendus sieben, der Divisor drey Decimalziffern hat, so muß der Quotient vier bekommen. Wenn ihr nun die Zahl 7475 durch 575 dividieret, so entsteht der Quotient 13. Ihr setzet also noch zwo Nullen davor, und alsdenn das Strichlein, so habet ihr den wahren Quotient.

77. Anmerkung. Wenn ihr Decimalzahlen durch 10, 100, 1000 u. s. f. dividieren sollet, so rücket das Strichlein um so viele Stellen zur Linken, als viele Nullen der Divisor hat. Also ist

10) 5784 (578,4
100) 5784 (57,84
1000) 5784 (5,784
10000) 5784 (0,5784

Hier sind noch einige Exempel zur Uebung, in welchen alle vier Fälle vorkommen.

57,4) 4930,66 (85,9
574) 493,066 (0,859
574) 49,3066 (0,0859
5,74) 4930,66 (859
5,74) 49,3066 (8,59
0,0574) 0,493066 (8,59
5,74) 493066 (85900
0,0574) 493,066 (8590

Lasset uns nun die Anwendung in einigen practischen Aufgaben in denen die Multiplkation sowohl als Division mit Decimalzahlen vorkommt, machen.

Erste

Erste Aufgabe. Ein Cubicschuh Silber wiegt 798,552 Pfunde. Wie viel wiegt ein Cubiczoll? Wie viel eine Cubiclinie?

Weil ein Cubicschuh 1728 Cubiczolle in sich hat, so dividieret 798,552 durch 1728. Der Quotient ist 0,462125: und dieses ist die Schwere eines Cubiczolles. Weil nun ein Cubiczoll abermal 1727 Cubiclinien in sich begreift, so dividieret 0,462125 durch 1728. Der Quotient 0,000267 giebt die Schwere einer Cubiclinie.

Anmerkung. Um aus dem gegebenen Durchmesser eines Cirkels die Peripherie desselben zu finden, muß man den Durchmesser mit 3,14150 multiplicieren. Wenn die Peripherie gefunden ist, so bekömmt man die Fläche desselben Cirkels, wenn man den vierten Theil des Durchmessers mit der Peripherie multiplicieret. Wenn die Cirkelfläche bekannt ist, welche entsteht, wenn eine Kugel mitten entzwey geschnitten wird, so findet man die ganze Oberfläche der Kugel, wenn die Fläche desselben Cirkels mit 4 multiplicieret wird: und wenn man diese Oberfläche der Kugel mit dem sechsten Theil des Durchmessers multiplicieret, so erhält man den körperlichen Innhalt dieser Kugel. Alles dieses ist in der Geometrie erwiesen. Nun dieses vorausgesetzt sey.

Die zweyte Aufgabe. Es ist eine eiserne Kugel: sie hat 1 Schuh, 2 Zolle, 3,6 Linien im Durchmesser. Man verlangt zu wissen die Größe der Cirkelfläche, welche entstehen würde, wenn die Kugel mitten entzwey getheilet würde: zweytens die Oberfläche der ganzen Kugel: drittens ihren körperlichen Innhalt: viertens ihr Gewicht oder Schwere.

Wenn ihr den Durchmesser in lauter Linien ausdrücket, so bekommet ihr 171,6 Linien.

Hieraus entsteht

171,6 × 3,14159 = 539,096844 die Peripherie.
171,6 : 4 = 42,9 - - - Der vierte Theil des Durchmessers.

539,096844 × 42,9 = 23127,2546076 die Fläche des Cirkels in Quadratlinien.

23127,2546076 × 4 = 92509,0184304 die Oberfläche der ganzen Kugel in Quadratlinien.

171,6 : 6 = 28,6 - - - der sechste Theil des Durchmessers.

92509,0184304 × 28,6 = 2645757,92710944 der körperliche Innhalt der ganzen Kugel in Cubiclinien.

Ein Cubicschuh hält in sich 12 × 12 × 12 oder 1728 Cubiczoll: ein Cubiczoll 1728 Cubiclinien. Also hält ein Cubicschuh in sich 1728 × 1728 oder 2985984 Cubiclinien. Dividieret also den in Cubiclinien gefundenen körperlichen Innhalt durch diese Zahl: ihr bekommet

2645757,92710944 : 2985984 = 0,88605897

Ein Cubicschuh von Eisen (wie ihr nach der im vorgehendem Abschnitt bey der vierten Aufgabe

gabe vorgeschriebenen Art leicht finden könnet;) wiegt 550,440 Pfunde. Hieraus entsteht

0,88605897 × 550,440 = 487,72229944680 die Schwere der gegebenen Kugel.

78. Anmerkung. Die magdeburgischen Halbkugeln, wenn der Luft rein ausgepumpet worden, werden von dem darauf liegenden Luft, so stark an einander gedrückt, so viel eine Säule von Quecksilber, die die Fläche der Halbkugel zu ihrer Grundfläche, und 26 Zolle oder 312 Linien in der Höhe hätte, wägen würde. Nun aber findet man den körperlichen Innhalt einer solchen Säule, wenn man die Grundfläche durch die Höhe multiplicieret.

Dritte Aufgabe. Zwo magdeburgische Halbkugeln haben im Durchmesser 8 Zolle 4,6 Linien, oder 100,6 Linien. Wenn aller Luft aus ihnen herausgezogen würde, wie stark würden sie aneinander halten?

100,6 × 3,14159 = 316,043954 die Peripherie.
100,6 : 4 = 25,15 - - - der vierte Theil des Durchmessers.

316,043954 × 25,15 = 7948,5054431 die Cirkelfläche der Halbkugel.

7948,5054431 × 312 = 2479933,6982472 der körperliche Innhalt der mercurialischen Säule in Cubiclinien.

2479933,6982472 : 2985984 = 0,8305248 eben dieser körperliche Innhalt in Cubicschuhen.

72 × 14 = 1008 - - - Schwere eines Cubicschuhes Quecksilbers.

0,8305248 × 1008 = 837,1689984 Schwere der mercurialischen Säule in Pfunden ausgedrückt, und zugleich die Kraft, mit der die Halbkugeln zusammen haugen.

Anmerkung. Ein Körper, dessen Grundfläche ein Cirkel ist, und welcher über das von unten hinaufwärts immer, bis er endlich in einen Spitz zusammen läuft, also abnimmt, daß wo man denselben immer parallel mit der Grundfläche durchschnitte, der Durchschnitt eine Cirkelfläche wäre, wird ein Kegel genannt. Nun ist ein solcher Kegel der dritte Theil eines Cylinders, welcher eben dieselbe Grundfläche und Höhe hat.

Dritte Aufgabe. Die Grundfläche eines gewissen Kegels hat im Durchmesser 9 Zolle, und 4,4 Linien, oder 112,4 Linien. Die Höhe ist 11 Zolle und 3,7 Linien, oder 135,7 Linien. Wie groß ist sein körperlicher Innhalt?

112,4 × 3,14159 = 353,114716 die Peripherie.

112,4 : 4 = 28,1 - - - der vierte Theil des Durchmessers.

353,114716 × 28,1 = 9922,5235196 die Grundfläche in Quadratlinien.

9922,

9922,5235196 × 135,7 = 1346486,44160972 der körperliche Innhalt des Cylinders in Cubiclinien.

1346486,44160972 : 3 = 448828,813869906 der körperliche Innhalt des Kegels in Cubiclinien.

448828,813869906 : 1728 = 259,738896915 eben dieser körperliche Innhalt in Cubiczollen.

Fünfter Abschnitt.

Von Veränderung der gemeinen Brüche in Decimalbrüche, und im Gegentheile der Decimalbrüche in gemeine.

79. Ein jeder gemeiner Bruch kann in einen Decimalbruch auf folgende Art verändert werden. Setzet am Ende zu dem Zähler eine 0 hinzu: dividieret ihn alsdenn durch seinen Nenner: der Quotient wird das erste Decimalziffer seyn. Multiplicieret den Divisor durch den Quotient: das Product ziehet vom Dividendus ab: bleibt kein Rest, so ist der gefundene Decimalbruch dem gegebenen gleich. Bleibt aber ein Rest, so setzet zu diesem Reste abermal eine 0: wiederholet die Division mit seinem Nenner: und dieses so lange, bis ihr nach einer Abziehung keinen Rest mehr bekommet. Geschieht dieses, so sind die bis dahin erhaltenen Decimalziffern dem

gegebenen Bruche vollkommen gleich. Also ist $\frac{2}{5} = 0,4$: und $\frac{3}{4} = 0,75$.

Es ereignet sich aber nicht selten, daß immer ein Rest bleibe, so viel ihr immer Nullen hinzusetzet, und so oft ihr immer die Division wiederholet. In diesem Falle nun kann kein Decimalbruch gefunden werden, welcher dem gegebenen vollkommen gleich ist. Unterdessen kann man doch einen Decimalbruch finden, der dem gegebenen so nahe kömmt, als man immer will, und für nöthig erachtet; denn wenn ihr die Division dreymal wiederholet, und also drey Decimalziffern suchet, so fehlet ihr nicht mehr um einen tausendesten Theil eines Ganzen. Wiederholet ihr die Division viermal, so fehlet ihr nicht mehr um einen zehntausendesten Theil eines ganzen u. s. f. Also kann der Bruch $\frac{4}{7}$ in einen ihm vollkommen gleichen Decimalbruch niemal veränderet werden. Jedoch wenn ihr viermal eine 0 hinzusetzet, und also die Division viermal wiederholet, so wird es also hergehen.

```
7) 40 (0,5714
   35
   --
    50
    49
    --
     10
      7
     --
     30
     28
     --
      2
```

Und

Und dieser Decimalbruch 0,5714 kömmt dem gegebenen so nahe, daß er um keinen zehentausendesten Theil zu klein ist. Solltet ihr die Division noch öfter wiederholen, so würdet ihr dem gegebenen Bruch immer noch näher kommen.

80. Es sieht also ein jeder selbst, daß man in Veränderung der gemeinen Brüche in Decimalbrüche, nachdem man einige Decimalziffern gefunden hat, die Division unterbrechen kann, obwohl noch ein Rest geblieben ist. Denn was liegt daran, ob ich etwa um einen zehentausendesten Theil eines Guldens fehle oder nicht? Jedoch kann man hierinn keine allgemeine Regel geben, wie viel man Decimalziffern suchen müsse, ehe man abbrechen darf; denn dieses hängt von dem Gegenstand eurer Berechnung ab. Rechnet ihr von Kreuzern, so könnet ihr aufhören, sobald ihr die erste Decimalzahl gefunden habet: weil es ja genug ist, wenn ihr um keinen zehnten Theil eines Kreuzers fehlet. Rechnet ihr von Gulden, so könnet ihr abbrechen, nachdem ihr drey Decimalziffern gefunden habet: weil der Fehler von einem oder andern zehntausendesten Theil eines Gulden nicht mehr zu achten ist.

Dieses ist zu verstehen für jenen Fall, da eure Rechnung schon am Ende ist; denn wenn ihr den also beynahe gefundenen Bruch noch mit einer ganzen Zahl multiplicieren müßtet, so könnte der Anfangs kleine Fehler nach der Multiplication beträchtlich seyn; weil also gleichwie der Bruch, so auch der Fehler desselben multipli-

 pli-

plicieret würde. Wir wollen setzen, ihr hättet gefunden ein Pfund einer gewissen Waare koste 3 Gulden und 4/7 eines Guldens; wir wollen ferner setzen ihr hättet diesen Bruch in einen Decimalbruch verändert, und für den Werth eines Pfundes angesetzet 3,571. Der Fehler würde sich auf 4 zehntausendeste Theile eines Guldens belaufen, welcher Fehler in der That nicht zu achten wäre. Wir wollen aber ferner setzen, ihr hättet 10000 Pfunde dieser Waare, und verlangtet den ganzen Werth derselben zu wissen. Ihr müßtet zu diesem Ende den Werth 3,571 eines Pfundes mit 10000 multiplicieren: das Product würde seyn 35710 Gulden. Allein dieses Product wäre um mehr als 4 Gulden zu klein; weil der im ersten Decimalbruche steckende Fehler mit 10000 multiplicieret über 4 Gulden steigt. In diesem Falle dann merket euch diese Regel. Suchet so viele Decimalziffern, bis ihr erkennet, daß der Fehler vor der Multiplication nicht mehr beträchtlich sey: und alsdenn suchet noch so viel, ja noch um eine mehr, als Ziffern im Multiplicator sind, welche ganze vorstellen. Also müsset ihr im vorigen Exempel erstens drey Decimalziffern suchen, weil einige tausendeste Theile eines Guldens noch beträchtlich sind: ihr müsset über das noch fünf andere suchen, weil der also gefundene Bruch mit 10000 muß multiplicieret werden. Ihr werdet also für den Werth eines Pfundes finden 3,57142857. Wenn ihr diesen mit 10000 multiplicieret, so bekommet ihr 35714,2857 als den Werth der ganzen Waare.

81. Die

81. Die meisten aus jenen Dingen, die in der Rechnung vorkommen, pflegen nicht in. 10, 100, 1000, u. s. f. Theile abgetheilt zu werden. Wenn man also neben den ganzen einen Decimalbruch bekömmt, so weiß man nicht, was dieser Bruch austrage, wenn er nicht in einen andern verändert wird, der eine solche Zahl zum Nenner hat, in welche das ganze, von dem damals die Rede ist, pflegt abgetheilt zu werden. Nun diese Veränderung muß auf eben die Art geschehen, wie §. 53. ist gesagt worden. Ihr müsset nämlich eure Decimalziffern mit dem Nenner multiplicieren, den ihr dem neuen Bruche geben wollet, und das Product mit dem Nenner eures Decimalbruchs dividieren, oder, weil ein Decimalbruch allezeit die Einheit mit einigen Nullen zum Nenner hat, so viele Ziffern vom Producte rechter Hand abschneiden, als Nullen in dem Nenner sind. Die überbleibende Ziffern sind der Zähler des neuen Bruchs. Z. E. Ihr sollet 0,5 einer Stunde in einen andern Bruch verändern, dessen Nenner 60 ist. Multiplicieret 5 durch 60, das Product ist 300. Dieses dividieret durch 10, oder was eines ist, schneidet das letzte Ziffer ab, so bleibt 30 der Zähler des verlangten neuen Bruchs, welcher also ist $\frac{30}{60}$ das ist 30 Minuten einer Stunde.

Hier sind noch einige Exempel. Wie viele Kreutzer gilt der Bruch 0,9 eines Guldens? Multiplicieret 9 durch 60. Vom Product 540 schneidet das letzte Ziffer ab, so bleiben $\frac{54}{60}$, das ist 54 Kreutzer.

Wie viele Stunden, Minuten und Secunden gilt der Bruch 0,6256944 eines Tags? Weil ein Tag in 24 Stunden pflegt abgetheilt zu werden, so müsset ihr diesen Bruch in einen andern verändern, dessen Nenner 24 ist. Multiplicieret also 6256944 durch 24, das Product ist 150166656. Von diesen schneidet 7 Ziffern ab, weil der Nenner des gegebenen Bruchs neben dem 1 sieben Nullen hat (§. 66.). Es bleiben euch 15 Stunden. Die abgeschnittenen Ziffern, 0166656 sind ein Decimalbruch einer Stunde. Um nun diesen in Minuten zu verändern multiplicieret ihn mit 60. Das Product ist 9999360. Schneidet sieben Ziffern ab, so bleibt nichts übrig. Ihr bekommt also keine Minute. Die abgeschnittenen sieben Ziffern 9999360 sind ein Decimalbruch einer Minute. Um diesen in Secunden zu verändern, multiplicieret ihn mit 60 das Product ist 599961600, Schneidet sieben Ziffern ab, es bleiben 59 Secunden. Die abgeschnittenen sieben Ziffern sind ein Decimalbruch einer Secunde, welchen ihr in Terzen verändern könntet, wenn ihr es für nöthig erachtet. Ihr würdet finden 59 Terzen, weil also 59 Terzen sehr nahe eine Secunde gelten, so könnet ihr sie ohne beträchtlichen Fehler für eine Secunde annehmen. Ihr habet also 60 Secunden: und weil 60 Secunden eine Minute ausmachen, so erkennet ihr, daß ,06256944 eines Tags 15 Stunden und eine Minute gelten.

Sechstes Hauptstück.

Von den

Verhältnissen und Proportionen.

Erster Abschnitt.

Es wird erkläret, was eine Proportion ist, und was sie für Eigenschaften hat.

82. Eine Grösse kann auf zweyerley Art gegen einer andern gehalten werden; denn erstens kann ich fragen, um wie viele Einheiten eine Grösse die andere übertreffe, oder von ihr übertroffen werde. Zweytens kann ich fragen, wie oft eine Grösse eine andere in sich enthalte, oder in ihr enthalten werde. Wenn zwo Grössen auf die erste Art gegen einander gehalten werden, so nennet man das Verhältniß, welches man zwischen ihnen findet, ein **arithmetisches Verhältniß.** Werden aber zwo Grössen nach der zweyten Art gegen einander gehalten, so nennet man das Verhältniß, so zwischen ihnen entdecket wird, ein **geometrisches Verhältniß.** Die erste aus solchen zwoen Grössen, die gegen einander gehalten werden, heißt das Antecedens, die zweyte das Consequens.

Anmerkung. Weil das arithmetische Verhältniß in der gemeinen Arithmetik gar selten vorkömmt, so will ich von derselben nichts weiters reden, sondern mich begnügen das geometrische zu erklären.

83. Aus der oben gegebenen Erklärung erhellet, daß ein geometrisches Verhältniß in dem Quotient besteht, welcher herauskömmt, wenn ich eine Größe durch eine andere dividiere: und deßwegen wird dieser Quotient der Exponent des Verhältnisses genannt.

Zwo Größen haben also eben dasselbe Verhältniß gegen einander, welches zwo andere haben, wenn beyderseits die Quotienten gleich sind. Also ist zwischen 3 und 6 eben dasselbe geometrische Verhältniß, welches zwischen 5 und 10 ist, weil der Quotient beyderseits 2 ist.

84. Vier Größen, welche also beschaffen sind, daß zwischen den zwoen ersten eben dasselbe Verhältniß ist, oder was eines ist, eben derselbe Quotient gefunden wird, als zwischen den zwoen letzten, machen eine Proportion aus. Also machen die vier Größen 3, 6, 5, 10 eine Proportion. Damit man aber anzeige, es gebe zwischen vier Größen eine geometrische Proportion, pflegt man sie also zu schreiben,

$$3 : 6 :: 5 : 10$$

oder $3 : 6 = 5 : 10$

Welches also muß gelesen werden: 3 verhält sich zu 6 wie 5 zu 10.

85. Wenn

85. Wenn bey vier Größen zwischen den zwoen ersten, und zwischen den zwoen letzten der nämliche Quotient auf eine gleiche Art gefunden wird, das ist, also, daß ich beyderseits das Antecedens durch das Consequens, oder beyderseits das Consequens durch das Antecedens dividiere, so saget man, selbe vier Größen machen eine gerade Proportion aus, oder sie seyn gerad proportional. Also sind 3 : 6 :: 5 : 10 gerad proportional.

Bekömmt man aber zwar beyderseits den nämlichen Quotient, doch so, daß man einmal das Antecedens durch das Consequens, das anderemal das Consequens durch das Antecedens dividieret, so machen selbe vier Größen eine verkehrte Proportion aus, oder sie sind verkehrt proportional. Also sind 8 : 4 :: 5 : 10 verkehrt proportional.

86. Es sieht ein jeder leicht ein, daß man vier Größen, welche eine verkehrte Proportion ausmachen, leicht also ansetzen kann, daß sie gerad proportional werden. Man darf nur die Glieder des ersten oder des zweyten Verhältnisses verwechseln. Also sind 10 und 5, 2 und 4 verkehrt proportional: sie werden aber gerad proportional, wenn ihr sie also anschreibet

5 : 10 :: 2 : 4
oder also 10 : 5 : 4 : 2

87. In einer Proportion werden die erste und die letzte Größe die zwey äußern Glieder: die

die zweyte und die dritte, die zwey mittleren Glieder genannt.

Erster Grundsatz.

In einer jeden geraden Proportion ist das Product aus den zweyen äußern Gliedern dem Producte aus dem zweyen mittlern gleich.

88. Dieser Grundsatz wird in seiner Allgemeinheit in der Algebra erwiesen. Ich begnüge mich hier selben durch einige Exempel zu erklären. Also ist in der Proportion

$$2 : 4 :: 3 : 6$$

Das Product der äußern $2 \times 6 = 12$, und das Product der mittlern 4×3 abermal $= 12$. Und in der Proportion

$$1 : 4 :: 5 : 20$$

ist $1 \times 20 = 20$: und 4×5 ebenfalls $= 20$

Aus diesem Grundsatze fließt die Auflösung folgender Aufgabe.

Aufgabe.

Wenn drey Glieder einer Proportion gegeben sind, das vierte finden.

89. Multiplicieret das zweyte Glied durch das dritte: das Product dividieret durch das erste: der Quotient ist das verlangte vierte Glied.

Der

Der Beweis fließt für sich selbst, aus dem vorangeschickten Grundsatze; denn weil das Product der mittlern Gliedern dem Producte der äußern gleich ist, so kann dieses Product der mittlern Gliedern angesehen werden, als wäre es aus der Multiplication der äußern entstanden. Wenn es also durch eines der zwey äußeren dividieret wird, muß der Quotient das andere geben, wie aus dem 21. §. klar ist.

Zweyter Grundsatz.

90. Wenn vier Größen eine verkehrte geometrische Proportion ausmachen, so ist das Product aus dem ersten und dritten Gliede dem Producte aus dem zweyten und vierten gleich. Z. E. in der verkehrten Proportion

$$5 : 10 : : 6 : 3$$

ist $5 \times 6 = 30$ das Product des ersten und dritten Gliedes gleich $10 \times 3 = 30$ dem Producte aus dem zweyten und vierten.

Zweyte Aufgabe.

Wenn drey Glieder gegeben sind, das vierte finden, welches mit selben eine verkehrte Proportion machet.

91. Multiplicieret das erste Glied durch das dritte. Das Product dividieret durch das

das zweyte: der Quotient ist das verlangte vierte Glied. Ihr sollet z. E. zu diesen dreyen Zahlen 3 : 12 : : 8 die vierte finden, welche mit selben eine verkehrte Proportion machet. Ihr bekommet $3 \times 8 = 24$ das Product aus dem ersten und dritten Glied. Und so ihr dieses durch 12 dividieret, so ist 2 der Quotient und das verlangte vierte Glied.

Der Beweis dieser Regel fließt aus dem eben vorangeschickten Grundsatze.

Zweyter Abschnitt.

Von dem Gebrauch und von der Anwendung der Proportionen in der sogenannten Regel Detri.

92. Was großen Nutzen diese Regel der Proportionen, in der Weltweisheit hat, kann nur jenen unbekannt seyn, die in dieser schönen Wissenschaft gänzlich unerfahren. Aber auch im gemeinen Umgang und Leben der Menschen ist der Nutzen der Proportionen nicht minder beträchtlich. Was im Gewerbe und im menschlichen Umgange gemeiniglich vorkömmt, sind die Waaren, der Werth derselben, die Zeit, die Arbeit, der Lohn für die Arbeit und mehr dergleichen. Nun ist klar, daß der Werth nach den Waaren, der Lohn nach der Arbeit müsse abgemessen werden. Also wer zwo Ellen eines Tuchs kaufet, muß noch so viel bezahlen, als er zahlen müßte, wenn er nur eine gekauft hätte. Der drey

Tage

Tage lang arbeitet, fodert dreymal so viel Lohn, als er für die Arbeit eines Tags fodern würde: und also ist auch in andern Umständen zu reden.

Wenn euch also diese Frage gesetzt wird: wie viel kosten 6 Ellen eines gewissen Tuchs, wenn zwo von eben demselben 8 Gulden gelten? so ist es eben so viel, als wenn man von euch begehrte, ihr sollet eine Zahl finden (den Werth nämlich von 6 Ellen Tuchs) zu welcher die Zahl 8 (der Werth von zwoen Ellen) sich eben so verhält, wie sich zwo Ellen zu 6 Ellen verhalten: mit einem Worte, ihr sollet zu diesen dreyen Zahlen 2 : 6 : : 8 die vierte Proportionalzahl finden.

93. Es besteht also in allen dergleichen Fragen die ganze Beschwerniß, wenn ja eine ist, in dem, daß ihr die drey Zahlen, die in der Frage gegeben sind, recht zu ordnen wisset. Aber auch diese Beschwerniß verschwindet, wenn ihr bedenken wollet, daß in einer jeden solchen Frage zwo Zahlen Sachen von der nämlichen Gattung anzeigen, die dritte aber eine Sache von einer andern Gattung. Dieses nun vorausgesetzt, schreibet jene zwo Zahlen, welche von einer nämlichen Sache handeln, so an, daß sie die Glieder des ersten Verhältnisses ausmachen, und zwar so, daß jene Zahl, welcher die Frage angehänget ist, den zweyten Platz bekomme, jene Zahl aber, welche von einer zerschiedenen Sache handelt muß am dritten Orte stehen. Also wird in der oben gesetzten Frage die Zahl 2 das erste Glied, die Zahl 6 das zweyte Glied (denn von 6 Ellen fra-

get

get man, was sie kosten) die Zahl 8 das dritte Glied ausmachen.

94. Nachdem ihr nun die drey Zahlen der an euch gestellten Frage also geordnet habet, müsset ihr noch untersuchen, ob die vierte Zahl, die ihr finden müsset, zu den dreyen gegebenen gerade oder umgekehrt proportional seyn müsse. Dieses könnet ihr leicht aus der Natur der Frage selbst abnehmen. Denn wenn die vierte Zahl um so viel größer werden muß als die dritte, um so viel die zweyte größer ist als die erste: oder auch, wenn die vierte um so viel kleiner werden muß, als die dritte, um so viel die zweyte kleiner ist als die erste, so muß die vierte Zahl den dreyen gegebenen gerade proportional seyn, und alsdenn saget man, diese Frage gehöre zur geraden Regel Detri. Wenn aber im Gegentheile die vierte Zahl um soviel kleiner werden muß als die dritte, um soviel die zweyte größer ist als die erste: oder auch wenn die vierte um so viel größer werden muß als die dritte, um soviel die zweyte kleiner ist als die erste, so muß die vierte Zahl zu den dreyen gegebenen verkehrt proportional seyn, und alsdenn sagt man, diese Frage gehöre zur verkehrten Regel Detri. Ich will es in einigen Exempeln zeigen. Was kosten 6 Ellen Tuch, wenn 2 Ellen von eben demselben 8 Gulden kosten? Die gegebenen drey Zahlen werden gemäß der oben gegebenen Regel in dieser Ordnung stehen.

Ell. Ell. Guld.
2 : 6 :: 8.

Nun

Nun sehet ihr also gleich, daß 6 Ellen mehr kosten als zwo Ellen, und daß also, gleichwie das zweyte Glied größer ist als das erste, also auch das vierte größer werden muß als das dritte. Diese Frage gehöret also zur geraden Regel Detri.

Wie viel Zins bringen 100 Gulden in einem Jahre, wenn für 3000 Gulden Capital jährlich 150 Gulden Zins bezahlt werden? die drey gegebenen Zahlen werden also zu stehen kommen

3000 : 100 :: 150

Nun erkennet ihr leicht, daß 100 Gulden weniger Zins tragen als 3000 Gulden, und daß also, das vierte Glied kleiner als das dritte werden müsse, gleichwie das zweyte kleiner als das erste ist. Diese Frage gehöret also abermal zur geraden Regel Detri.

Wenn 6 Tagelöhner eine gewisse Arbeit in 8 Tagen zu Stande bringen, wie viele Tage werden 12 Tagelöhner daran zu arbeiten haben? die Ordnung der Glieder wird diese seyn.

6 : 12 :: 8

Nun aber erkennet ihr alsobald, daß 12 Tagelöhner nicht so viele Zeit brauchen als 6, und daß also das vierte Glied kleiner als das dritte werden muß, da doch das zweyte größer ist als das erste. Diese Frage gehöret hiemit zur verkehrten Regel Detri.

Wenn mit einem gewissen Vorrathe von Proviante 1000 Soldaten auf 6 Monate können ernähret werden, auf wie viele Zeit wird eben dieses Proviant für 500 hinlänglich seyn? Die Glieder der Proportion müssen also stehen.

1000 : 500 : : 6

Nun ist klar, daß 500 Soldaten länger an diesem Vorrathe zu zehren haben als 1000 Soldaten, und daß also das vierte Glied das dritte übertreffen muß, da doch das zweyte kleiner als das erste ist. Diese Frage gehöret also abermal zur verkehrten Regel Detri.

Aus diesen vier Exempeln werdet ihr leicht zu erkennen gelernet haben, ob was immer für eine gegebene Frage zur geraden, oder zur verkehrten Regel Detri gehöre. Dieses vorausgesetzt ist nichts leichters als alle dergleichen Fragen auflösen und beantworten. Die ganze Sache ist in zwoen Regeln begriffen.

Erste Regel.

95. Erkennet ihr, daß die an euch gestellte Frage zur geraden Regel Detri gehöret, so multiplicieret das zweyte Glied durch das dritte: das Product dividieret durch das erste; der Quotient beantwortet die Frage gemäß dem Grundsatze §. 88.

Exempel.

Was kosten 6 Ellen Tuchs, wenn 2 Ellen 8 Gulden kosten? Die Ordnung der Glieder ist diese.

2 : 6 : : 8

Die

Die Frage gehöret zur geraden Regel Detri. Multiplicieret also 6 durch 8: das Product 48 dividieret durch 2: der Quotient 24 ist der Werth von 6 Ellen.

Zweytes Exempel.

Wie viel Zins tragen 100 Gulden in einem Jahre, wenn für 3000 Gulden jährlich 150 Gulden bezahlet werden? die Ordnung der Glieder ist diese.

3000 : 100 : : 150

Die Frage gehöret zur geraden Regel Detri. Multiplicieret also 100 durch 150: das Product 15000 dividieret durch 3000: der Quotient ist 5: und so viel tragen 100 Gulden in einem Jahre.

96. Anmerkung. Die Sache läßt sich zuweilen etwas leichter verrichten. Wenn ihr im ersten Anblicke der drey Glieder sehet, daß sich das zweyte oder dritte Glied durch das erste ohne Rest dividieren läßt, so nehmet diese Division vor: den Quotient multiplicieret mit dem andern Glied, welches nicht ist dividieret worden: das Product wird die Frage beantworten. Also sehet ihr im ersten oben gegebenen Exempel, daß sich das dritte Glied 8 durch das erste 2 ohne Rest dividieren läßt: dividieret es also: den Quotient 4 multiplicieret mit dem zweyten nicht dividierten Gliede: das Product 24 ist der Werth von 6 Ellen, wie oben. Ihr hättet in eben diesem Exempel auch das zweyte Glied 6 durch 2 divi-

dieren können: der Quotient wäre 3 gewesen: hättet ihr diesen mit dem andern nicht dividierten Gliede, nämlich mit 8 multiplicieret, so wäre abermal das Product 24 entstanden.

97. **Zweyte Anmerkung.** Wenn sich weder das zweyte noch das dritte Glied durch das erste genau dividieren läßt, so kann man doch zuweilen noch einen Vortheil anbringen. Er besteht in folgendem. Wenn ihr im ersten Anblicke der gegebenen drey Zahlen sehet, daß entweders das erste und dritte Glied, oder das erste und zweyte Glied sich genau und ohne Rest durch was immer für eine Zahl dividieren lassen, so dividieret beyde durch dieselbe: die Quotienten setzet anstatt der Anfangs gegebenen Zahlen, und verfahret mit ihnen nach Vorschrift der Regel. Also sehet ihr im zweyten oben gegebenen Exempel, daß das erste und zweyte Glied 3000 und 100 sich genau durch 100 dividieren lassen. Dividieret also beyde, die Quotienten sind 30 und 1: und so ihr diese anstatt der anfangs gegebenen Zahlen setzet, so werden die drey Glieder also stehen.

30 : 1 : : 150

Wenn ihr nun das zweyte und dritte Glied durch einander multiplicieret, und das Product 150 durch das erste dividieret, so entsteht der Quotient 5, der Zins von 100 Gulden, eben wie oben. Der ganze Vortheil, den man solcher Gestalt erhält, besteht in dem, daß man durch die vorgenommene Divisionen anstatt der Anfangs

gege-

gegebenen kleinere Zahlen bekömmt, mit welchen die in der Regel fürgeschriebene Multiplication und Division nicht so weitläuftig ist. Unterdessen ist eben dieser Vortheil insgemein nicht gar beträchtlich, und eben darum dörfet ihr nicht viel sorgfältig seyn denselben anzubringen.

98. Dritte Anmerkung. Wollet ihr erfahren, ob ihr im Rechnen keinen Fehler begangen habet, so multiplicieret das gefundene letzte Glied durch das erste, wie auch das zweyte Glied durch das dritte: sind beyde Producte einander gleich, so ist im Rechnen kein Fehler mit eingelaufen. Ich habe gesagt, die Gleichheit dieser zwey Producte beweise, daß ihr im Rechnen keinen Fehler begangen habet. Allein wenn ihr im Ansetzen der drey gegebenen Glieder gefehlet hättet, oder wenn ihr die gerade Regel Detri gebraucht hättet, da ihr die verkehrte hättet brauchen sollen, so würden beyde Producte einander gleich, und doch das gefundene letzte Glied zur Beantwortung der Frage fehlerhaft seyn. Wenn ihr also zu wissen verlanget, ob auch in diesen zweyen Stücken kein Fehler unterlaufen sey, so verändert die an euch gestellte Frage in etwas. Nehmet das gefundene vierte Glied als richtig an, und suchet eines aus den dreyen zuvor gegebenen. Findet ihr in dieser neuen Frage eben das, was zuvor gegeben war, könnet ihr daraus schließen, ihr habet in Auflösung der gegebenen Frage nicht gefehlet. Z. E. Ihr habet in dem ersten Exempel 24 Gulden für den Werth von 6 Ellen Tuchs

gefunden. Nun stellet die Frage also an: um 24 Gulden kann man 6 Ellen kaufen: wie viel kann man um 8 Gulden kaufen. Die Glieder werden also stehen.

24 : 8 :: 6

Das Product der zwey mittlern Gliedern ist 48: dieses durch 24 dividieret giebt zum Quotient 2: welches mit dem Anfangs gegebenen Gliede von 2 Ellen zutrifft. Ihr erkennet also, daß ihr keinen Fehler begangen habet.

99. Vierte Anmerkung. Wenn in einer Frage solche Glieder vorkommen, welche verschiedenes Gewicht u. s. f. anzeigen, so müsset ihr zuerst alles zur untersten Benennung bringen auf die Art, wie ihr §. 38. gelernet habet.

Exempel.

Was kosten 5 Pfunde und 30 Lothe einer gewissen Waare, wenn 1 Pfund derselben um 15 Gulden und 24 Kreutzer gekaufet wird? nachdem ihr alles zur untersten Benennung gebracht habet, werden die Glieder der Proportion also stehen.

Lothe Lothe Kreutzer

32 : 190 :: 924

Diese Frage gehöret zur geraden Regel De tri. Multiplicieret also 924 durch 190: das Product ist 175560: dieses dividieret durch 32: der Quotient $5486\frac{8}{32}$, oder $5486\frac{1}{4}$ ist der Werth von 5 Pfunden und 30 Lothen in Kreutzern ausgegedrückt: und wenn ihr diese zu Gulden machet (§. 39.) findet ihr 91 Gulden, 26 Kreutzer und $\frac{1}{4}$ oder 1 Pfenning.

Zweyte Regel.

100. Sehet ihr, daß die an euch gestellte Frage durch die verkehrte Regel Detri müsse beantwortet werden, so multiplicieret das dritte Glied durch das erste: das Product dividieret, durch das zweyte: der Quotient löset die Frage auf.

Exempel.

Wenn 6 Taglöhner eine gewisse Arbeit in 8 Tagen zu Stande bringen, wie lange haben 12 Taglöhner zu arbeiten? diese Frage gehöret zur verkehrten Regel. Die Glieder der Proportion stehen also

6 : 12 :: 8

Multiplicieret 8 durch 6: das Product 48 dividieret durch 12: der Quotient ist 4: und so viele Tage haben 12 Taglöhner zu arbeiten.

Zweytes Exempel.

1000 Soldaten haben an einem gewissen Vorrathe von Proviante 6 Monate zu leben: wie lange erklecket dieser Vorrath 500 Soldaten? Die Glieder stehen also

1000 : 500 :: 6

Multiplicieret 1000 durch 6: das Product 6000 dividieret durch 500: der Quotient 12 löset die Frage auf.

101. Anmerkung. Wenn ihr euch versichern wollet, ob ihr im Rechnen nicht gefehlet habet, so multiplicieret das zweyte und das neu gefundene vierte Glied durch einander; das Product muß dem Producte aus dem ersten und dritten gleich seyn. Oder noch besser: veränderet die Frage, wie §. 98. ist gesagt worden.

102. Zweyte Anmerkung. Wir haben §. 86. gesehen, daß eine jede verkehrte Proportion in eine gerade kann verändert werden, wenn man die Ordnung der zwey ersten Glieder umkehret. Ihr könnet also alle Fragen, die zur verkehrten Regel Detri gehören, durch die gerade Regel auflösen, wenn ihr nur zuvor jenes Glied, das die Frage angehänget hat, an das erste, jenes, welches von eben derselben Sache handelt, an das zweyte Ort setzet.

Sehet hier mehrere Exempel zur Uebung, in derer einigen die gerade, in andern die verkehrte Regel Detri muß gebraucht werden.

Erste Frage. Peter entlehnet von dem Paul 250 Gulden auf 6 Jahre, ohne dafür einen Zins zu bezahlen; doch verspricht er ihm gleichen Dienst zu erweisen, wenn er dessen würde bedürftig seyn. Nach Verlauf einiger Jahre begehret Paul von dem Peter 400 Gulden. Nun fraget man, wie lange Paul diese Geldsumme behalten darf, daß der Dienst, den er zuerst dem Peter erwiesen hat, genau ersetzet werde. Antwort: $3\frac{3}{4}$ Jahre.

Zwey-

Zweyte Frage. Wie viel Fracht oder Fuhrlohn muß für 5 Pfunde bezahlt werden, wenn 250 Pfunde um 7 Gulden und 30 Kreutzer sind überliefert worden? Antwort: 9 Kreutzer.

Dritte Frage. Ein Kreutzerbrod muß 6 Unzen schwer seyn, da der Scheffel Getreid 6 Gulden gilt. Wie viel muß ein Kreutzerbrod wägen, wenn der Scheffel um 4 Gulden 30 Kreutzer gekauft wird? Antwort: 8 Unzen.

Vierte Frage. Eine Wiese giebt 18 Pferden auf 7 Wochen genugsames Futter. Wie lange können von eben dieser Wiese 42 Pferde ernähret werden? Antwort: 3 Wochen.

Fünfte Frage. In einer Festung ist ein Vorrath von Proviante, daß 1000 Soldaten 6 Monate können ernähret werden. Nun aber giebt man Befehl, so viele Soldaten anderswohin zu verschicken, daß das Proviant dem Reste auf 10 Monate erklecke. Nun fraget man, wie viele Soldaten müssen verschicket werden. Diese Frage aufzulösen, setzet selbe Anfangs etwas verändert an, und fraget also: dieses Proviant erklecket 1000 Soldaten 6 Monate lang; wie vielen klecket es auf 10 Monate? Ihr findet, daß es 600 Soldaten auf 10 Monate erklecklich sey. Ziehet also diese 600 von 1000 ab, so habet ihr 400 die Anzahl deren, welche anderswohin zu verschicken sind.

Sechste Frage. 9 Ellen eines Tuchs, dessen Breite 3 Viertel ist, ist hinlänglich ein gewisses

wisses Kleid zu verfertigen. Wie viel Ellen brauchet man zu eben diesem Kleide von einem andern Tuche, dessen Breite 5 Viertel ist? Antwort: $5\frac{2}{5}$ Ellen.

Siebente Frage. 100 Gulden tragen in einem Jahre 5 Gulden Zins. Wie viel tragen 4500 Gulden ebenfalls in einem Jahre? Antwort: 225.

103. Anmerkung. Es giebt eine leichtere Art den Zins zu finden, welchen was immer für eine Summe Gelds jährlich trägt, wenn man 5 Gulden auf 100 rechnet. Sie ist diese. In der Zahl, welche die auf den Zins ausgelegte Summe ausdrücket, söndert das letzte Ziffer ab: die übrigen dividieret durch 2: der Quotient giebt die Gulden des Zinses. Das abgesönderte Ziffer samt dem Reste 1 (wenn in der Division durch 2 einer geblieben ist) zeiget Groschen an.

Exempel.

Wie viel tragen 375854 Gulden jährlich, wenn 100 Gulden 5 tragen? Das Ziffer 4 schneidet von den andern ab: die übrigen nämlich 37585 dividieret durch 2: der Quotient ist 18792, und bleibt noch 1 übrig. Dieses 1 setzet zum abgeschnittenen 4, so habet ihr 18792 Gulden und 14 Groschen als den verlangten Zins.

Zweytes Exempel.

Wie viel Zins habet ihr jährlich von 13683 Gulden zu fodern, wenn das Capital auf 5 für

100 ist ausgelegt worden? Das letzte Ziffer 3 werfet von den übrigen weg. Die andere nämlich 1368 dividieret durch 2: der Quotient ist 684 und bleibt kein Rest. Ihr habet also zu fodern 684 Gulden und 3 Groschen.

Achte Frage. Die Höhe eines Thurnes zu erfahren, hat einer die Sache also angestellet. Er hat beym hellen Sonnenschein die Länge des vom Thurne geworfenen Schattens gemessen, und hat selben 600 Schuhe lang befunden: er hat gleichfalls den Schatten, den sein genau 4 Schuhe langer Stecken geworfen, auf das genaueste abgemessen, und hat selben 9 Schuhe lang zu seyn gefunden. Nun verlanget er von euch zu wissen, wie hoch der Thurn sey. Stellet diese Proportion an. Wie sich der Schatten des Steckens verhält zum Schatten des Thurns, so verhält sich die Länge des Steckens zur Länge oder Höhe des Thurnes. Die Glieder der Proportion stehen also

9 : 600 : : 4

Ihr findet als das vierte Glied $266\frac{6}{9}$ oder $266\frac{2}{3}$. Der Thurn ist also $266\frac{2}{3}$ Schuhe hoch.

Neunte Frage. Eine Fläche, welche drey Quadratschuhe in sich hält, wird von der Luft mit einer Gewalt von 5952 Pfunden gedruckt. Wie stark wird also ein Mensch um und um von der Luft gedruckt? Dieses zu berechnen, ist zu merken, daß die Haut eines wohlgewachsenen Menschen, wenn sie in eine geradlinichte Fläche ausgebreitet würde, ohngefähr 20 Quadratschuhe erfüllen

wür-

würde. Stellet nun diese Proportion an: wie sich drey Quadratschuhe zu 20 Quadratschuhen verhalten, so verhält sich der Druck der Luft auf eine Fläche von 3 Schuhen, zum Drucke derselben auf eine Fläche von 20 Schuhen. Die Glieder stehen hiemit in dieser Ordnung.

3 : 20 :: 5952.

Ihr findet als das vierte Glied 39680. Ein recht gewachsener Mensch, wird also um und um von der Luft mit einer Gewalt von 39680 Pfunden gedruckt.

Zehente Frage. Das Licht kömmt von der Sonne zu uns innerhalb $7\frac{1}{2}$ Minuten, oder, wenn ihr, die Rechnung zu erleichtern, euch der Decimalzahlen bedienet, innerhalb 7,5 Minuten. Die Sonne ist aber von uns entfernet 18598360 deutsche Meilen. Nun sind die nächsten Sterne, wenigst 371967200000 deutsche Meilen weit von uns. Wie lange wird also das Licht brauchen, bis es von den nächsten Fixsternen zu uns kömmt? Stellet diese Proportion an: wie sich die Entfernung der Sonne verhält zur Entfernung der Sterne, so verhält sich die Zeit, welche das Licht zubringt, bis es von der Sonne zu uns fließt, zu der Zeit, welche es brauchet, um von den nächsten Sternen zu uns zu kommen. Die Ordnung der Glieder wird also diese seyn.

18598360 : 371967200000 :: 7,5

Ihr findet als das vierte Glied 150000000. Es verfließen also 150000000 Minuten ehe das Licht,

Licht, auch von den nächsten Sternen zu uns kömmt: und wenn ihr diese Minuten in Stunden und Tage veränderet, so bekommet ihr 1041 Tage und 16 Stunden, oder fast drey Jahre. Wenn ihr nun annehmet, wie es dann ziemlich wahrscheinlich ist, daß einige sehr kleine Sternlein tausendmal weiter von uns entfernet seyn, als die nächsten, so folget, daß das Licht dieser Sternlein fast 3000 Jahre später uns in die Augen fällt, als es von ihnen ausgeflossen ist.

Eilfte Frage. Der Schall durchläuft in einer Secunde 1038 Pariser Schuhe. Weil das Licht mit ungemeiner Geschwindigkeit sich bewegt, so kann man, ohne den geringsten Irrthum zu besorgen, annehmen, daß der Donnerknall eben in dem Augenblick in einer Wolke erzeuget werde, da man den Bliz siehet. Nun hat einer nach ersehenem Blitze 14 Pulsschläge, oder was fast eines ist, 14 Secunden gezählet, bis er den Donnerknall gehöret. Wie weit ist also die Wetterwolke von ihm entfernet? Die Ordnung der Glieder ist.

1 : 14 : : 1038

Das lezte Glied wird seyn 14532 Pariser Schuhe oder, weil 5000 Schuhe eine halbe Stunde machen fast anderthalb Stunden.

104. Durch diese Regel der Proportion können noch unzahlbare andere sowohl zur Naturlehre als zum Handel gehörige Aufgaben aufgelöset und beantwortet werden: daher sie mit Recht den Namen der goldenen Regel bekommen

men hat. Jedoch muß man allezeit, ehe man eine Frage durch diese Regel aufzulösen unternimmt, wohl acht haben, ob in der gesetzten Frage in der That eine Proportion statt habe, sonst könnte man zuweilen in einen Irrthum gerathen. Also wenn man fragen sollte wie geschwind eine 30 Schuhe tiefe Grube könne ausgegraben werden, wenn man in der ersten Stunde 4 Schuhe tief gegraben hat: ließ sich die Frage durch die Regel Detri nicht beantworten, weil die Arbeit immer schwerer wird, je tiefer man kömmt, und in doppelter Zeit nicht doppelt so weit, in dreyfacher Zeit nicht dreymal so tief kann gegraben werden: mit einem Worte, weil der Wachsthum der Tiefe dem Wachsthume der Zeit nicht proportional ist.

Dritter Abschnitt.

Vom Gebrauche der Proportion in Vergleichung des Gewichtes und der Maaßen von verschiedenen Ländern.

105. Es wäre sehr vorträglich, wenn alle Völker sich des nämlichen Maaßes und Gewiches bedienten. Allein diese sind so verschieden, daß fast kein Land ist, welches mit dem andern in Maaße und Gewichte vollkommen übereinkömmt. Es ist also höchst nothwendig, daß man die Maaße und Gewichte des einen Landes, zu den Maaßen und Gewichten des andern zu reducie-

ducieren wisse. Dieses kann füglich durch die Regel Detri geschehen. Bevor ich aber die Art dieser Reduction zu machen erkläre, will ich in folgenden Tabellen erklären, wie sich die Maaße und die Gewichte verschiedener Landschaften gegen einander verhalten.

Verhältniß der Ellen von verschiedenen Ländern.

100 Pariser Ellen machen

zu	Amsterdam	173½
zu	Antwerpen	171¼
	Avignon	100
	Augsburg	208¾
	Basel	208¾
	Barcellona	72¼
	Bergen	190¾
	Bern	216⅔
	Bourdeaux	101½
	Bretagne	85¾
	Bremen	208¾
	Breßlau	217⅓
	Brüssel	171¾
	Cadix	138¾
	Cambray	159½
	Castilien	138¾
	Cölln	208¾
	Constantinopel	178
	Coppenhagen	194¾
	Dresden	206¼
	Drontheim	190
	Dublin und Edimburg	130

zu

zu Florenz	199
Genua	$476\frac{4}{11}$ palmi

10 palmi machen in Seiden, 9 in Wolle, 8 in Leinwand 1 Canne.

Frankfurt	$208\frac{3}{4}$
Genf oder Genefe	104
Harlem	$173\frac{1}{2}$
Hamburg	$208\frac{3}{4}$
Haag	$173\frac{1}{2}$
Ostindien	260
Königsberg	$208\frac{3}{4}$
Lausanne	$111\frac{1}{9}$
Leiden	$173\frac{1}{2}$
Leipzig	$208\frac{3}{4}$
Lentzburg	$190\frac{1}{2}$
Lille	169
Lion	102
Lissabon	$173\frac{1}{2}$
Livorno	199
London in wollenen Stoffen	128
in Leinwand	100
Lübeck	208
Lucca	199
Lucern	$208\frac{3}{4}$
Madritt	$138\frac{3}{4}$
Mantua	$182\frac{1}{2}$
Marseille	100
Messina	59
Mayland in Wolle	177
in Seide	$222\frac{3}{4}$

zu Min-

zu Minden	288
Modena	$182\frac{1}{2}$
Montpellier	60
Nantes	$85\frac{3}{4}$
Neapel	$101\frac{1}{2}$
Neuschatell	107
Norwegen	$173\frac{1}{2}$
Nürnberg.	$173\frac{1}{2}$
Osnabrück	100
Palermo	59
Parma	$214\frac{3}{4}$
Picardie	145
Prag	$198\frac{1}{2}$
Riga	$210\frac{1}{4}$
Rochelle	100
Rom in Wolle	$173\frac{1}{2}$
in Leinwand	58
Rouan in Seide	100
in Leinwand	$83\frac{1}{3}$
Rußland	164
St. Gallen in Leinwand	$149\frac{1}{4}$
in Wollen	$194\frac{3}{4}$
Schweitz, Canton	208
Smirna	175
Stockholm	199
Strasburg	208
Toulouse	$66\frac{2}{3}$
Turin	$197\frac{1}{2}$
Valencia	130
Venedig in Tüchern	179
in Gold und Silber-stoff	190

zu	Unterwalden, Ury	208
	Wien	149
	Zopfingen	100
	Zürich	199
	Ulm	$208\frac{3}{4}$

Verhältniß der Gewichte verschiedener Landschaften.

100 Pfund zu Genf machen

zu	Achen	$117\frac{11}{16}$	
	Alicante	110	
	Amsterdam	$111\frac{11}{16}$	
	Antwerpen	$117\frac{11}{16}$	
	Archangel	$135\frac{5}{8}$	
	Augsburg	$112\frac{3}{8}$	schwer Gewicht.
		$116\frac{11}{16}$	leicht Gewicht.
	Avignon	135	
	Basel	$110\frac{1}{4}$	
	Bautzen	$127\frac{1}{4}$	
	Bergamo	190	leicht Gewicht.
		$76\frac{1}{4}$	schwer Gewicht.
	Bergen op Zoom	$109\frac{5}{8}$	
	Bergen	$107\frac{1}{8}$	
	Berlin	$117\frac{7}{8}$	
	Bern	$114\frac{3}{4}$	
	Besancon	$112\frac{1}{2}$	
	Bologna	$152\frac{1}{16}$	
	Bourgogne	$112\frac{1}{2}$	
	Bourdeaux	$112\frac{1}{4}$	
	Bremen	$112\frac{1}{16}$	
	Breslau	$136\frac{1}{8}$	

zu Brugges	117	
Braunschweig	$118\frac{3}{16}$	
Brüssel	$117\frac{11}{16}$	
Cadix	$120\frac{15}{16}$	
Cartagena	$113\frac{1}{2}$	
Cölln	$118\frac{3}{16}$	
Constantinopel	$43\frac{1}{2}$	
Coppenhagen	$117\frac{5}{8}$	
Cracau	$136\frac{1}{4}$	
Danzig	$126\frac{11}{16}$	
Dordrecht	$112\frac{1}{2}$	
Dublin	$109\frac{1}{8}$	
Dünkirken	$131\frac{13}{16}$	
Edimburg	$109\frac{1}{8}$	
Florenz	$162\frac{5}{8}$	
Frankfurt am Mayn	$118\frac{1}{8}$	
Gent	$118\frac{1}{8}$	
Genua	$103\frac{1}{2}$	groß Gewicht.
	$174\frac{1}{4}$	klein Gewicht.
Halle in Sachsen	118	
Hamburg	$113\frac{3}{4}$	
Königsberg	$144\frac{1}{16}$	alt Gewicht.
	$117\frac{1}{4}$	neu Gewicht.
Leipzig	$118\frac{3}{16}$	
Lille	$128\frac{1}{4}$	
Lindau	$120\frac{1}{8}$	
Lion	$131\frac{13}{16}$	
Lissabon	$120\frac{3}{16}$	
1 Arrob ist 32 Pfund.		
Livorno	$161\frac{15}{16}$	
London	122	
Lübeck	$114\frac{1}{8}$	

zu Lüttich	$118\frac{3}{4}$	
Lucca	$165\frac{3}{8}$	
Lüneburg	$113\frac{7}{16}$	
Madrit	$128\frac{1}{4}$	
Magdeburg	$117\frac{1}{2}$	
Mallaga	$120\frac{3}{16}$	
Mantua	$194\frac{5}{8}$	
Marseille	$133\frac{3}{8}$	
Meßina	175	leicht Gewicht.
	64	schwer Gewicht.
Modena	162	
Montpellier	135	
Moscau	$135\frac{7}{8}$	
München	$98\frac{3}{4}$	
Mexico	$120\frac{3}{8}$	
Nanci	$119\frac{1}{4}$	
Nantes	$111\frac{1}{2}$	
Neapel	$129\frac{15}{16}$	
Naumburg	$118\frac{1}{8}$	
Nürnberg	109	
Palermo	175	leicht Gewicht.
Paris	$112\frac{1}{2}$	
Petersburg	135	
Prag	$107\frac{3}{8}$	
Regenspurg	$98\frac{3}{8}$	
Reggio	170	
Riga	$131\frac{15}{16}$	
Rochelle	$111\frac{1}{2}$	
Rom	$163\frac{7}{8}$	leicht Gewicht.
	$64\frac{1}{2}$	schwer Gewicht.
Rotterdam	$112\frac{1}{2}$	
St. Gallen	$94\frac{3}{8}$	

zu St.

zu St. Malo	$112\frac{1}{2}$	
St. Sebastian	$112\frac{1}{2}$	
Salzburg	$98\frac{9}{16}$	
Saragossa	178	
Schaffhausen	$120\frac{1}{16}$	
Seviglia	119	
Smirna	$97\frac{7}{8}$	
Stettin	$123\frac{3}{4}$	
Stockholm	$131\frac{5}{8}$	
Strasburg	117	
Toulouse	$132\frac{3}{4}$	
Trieste	$98\frac{3}{16}$	
Turin	150	
Ulm	$117\frac{11}{16}$	
Valencia	$178\frac{1}{4}$	
Venedig	$115\frac{11}{16}$	groß Gewicht.
	183	klein Gewicht.
Verona	$110\frac{15}{16}$	groß Gewicht.
	$166\frac{9}{16}$	klein Gewicht.
Warschau	146	klein Gewicht.
Wien	$98\frac{3}{16}$	
Wittenberg	$117\frac{15}{16}$	
Zittau	$117\frac{15}{16}$	
Zürch	$104\frac{3}{8}$	
Zurzach	105	

Verhältniß der Schuhe einiger Länder gegen dem königlichen Pariser Schuhe.

Wenn der Pariser Schuhe in 1440 gleiche Theile abgetheilet wird, so hat

der Augsburgische	1313	
Babylonische	1633	solche Theile
Bononiensische	$1682\frac{2}{5}$	
Constantinopolitanische	1320	
Cracauer	1580	
Dänische	$1403\frac{2}{5}$	
Danziger	$1271\frac{1}{2}$	
Griechische	1380	
Hallische	1320	
alte Hebräische	$1590\frac{4}{7}$	
Leipziger gemeine	1251	
Leipziger Bauschuh	1253	
Lissaboner	1387	
Londensche	1350	
Nürnberger	1347	
Rheinländische	$1391\frac{3}{10}$	
alte Römische	1311	
Schwedische	1320	
Straßburger	$1282\frac{3}{4}$	
Venetianische	1540	
Wienerische	1420	

Verhältniß der vornehmsten europäischen Meilen.

Ein Grad des Aequaters hält in sich deutsche Meilen 15

gemeine Sächsische	$16\frac{1}{12}$
Dänische	12
kleine Englische	60
große Französische	20
kleine Französische	$25\frac{1}{2}$
Irrländische	48
Italienische	60
Moscowitische Werste	20
Persiacoische Meilen	20
Polnische	20
Portugiesische	$18\frac{1}{2}$
Schweitzerische	$11\frac{1}{4}$
Schwedische	12
Scotische	50
Spanische	$17\frac{1}{2}$
Türkische	60
Ungarische	12

Verhältniß des alten jüdischen Längen Maaßes gegen dem Pariser Schuh.

Wenn der Pariser Schuh in 1440 Theile abgetheilet wird, so hat dergleichen Theile

Digitus, oder Finger,	99,41
Palmus, oder Handbreit,	397,64
Spitama, Spanne	1192,93

Pes, Schuh	1590,57
Cubitus Communis, gemeine Elle	2385,85
Cubitus Sacer, heil. Elle	2783,49

Alte jüdische Münzen auf unser Reichsgeld reducieret.

Minutum	$\frac{9}{32}$	eines Pfennings
Quadrans	$\frac{9}{16}$	eines Pfennings
Assarius	$2\frac{1}{4}$	Pfenninge
Gerah	2	Kreutzer 1 Pf.
Denarius, oder Drachma	11	Kreutzer 1 Pf.
Didrachma, oder Siclus profanus	22	Kreutzer 2 Pf.
Siclus Sacer, oder Stater	45	Kreutzer
Minah, Mna, ein Pfund Silber	25	Reichsthaler
ein Pfund Gold	300	Reichsthaler
Ein Talent Silber	1500	Reichsthaler
Ein Talent Gold	18000	Reichsthaler

106. Wenn euch nun bekannt ist, wie sich die Ellen, die Gewichte, die Meilen, die Schuhe verschiedener Länder gegen einander verhalten, so könnet ihr durch Hülfe der Regel Detri gar leicht berechnen, wie viel was immer für eine Anzahl der Ellen, der Pfunde, der Meilen, der Schuhe eines Landes, in einem andern ausmachen. Ihr müsset die Sache also anstellen.

Schreibet jene Zahl, welche in der Tabelle bey jenem Lande steht, dessen Ellen, Pfunde u. s. f.

u. s. f. ihr reducieren wollet, als das erste Glied der Proportion: jene Zahl, welche in der Tabelle bey jenem Lande steht, zu dessen Ellen, Pfunden u. s. f. ihr die Reduction zu machen verlanget, setzet an das zweyte Ort: die Anzahl der Ellen, Pfunde u. s. f. welche sollen reducieret werden, setzet an das dritte Ort. Brauchet bey der Reduction der Ellen, Pfunde und Meilen die gerade: bey der Reduction der Schuhe aber die verkehrte Regel Detri: das also gefundene vierte Glied wird die Frage beantworten, In einigen Exempeln wird die Sache klar werden.

Erstes Exempel in Ellen.

Ein Kaufmann hat zu Amsterdam 200 Ellen eines gewissen Tuchs eingekauft. Wie viel machen diese Augsburger Ellen?

Suchet in der Tabelle die Stadt Amsterdam. Es steht dabey $173\frac{1}{2}$: schreibet diese Zahl als das erste Glied der Proportion. Suchet ebenfalls in der Tabelle der Ellen die Stadt Augsburg: ihr findet daneben $208\frac{3}{4}$: setzet diese Zahl als das zweyte Glied an. Die Anzahl der Ellen, welche sollen reducieret werden, ist 200: setzet diese Zahl an das dritte Ort. Die Glieder der Proportion werden demnach also stehen.

$$173\tfrac{1}{2} : 208\tfrac{3}{4} :: 200.$$

Oder, wenn ihr, um die Rechnung abzukürzen die gemeine Brüche in Decimalbrüche veränderet

$$173,5 : 208,75 :: 200$$

Die gerade Regel Detri giebt zum vierten Gliede 240,6. Es machen also 200 Amsterdamer Ellen 240,6 Augsburger Ellen, das ist, beynahe $240\frac{1}{2}$ Ellen.

Zweytes Exempel im Gewichte.

Ein Kaufmann hat zu Venedig 300 Pfunde Caffee gekauft. Wie viele Pfunde, schwer Gewicht, hat er zu Augsburg?

Neben Venedig steht in der Tabelle $115\frac{11}{16}$: neben Augsburg $112\frac{3}{8}$. Die Anzahl der Pfunde, welche sollen reducieret werden, ist 300. Die Glieder der Proportion werden demnach also stehen:

$$115\frac{11}{16} : 112\frac{3}{8} :: 300$$

Oder nach Reduction der gemeinen Brüche zu Decimalbrüchen

$$115,6875 : 112,375 :: 300$$

Die gerade Regel Detri giebt zum vierten Gliede 291,41. Es machen also 300 Venetianer Pfunde nicht gar $291\frac{1}{2}$ Augsburger Pfunde schwer Gewicht.

Drittes Exempel in Meilen.

350 spanische Meilen, wie viel machen sie deutsche?

In der Tabelle der Meilen steht bey Spanien $17\frac{1}{2}$, bey Deutschland 15: Die Zahl der Meilen, welche sollen reducieret werden, ist 350.

Die

Die Ordnung der Glieder der Proportion wird also diese seyn.

$$17\frac{1}{2} : 15 :: 350$$

oder $$17,5 : 15 :: 350$$

Die Auflösung durch die gerade Regel giebt 305,2 deutsche Meilen.

Viertes Exempel in Schuhen.

In Deutschland ist die mittlere Höhe des Barometers 26 Pariser Zolle und 9 Linien, oder 321 Pariser Linien. Wie viel beträgt seine mittlere Höhe im bononiensischen Schuhe?

In der Tabelle der Schuhe steht bey Paris 1440: bey Bononien $1682\frac{2}{5}$ oder 1682,4: Die Zahl der Linien, welche müssen reducieret werden ist 321. Die Ordnung der Glieder der Proportion wird also diese seyn.

$$1440 : 1682,4 :: 321.$$

Die Auflösung durch die verkehrte Regel giebt 275 Linien beynahe. Diese machen 22 Zolle und 11 Linien. Die mittlere Höhe des Barometers beträgt also 22 bononiensische Zolle und 11 Linien.

Auf gleiche Art können die jüdischen Längen Maaße, derer sich die heilige Schrift bedienet auf den Pariser, oder was immer für einen andern Schuhe reducieret werden. Ich will es in einem Exempel zeigen.

Im Buche der Schöpfung am sechsten Kapitel befiehlet Gott dem Noe eine Arche zu verfertifertigen, deren Länge 300 Ellen, die Breite 50, die Höhe 30 Ellen sey. Wie lang, breit und hoch war also die Arche in Pariser Schuhen gerechnet?

Bey einer gemeinen jüdischen Ellen findet ihr in der Tabelle 2385.85: der Pariser Schuh hat 1440 solche Theile. Die Anzahl der Ellen, welche sollen reducieret werden ist bey der Länge 300, bey der Breite 50, bey der Höhe 30. Die Ordnung der Glieder wird also in der dreymal gesetzten Proportion diese seyn:

2385,85 : 1440 :: 300
2385.85 : 1440 :: 50
2385,85 : 1440 :: 30

Die Auflösung durch die verkehrte Regel Detri giebt für die Länge 497,03: für die Breite 82,84: für die Höhe 49,69.

Wenn ihr die Reduction zu einem andern z. E. zum Augsburger Schuhe hättet machen wollen, so hättet ihr nur anstatt 1440 in den Proportionen setzen dürfen 1313, welche Zahl der Theile ihr in der Tabelle der Schuhe bey Augsburg findet.

107. **Anmerkung.** Daß ihr in diesen Reductionen die verkehrte Regel Detri brauchen müsset, werdet ihr leicht einsehen, wenn ihr bedenken wollet, daß, je kleiner der Schuhe ist, zu dem ihr die Reduction machen wollet, desto größer die Anzahl der Schuhe werden, das ist, je kleiner das zweyte Glied der Proportion ist, desto größer das vierte werden müsse.

108.

108. Wenn ihr eine gewisse Anzahl was immer für einer jüdischen Münze, welche in der heiligen Schrift oft vorkommen, auf das Reichsgeld reducieren wollet, dürfet ihr nur diese Proportion anstellen. Die Einheit muß das erste Glied seyn: die Anzahl der Münzstücke, die ihr reducieren wollet, das zweyte, die Anzahl der Pfenninge, Kreutzer oder Thaler, die ihr in der Tabelle, bey der gegebenen Münze findet, das dritte. Die Auflösung muß geschehen durch die gerade Regel: das also gefundene vierte Glied wird die Frage beantworten.

Exempel.

Der heilige Marcus saget am zwölften Kapitel, die arme Wittwe habe zwey Minuta geopfert, wie viel beträgt dieses in der Reichsmünze?

$1 : 2 :: \frac{9}{32} : \frac{18}{32}$ oder $\frac{9}{16}$ eines Pfennings.

Zweytes Exempel.

Bey Matthäus am 18. Kapitel heißt es, ein Knecht sey seinem Herrn 10000 Talente schuldig gewesen. Wie viel beträgt diese Schuld in der Reichsmünze, wenn es Talente im Silber: wie viel wenn es Talente im Golde gewesen?

$1 : 10000 :: 1500 : 15000000$ Reichsthaler

$1 : 10000 :: 18000 : 180000000$ Reichsthaler

Vierter Abschnitt.

Von der doppelten Regel Detri.

108. Man versteht unter der doppelten Regel Detri jene, durch welche die Fragen beantwortet werden, in welchen fünf Zahlen gegeben werden, und die sechste gesucht wird. Die Auflösung solcher Aufgaben geschieht gemeiniglich durch die zweymal wiederholte einfache Regel Detri. Man löset nämlich die gegebene Frage in zwo andere Fragen auf, derer eine jede sich durch die einfache Regel Detri beantworten läßt: und eben daher hat diese Regel den Namen der doppelten Regel Detri bekommen.

Es kann aber geschehen, daß zu der Auflösung der zwo einfachen Fragen beydemal die gerade Regel Detri; oder daß einmal die gerade, das anderemal die verkehrte Regel, oder daß beydemal die verkehrte Regel muß gebraucht werden.

Exempel.

Wenn aus 400 Gulden innerhalb 4 Jahren 80 Gulden Zins fliessen, wie viel fließt aus 3000 Gulden innerhalb 8 Jahren?

Diese Frage kann in folgende zwo einfachere aufgelöset werden. 4000 Gulden tragen 80 (nämlich innerhalb 4 Jahren, auf welche Zahl aber dießmal nicht acht gehabt wird) wie viel tragen 3000 Gulden in eben dieser Zeit? Wenn

ihr

ihr diese Frage durch die gerade Regel Detri auflöset, so findet ihr 600 Gulden. Hieraus entsteht nun die zweyte Frage. Innerhalb 4 Jahren trägt ein gewisses Kapital (nämlich 3000 Gulden, welche Zahl aber diesesmal nicht in die Rechnung gezogen wird) 600 Gulden: wie viel trägt eben dieses Kapital in 8 Jahren? Diese Frage muß wieder durch die gerade Regel beantwortet werden. Die Auflösung giebt 1200 Gulden. Und dieser ist der gesuchte Zins, den 3000 Gulden in 8 Jahren bringen.

Zweytes Exempel.

Wenn 4 Schocke Heues erklecklich sind 4 Pferde 8 Tage zu ernähren, wie lange können 16 Pferde mit 21 Schocken ernähret werden? Diese Frage läßt sich in folgende auflösen.

Erstens. 4 Pferde können mit einem gewissen Futter (nämlich 4 Schocken Heues, welches aber dießmal nicht in Betrachtung kömmt) 8 Tage ernähret werden: wie lange haben 16 Pferde an eben diesem Futter genugsame Nahrung? Diese Frage gehöret zur verkehrten Regel Detri, und man findet 2 Tage.

Zweytens. 4 Schocke Heues erklecken einer gewissen Anzahl Pferde auf 2 Tage: wie lange werden für eben diese Pferde 21 Schocke hinlänglich seyn? Diese Frage läßt sich durch die gerade Regel beantworten, und man findet $10\frac{1}{2}$ Tage. Es erklecken also 21 Schocke Heues für 16 Pferde auf $10\frac{1}{2}$ Tage.

Drit-

Drittes Exempel.

Man befürchtet in einer Festung eine Belagerung. Man hat Proviant für 3450 Mann auf 5 Monate eine Mundportion auf 20 Unzen gerechnet. Nun wird die Garnison auf 4000 Mann verstärket, und man soll mit dem vorigen Proviante auf 6 Monate ausreichen. Wie schwer wird nunmehr eine Mundportion seyn müssen?

Diese Frage läßt sich in folgende zwo einfache auflösen.

Erstens. Ein gewisser Vorrath von Proviant erkleckt für 3450 Mann auf 5 Monate: wie lange erkleckt eben dieses für 4000 Mann? Diese Frage gehöret zur verkehrten Regel: die Auflösung giebt $4\frac{5}{16}$ Monate.

Zweytens. Damit ein gewisser Vorrath von Proviante einer gewissen Anzahl Soldaten auf $4\frac{5}{16}$ Monate erklecke, muß die Mundportion 20 Unzen schwer seyn: wie schwer muß diese seyn, damit eben dieser Vorrath eben dieser Anzahl Soldaten auf 6 Monate erklecke? Diese Frage muß abermal durch die verkehrte Regel beantwortet werden. Ihr findet $14\frac{3}{8}$ Unzen.

Wenn eine solche Frage also in zwo einfache aufgelöset wird, ereignet sich nicht selten, daß in Auflösung der ersten Frage ein Bruch heraus kömmt; da man die Auflösung der zweyten Frage ziemlich beschwerlich wird. Um nun dieser Beschwerniß abzuhelfen, will ich eine andere allge-

allgemeine Regel fürschreiben, durch welche alle dergleichen Fragen, ohne in zwo aufgelöset zu werden, und folglich ohne mit Brüchen Arbeit zu bekommen, können beantwortet werden.

109. Bevor ich aber diese Regel erkläre, merket folgendes. In allen dergleichen Fragen, die zur doppelten Regel Detri gehören, haben jederzeit drey aus gegebenen Zahlen gleichsam eine Bedingniß bey sich: den zwoen andern ist die Frage angehänget. Also haben im ersten Exempel (wenn 400 Gulden in 4 Jahren 80 Gulden tragen, wie viel Zins bringen 3000 Gulden in 8 Jahren) die drey ersten Zahlen 400, 4, und 80 die Bedingniß bey sich: den zwoen letzten 3000 und 8 ist die Frage angehänget. Nun merket folgendes. Die drey Zahlen, welche die Bedingniß mit sich führen, schreibet in dieser Ordnung. Jene Zahl welche die Hauptursache des Gewinns, des Verlursts, der Wirkung, u. s. f. anzeiget, soll die erste seyn. Jene, welche eine Zeit, eine Entfernung oder einen andern Umstand bedeutet, setzet an den zweyten Platz. Jene endlich, die den Gewinn, den Verlurst, die Wirkung u. s. f. ausdrücket, soll am dritten Orte stehen. Die zwo Zahlen, denen die Frage angehänget ist, schreibet unter die drey oberen also, daß eine jede unter jene zu stehen komme, welche einerley Sache mit ihr anzeiget. Wenn alsdenn der letzte Platz in der unteren Reihe leer bleibt, so bedienet euch dieser Regel.

Erste Regel.

110. Multiplicieret durch einander die drey letzten Zahlen, das ist, die zwo der untern, und die letzte der obern Reihe. Das Product dividieret durch das Product der zwo ersten. In unserm ersten Exempel (§. 108.) wird die Sache also angehen.

Kapital		Jahre		Zins
400	:	4	:	80
3000	:	8		

Nun ist $8 \times 3000 \times 80 = 1920000$. das Product der zwo ersten ist $400 \times 4 = 1600$. Dividieret ihr 1920000 durch 1600, so ist der Quotient 1200: und dieser ist der gesuchte Zins, den 3000 Gulden in 8 Jahren tragen.

Bleibt aber in der untern Reihe der erste, oder der zweyte Platz leer, so beobachtet diese

Zweyte Regel.

111. Multiplicieret durch einander die zwo ersten und die letzte Zahl: das Product dividieret durch das Product der dritten und vierten. In unserm zweyten Exempel (§. 108.) wird es also gehen.

Pferde		Tage		Schocke
4	:	8	:	4
16	:			21

Nun ist $4 \times 8 \times 21 = 672$ das Product aus den zwo ersten, und aus der letzten.
$4 \times 16 = 64$ das Product aus der dritten und vierten.

Divi=

Dividieret ihr das erste Product durch das zweyte, so ist $10\frac{1}{2}$ der Quotient und zugleich die gesuchte Anzahl der Tage.

Wenn endlich aus allen gegebenen Zahlen keine die Wirkung anzeigt, sonder lauter Umstände, welche zur Wirkung beytragen, so beobachtet diese

Dritte Regel.

Multiplicieret durch einander die drey Zahlen der obern Reihe, und die zwo der unteren gleichfalls durch einander: dividieret das erste Product durch das zweyte. In unserm dritten Exempel §. 108, ist keine Wirkung gegeben, denn die Wirkung ist die Verzehrung einer gewissen Menge Proviants, welche aber nicht gegeben ist; alles was gegeben ist, die Anzahl der Soldaten, die Länge der Zeit, die Größe einer Mundportion trägt zu dieser Wirkung bey. Verfahret hiemit also

Soldaten		Monate		Unzen
3450	:	5	:	20
4000	:	6		

$3450 \times 5 \times 20 = 345000$ das Product der drey ersten.

$4000 \times 6 \times 24000$ - - das Product der zwo letzten.

$\frac{345000}{24000} = 14\frac{9}{24} = 14\frac{3}{8}$ Schwere einer Mundportion.

112. Man könnte diese doppelte Regel Detri kürzer also geben. Schreibet die Glieder, welche

die Bedingniß bey sich haben in der ersten Reihe, in was immer für einer Ordnung: die Glieder denen die Frage angehänget ist, schreibet in der zweyten Reihe, wieder in beliebiger Ordnung. Multiplicieret alle Glieder der ersten Reihe, welche zur Hervorbringung der Wirkung etwas beytragen, mit jenem Glied der zweyten Reihe, welches die Wirkung anzeiget. Wenn dieses Glied in der zweyten Reihe mangelt, so werden nur die besagten Glieder der ersten Reihe durch einander multiplicieret. Multiplicieret gleichfalls alle Glieder der zweyten Reihe, welche zur Hervorbringung der Wirkung dienen, durch jenes, welches in der ersten Reihe die Wirkung anzeiget. Dividieret jenes Product, welches aus mehrern Factoren entstanden ist, durch jenes, welches einen weniger hat.

Diese Regel ist allgemein, und dienet alle dergleichen Fragen aufzulösen. Sie hat noch dazu diesen Vortheil, daß sie sich auch für jene Aufgaben schicket, in denen nicht nur fünf, sondern sieben, neun, oder was immer für eine Anzahl der Glieder gegeben wird. Die einzige Beschwerniß besteht in dem, daß ihr jenes Glied, welches die Wirkung anzeiget, zu erkennen wisset. Dieses werdet ihr zum Besten in einigen Exempeln lernen. Ihr könnet aber diese folgende Exempel auch auf die vorbeschriebene zwo Arten auflösen, ihr werdet immer die nämliche Auflösung bekommen.

Erste

Erste Aufgabe. Ein Stück Tapezeren, 8 Ellen lang, und 6 Ellen breit, wird mit 12 Gulden bezahlt. Wie hoch wird ein anderes dergleichen Stück kommen, das 20 Ellen lang, und 10 Ellen breit ist?

Der Werth des Tuchs ist die Wirkung; denn dieser wird durch die Breite und Länge desselben verursachet. Diese Aufgabe wird demnach aufgelöset werden, wie ihr hier sehet

Länge		Breite		Gulden
8	:	6	:	12
20	:	10		

$8 \times 6 = 48$ - - - das erste Product

$20 \times 10 \times 12 = 2400$ das zweyte Product

$\frac{2400}{48} = 50$ der verlangte Werth.

Zweyte Aufgabe. Da ein Gang in einer Mühle binnen 1 Tag 12 Scheffel mahlen kann: wie viel wird eine Mühle, die aus 18 Gängen besteht, in einem Jahre, das ist, in 365 Tagen Mehl liefern?

Die Wirkung ist die Anzahl der Scheffel, welche gemahlen werden. Die Auflösung wird also diese seyn.

Gang	Tag	Scheffel
1 :	1 :	12
18 :	365	

$1 \times 1 = 1$ das erste Product

$12 \times 18 \times 365 = 78840$ das zweyte

$\frac{78840}{1} = 78840$ die verlangte Anzahl der Scheffel.

Dritte Aufgabe. 6 Wägen mit Wein beladen, 9 Meilen weit zu führen kostet 72 Gulden. Wie groß wird also der Unkosten seyn, wenn 27 dergleichen Wägen 15 Meilen weit sollen geführet werden?

Der Fuhrlohn, 72 Gulden ist die Wirkung: die Auflösung geschieht hiemit also.

Wägen	Meilen	Gulden
6 :	9 :	72
27 :	15	

$6 \times 9 = 54$ das erste Product

$27 \times 15 \times 72 = 29160$ das zweyte

$\frac{29160}{54} = 540$ der gesuchte Fuhrlohn.

Vierte Aufgabe. Wenn einem jeden Soldaten monatlich 4 Gulden gereichet werden, wie groß wird der Aufwand für 4000 Soldaten in 4 Jahren seyn?

Soldat	Monat	Gulden
1 :	1 :	4
4000	48	

$1 \times 1 = 1$ das erste Product

$4000 \times 48 \times 4 = 768000$ das zweyte

$\frac{768000}{1} = 768000$ der gesuchte Aufwand.

Fünfte Aufgabe. 100 Soldaten verzehren in 3 Wochen 21 Centner Fleisch. Wie viele können mit 63 Centner 5 Wochen lang erhalten werden?

Die Anzahl der Centner Fleisch, welche verzehret werden, ist die Wirkung. Die Auflösung wird demnach diese seyn.

Soldaten	Wochen	Centner
100 :	3 :	21
	5	63

$100 \times 3 \times 63 = 18900$ das erste Product

$5 \times 21 = 105$ - - das zweyte

$\frac{18900}{105} = 180$ die gesuchte Anzahl der Soldaten.

Sechste Aufgabe. 10 Schnitter schneiden in 5 Tagen 30 Jocharte. Wenn nun 25 gedungen werden, wie bald werden sie mit 40 Jocharten fertig seyn?

Die Anzahl der Jocharten, die geschnitten werden, ist die Wirkung. Die Auflösung geht demnach also:

Schnitter	Tage	Jocharte
10 :	5 :	30
25 :		40

$10 \times 5 \times 40 = 2000$ das erste Product
$25 \times 30 = 750$ - - das zweyte

$$\frac{2000}{750} = 2\tfrac{500}{750} = 2\tfrac{2}{3} \text{ Tage.}$$

Siebente Aufgabe. Wenn eine gewisse Maaße Getreides um 96 Gulden gekauft wird, so müssen die Bäcker aus obrigkeitlichem Befehl ein 3 Pfunde schweres Brod um 12 Kreutzer geben. Wie schwer muß also ein Brod für 30 Kreutzer seyn, da eben selbe Maaße Getreides um 165 Gulden gekaufet wird?

Der Werth des Brods ist die Wirkung. Die Auflösung wird hiemit diese seyn.

Gulden	Pfund	Kreutzer
96 :	3 :	12
165 :		30

$96 \times 3 \times 30 = 8640$ das erste Product
$165 \times 12 = 1980$ das zweyte

$$\frac{8640}{1980} = 4\tfrac{720}{1980} = 4\tfrac{4}{11}$$ die gesuchte Schwere.

Achte Aufgabe. Eine Stadt, in welcher 1000 Soldaten, ist mit 200 Fässern Mehl auf 6 Monate genugsam versehen: es werden ihr aber noch 80 dergleichen Fässer zugeschickt, zugleich aber der Befehl, so viel Besatzung noch darzu

darzu zu nehmen, daß sie auf 7 Monate versehen sey.

Die Wirkung ist die Anzahl der Fässer Mehl, welches von den Soldaten verzehret wird.

Soldaten	Fässer	Monate
1000 :	200 :	6
	280 :	7

$1000 \times 6 \times 280 = 1680000$ das erste Product

$200 \times 7 = 1400$ - - das zweyte

$\frac{1680000}{1400} = 1200$. Die Anzahl der Soldaten, welche mit 280 Fässern auf 7 Monate können erhalten werden. Die Stadt muß also noch 200 Mann Besatzung einnehmen.

Neunte Aufgabe. Wenn eine Mauer, die 20 Schuhe lang, 11 Schuhe hoch, und $2\frac{1}{2}$ Schuhe dick, 400 Reichsthaler zu stehen kömmt; was wird eine andere dergleichen kosten, welche 36 Schuhe lang, 15 hoch und 3 dicke werden soll?

Die Wirkung ist der Werth der Mauer.

Länge	Höhe	Dicke	Reichsthaler
20	11	2,5	400
36	15	3	

$20 \times 11 \times 2,5 = 550$ das erste Product

$36 \times 15 \times 3 \times 400 = 648000$ das zweyte

$\frac{648000}{550} = 1178\frac{10}{55} = 1178\frac{2}{11}$ Reichsthaler.

Zehente Aufgabe. Ein gewisses Werk vollenden 20 Arbeiter in 15 Tagen, wenn ein jeder täglich 8 Stunde arbeitet. Wie bald werden mit eben diesem Werke 30 Arbeiter fertig werden, wenn ein jeder täglich 10 Stunde der Arbeit obliegет?

Die Wirkung in dieser Aufgabe ist die Größe des Werkes, welches die Taglöhner vollenden müssen. Diese wird aber in der Aufgabe nicht angezeiget: alles was gegeben ist, nämlich die Anzahl der Tagelöhner, die Tage und Stunden der Arbeit, tragen zur Vollendung dieses Werkes bey. Weil nun die Größe des zu vollendenden Werkes beydemal die nämliche gesetzet wird, so könnet ihr für selbe was immer für eine Zahl setzen. Die geschickteste hierzu ist die Einheit, weil sie in der Multiplication gar keine Arbeit machet. Die Auflösung der gegebenen Frage wird hiemit also geschehen.

Arbeiter		Tage		Stunden		das Werk
20	:	15	:	8	:	1
30	:			10	:	1

$20 \times 15 \times 8 \times 1 = 2400$ das erste Product

$30 \times 10 \times 1 = 300$ - das zweyte

$\frac{2400}{300} = 8$ die gesuchte Anzahl der Tage.

Fünfter Abschnitt.
Von der Gesellschaftsregel.

113. Diese Regel hat besonders ihren Nutzen bey den Kaufleuthen. Wenn mehrere Kaufleuthe mit einander in eine Gesellschaft treten, und eine gewisse Summe Gelds zusammen schießen, welche auf die Handlung verwendet wird, so ist offenbar, daß der Gewinn, welchen die ganze zusammen geschossene Summe bringet, unter die Glieder der Gesellschaft nach Maaß dessen, was ein jeder hergeschossen hat, muß ausgetheilet werden. Es ist also die Gesellschafts-Regel nichts anders als eine so oft wiederholte Regel Detri, als viele Glieder der Gesellschaft sind. Die Glieder dieser Proportionen sind die ganze von allen zugleich zusammen geschossene Summe: die Summe, welche ein jeder sonderheitlich gegeben hat: und der allgemeine Gewinn. Aus diesen dreyen Gliedern wird alsdenn das vierte, nämlich der sonderheitliche Gewinn eines jeden gesucht. Denn wie die ganze von allen zugleich zusammen geschossene Summe sich verhält zur Summe eines jeden: so verhält sich der allgemeine ganze Gewinn zum sonderheitlichen Gewinn eines jeden. Ich will alles kurz in einigen Exempeln zeigen.

Drey Kaufmänner treten zusammen in eine Gesellschaft, wir wollen sie A, B und C heißen. Der erste A giebt 300 Gulden: der zweyte B

500 Gulden: der dritte C 800 Gulden. Sie erhalten einen Gewinn von 160 Gulden. Wie viel trifft nun einem jeden?

Addieret alles zusammen geschossene Geld in eine Summe; sie wird 1600 Gulden ausmachen. Wiederholet die Regel Detri dreymal also: daß die von allen zusammen geschossene Geldsumme jederzeit das erste Glied, die Summe, welche ein jeder besonders gegeben, das zweyte, der allgemeine Gewinn das dritte Glied ausmache. Hieraus werden folgende drey Proportionen entstehen.

1600 : 300 :: 160 : 30 der Gewinn des ersten A
1600 : 500 :: 160 : 50 der Gewinn des zweyten B
1600 : 800 :: 160 : 80 der Gewinn des dritten C

114. Wenn es euch zu beschwerlich fällt, die Regel Detri so oft zu wiederholen, so könnet ihr die Sache also anstellen. Suchet durch die Regel Detri den Gewinn, der sich für einen Gulden schicket. Alsdenn multiplicieret diesen mit der Summe der Gulden, welche ein jeder besonders gegeben hat, so habet ihr den Gewinn eines jeden. Wobey doch zu merken ist, daß, wenn der Gewinn, der auf einen Gulden gehöret, nicht genau durch eine ganze Zahl ausgedrückt werden kann (welches dann insgemein geschieht) man den angehängten Bruch durch die sonderheitliche Summe gleichfalls multiplicieren, (welches doch sehr mühsam ist) oder aber den Gewinn für einen Gulden in Decimalzahlen so genau suchen

muß,

muß, daß der Fehler auch nach der Multiplication mit der von jedem hergeschossenen Summe noch nicht zu achten sey (§. 80.). Diese Art hat einen nicht geringen Vortheil, wenn viele Glieder der Gesellschaft sind. Ich will in dem oben angeführten Exempel die Anwendung machen.

Damit ihr den Gewinn findet, der für einen Gulden gehöret, saget also: wie die Summe des von allen zugleich hergeschossenen Gelds nämlich 1600 sich verhält zu 1, so verhält sich der allgemeine Gewinn 160 zu dem Gewinne, der für einen Gulden gehöret. Ihr findet, daß dieser Gewinn 0, 1 oder der zehente Theil eines Guldens sey. Multiplicieret nun dieses mit den Particularsummen eines jeden Glieds der Gesellschaft, so habet ihr den verlangten Gewinn eines jeden.

$0,1 \times 300 = 30$ der Gewinn des ersten A

$0,1 \times 500 = 50$ der Gewinn des zweyten B

$0,1 \times 800 = 80$ der Gewinn des dritten C

115. Wenn die Glieder der Gesellschaft ihre Gelder nicht auf eine gleiche, sondern verschiedene Zeit hergegeben hätten, so müßte man in Berechnung des Gewinns auch auf diese Zeit eine Rücksicht haben; denn wer sein Geld auf längere Zeit zur Handlung giebt, foderet billig mehr Gewinn, als wenn er es auf eine kürzere Zeit hergeschossen hätte. Ja wer 100 Gulden auf drey Jahre hergiebt, erwartet eben so viel Gewinn, als wenn er 300 Gulden auf ein Jahr gegeben

hät-

hätte. Aus diesem folget, daß das Geld eines jeden durch die Zeit muß multiplicieret werden, auf welche er solches hergeschossen hat.

Ist dieses geschehen, so geht die ganze übrige Berechnung, wie oben ist gesagt worden. Dieses allein habet ihr dabey zu merken, daß ihr das erste Glied der Proportionen zu bekommen, nicht die Gelder, welche die Glieder der Gesellschaft hergeschossen haben, sondern die mit der Zeit schon multiplicierten Gelder in eine Summe addieren müsset. Wir wollen es in einem Exempel sehen.

Drey Kaufmänner A, B, C haben eine Gesellschaft errichtet. Der erste A hat 65 Gulden auf acht Monate gegeben: der zweyte B 78 Gulden auf ein Jahr oder zwölf Monate: der dritte C 84 Gulden auf sechs Monate. Sie haben zusammen 166 Gulden gewonnen. Wie groß ist der Gewinn eines jeden?

Das Geld des ersten	A	$65 \times 8 =$	520
des zweyten	B	$78 \times 12 =$	936
des dritten	C	$84 \times 6 =$	504
Die Summe			1960

Es entstehen also diese drey Proportionen.

	fl.	X.	Ḍ.	
1960 : 520 :: 166 : 44,04 =	44.	2.	2	beynahe
1960 : 936 :: 166 : 79,27 =	79.	16.	1	
1960 : 504 :: 166 : 42,69 =	42.	41.	1	

116. Wenn ihr euch der §. 114. vorgeschriebenen Weise bedienen wollet, so suchet zuerst den Gewinn, der für 1 Gulden gehöret. Zu diesem Ende müsset ihr 166 durch 1960 dividieren: den Quotient müsset ihr wenigst in sechs Decimalziffern suchen (§. 80.). Ihr findet 0,084694: multiplicieret diesen mit den durch die Zeit schon multiplicierten Geldern, so bekommet ihr den Gewinn eines jeden.

0,084694 × 520 = 44,04 der Gewinn des ersten.

0,084694 × 936 — 79,27 der Gewinn des zweyten.

0,084694 × 504 — 42,68 der Gewinn des dritten.

117. Die Probe über dergleichen Berechnungen zu machen, dörfet ihr nur die Gewinne aller Glieder der Gesellschaft addieren, ist die Summe dem allgemeinen Gewinne gleich, so ist die Rechnung richtig.

118. Wie der Gewinn, so muß auch der Verlurst, wenn in der Handelschaft einer ist, gelitten worden, unter die Glieder der Gesellschaft nach Maaß dessen, was ein jeder in die Handelschaft gelegt, abgetheilet werden. Es wird genug seyn, wenn ich dieses in einem einzigen Exempel zeige.

Vier Kaufleuthe befinden sich auf einem Schiff, die wir A, B, C, D nennen. Bey gähling entstandenen Sturmwetter muß der erste A seine

Gü-

Güther, derer Werth auf 1000 Reichsthaler geschätzet wird, in das Meer werfen, um also das Schiff zu erleichtern und vom Untergange zu erretten. Des zweyten B durch diese Erleichterung des Schiffes erhaltene Güther belaufen sich auf 4000 Reichsthaler: des dritten C auf 6400 Reichsthaler: des vierten D auf 5600 Reichsthaler, und der Herr des Schiffes E, der gleichfalls sein Schiff dadurch erhalten, schätzet selbiges 3000 Reichsthaler, wie viel würde ein jeder von den letzten vieren dem ersten A zurück geben, und wie viel dieser über sich selbst müssen gehen lassen.

Addieret alle Einlagen in eine Summe, sie wird 20000 Reichsthaler seyn. Der allgemeine Verlurst beläuft sich auf 1000 Reichsthaler, nun saget: wie sich die Summe aller Einlagen, zur sonderlichen Einlage eines jeden, so verhält sich der allgemeine Verlurst zum sonderheitlichen Verlurst eines jeden. Ihr werdet hiemit diese fünf Proportionen haben.

20000	:	1000	::	1000	:	50	Verlurst des ersten A
20000	:	4000	::	1000	:	200	Verlurst des zweyten B
20000	:	6400	::	1000	:	320	Verlurst des dritten C
20000	:	5600	::	1000	:	280	Verlurst des vierten D
20000	:	3000	::	1000	:	150	Verlurst des Schiffsherrn E,

Sechs-

Sechster Abschnitt.

Von der Verbindungsregel.

119. Dieser bedienet man sich, wenn man verschiedene Waaren, als verschiedene Weine, verschiedenes Getreid u. d. g. unter einander mischen will. Es giebt zwo Gattungen dieser Regel: eine wird die mittlere genannt; die andere die wechselnde.

120. Durch die mittlere Verbindungsregel suchet man den Werth einer gewissen Maaße der ganzen Mischung aus den sonderheitlichen Maassen und Werthen der Sachen, welche vermischet worden. Es geschieht auf folgende Art.

Addieret alles, was unter einander soll vermischet werden, in eine Summe, wie auch alle sonderheitliche Werthe in eine andere Summe. Alsdenn saget: wie die erste Summe sich verhält zu der andern, also verhält sich eine gewisse Maaße der Mischung zu ihrem Werthe.

Exempel.

15 Scheffel Weitzens werden mit 12 Scheffeln Rockens vermischet. Der Scheffel Weitzens kostet 7 Gulden: der Scheffel Rockens 5 Gulden: wie viel wird ein Scheffel des vermischten Getreides werth seyn?

Addieret 15 zu 12: die Summe ist 27. Multiplicieret 15 durch 7: das Product 105 ist der Werth des Weitzens, der in die Mischung kömmt. Multiplicieret 12 durch 5: das Product 60 ist der Werth des Rockens, welcher in die Mischung kömmt. Addieret beyde Producte 105 und 60 zusammen: die Summe 165 ist die Summe der Werthe aller Sachen, welche vermenget werden.

Nun saget 27 : 165 :: 1 : $6\frac{1}{9}$ dieses ist der Werth eines Scheffels der Mischung.

Zweytes Exempel.

Ein Wirth hat dreyerley Wein. Eine Maaß des ersten gilt 16 Kreutzer: eine Maaß des zweyten 20 Kreutzer: des dritten 26 Kreutzer. Nun vermischet er 60 Maaße des ersten mit 120 des andern, und mit 150 des dritten. Wie theuer kömmt eine Maaß des vermischten Weins? die ganze Berechnung wird also stehen.

$16 \times 60 = 960$	Der Werth der ersten Gattung.
$20 \times 120 = 2400$	Der Werth der zweyten Gattung.
$26 \times 150 = 3900$	Der Werth der dritten Gattung.
330 - - - -	Die Summe der Maaßen aller unter einander gemischten Weine.
7260 - - -	Die Summe der Werthe.

Nun saget 330 : 7260 :: 1 : 22. Dieses ist der Werth einer Maaß der Mischung.

Die wechselnde Verbindungsregel hat drey verschiedene Fälle.

121. Erster Fall. Man giebt den Werth einer gewissen Maaß einer jeden Sache, die in die Mischung kommen soll: man giebt auch den Werth der nämlichen Maaß der Mischung. Man suchet daraus, wie viel von einer jeden Sache in die Mischung kommen müsse.

Exempel.

Wenn der Scheffel Weitzens 8 Gulden, der Scheffel Rockens 5 Gulden kostet, wie viel muß Rocken, wie viel Weitzen genommen werden, daß eine solche Mischung entstehe, von welcher der Scheffel 6 Gulden werth sey?

Schreibet den mittlern Werth der Mischung (denn dieser muß allezeit zwischen den Werthen der zu vermischenden Sachen seyn, sonst wäre die Aufgabe unmöglich) und die Werthe der zu vermischenden Sachen, wie ihr hier sehet.

Der Werth der Mischung 6 $\begin{cases} 8 \text{ der Werth des Weitzens.} \\ 5 \text{ der Werth des Rockens.} \end{cases}$

Alsdenn nehmet die Differenzen zwischen dem Werthe einer jeden Sache, die in die Mischung kömmt, und dem Werthe der Mischung, und schreibet diese Differenzen verwechselt an. Eben diese Differenzen sind die Maaße der zu vermischenden Sachen. Sehet es hier in unserm Exempel

$6\begin{cases} 8 \\ 5 \end{cases}$ | $6-5=1$ die Menge des Weitzens.
| $8-6=2$ die Menge des Rockens.

122. Anmerkung. Nicht allein die Zahlen, welche auf diese Art erhalten werden, dienen zur Auflösung der gesetzten Frage, sondern auch alle andern, welche ein gleiches Verhälteniß gegen einander haben. Also könnte man unter 2 Scheffel Weitzen 4 Scheffel Rocken, unter drey Scheffel Weitzen 6 Scheffel Rocken, u. s. f. mischen. Ein Scheffel der Mischung würde allezeit 6 Gulden werth seyn.

123. Anmerkung. Damit ihr folgende Aufgabe besser verstehet, so merket. Die Goldarbeiter pflegen die Schwere des Goldes und Silbers durch Marke auszudrücken. Eine Mark hat 16 Lothe. Wenn man nun saget, dieses sey ein sechzehnlöthiges, ein vierzehn, fünfzehn, achtlöthiges Silber, so ist es also zu verstehen. Die Mark von der ersten Gattung des Silbers habe 16 Lothe Silbers, und sey folglich pur, und ohne einigen Beyschlag: die Mark von der zweyten Gattung habe 14 Lothe Silbers und 2 Lothe Beyschlag von Erze oder Kupfer: die Mark von der dritten Gattung habe 15 Lothe Silbers, ein Loth Beyschlag: die Mark von der letzten Gattung habe 8 Lothe Silbers, und 8 Lothe Beyschlag u. s. f.

124. Wenn mehrere als zweyerley Sachen sollen unter einander vermischet werden, werden einige ihrem Werthe nach den Werth, den die Mischung haben soll, übertreffen: der Werth der andern wird kleiner seyn, als der Werth der Mischung. In diesem Falle dann müsset ihr allezeit

lezeit eine Sache vom größern und eine vom geringern Werthe mit dem mittlern Werthe der Mischung vergleichen, und die Differenzen wechselweise, wie oben ist erkläret worden, anschreiben: und dieses so lange, bis ihr alle zu vermischende Sachen, mit dem mittlern Werthe der Mischung verglichen habet. Da es dann nicht selten sich ereignen wird, daß neben der nämlichen Sache mehre Differenzen zu stehen kommen. Diese müsset ihr alsdenn alle addieren; die Summe zeiget die Menge an, welche von selber Sache in die Mischung kommen muß. In einem Exempel wird die Sache klar werden.

Ein Goldschmied hat dreyerley Silber: eines ist 13 löthig: das zweyte 15 löthig: das dritte 10 löthig. Aus diesen möchte er ein 12 löthiges erhalten. Wie viel muß er von jeder Gattung haben?

Vergleichet zuerst das 13 und 10 löthige mit der Mischung, die 12 löthig werden soll, wie ihr hier sehet

12	13	12 — 10 = 2
	10	13 — 12 = 1

Vergleichet zweytens das 15 und 10 löthige mit der 12 löthigen Mischung, wie hier zu sehen.

12	15	12 — 10 = 2
	10	15 — 12 = 3

Ihr habet also bey dem 10 löthigen Silber, als welches zweymal in die Vergleichung gekommen ist, zwo Differenzen, nämlich in der ersten Vergleichung 1: in der zweyten 3. Addieret beyde zusammen; die Summe 4 zeiget euch, wie viel vom 10 löthigen Silber zu nehmen sey. Er muß nämlich 4 Marke vom 10 löthigen, 2 Marke vom 15 löthigen, und 2 Marke vom 13 löthigen Silber nehmen, so wird er eine 12 löthige Mischung erhalten.

125. Anmerkung. Ich habe schon oben gesagt, man könne die Menge oder die Maaß der zu vermischenden Dinge nach Belieben abändern, wenn nur unter allen Dingen, die in die Mischung kommen, eben die Proportion gehalten wird, die ihr in der Auflösung gefunden habet. Also könnte der Goldschmied anstatt der Marke Unzen, Lothe, oder was immer für ein Gewicht brauchen. Er könnte unter 4 Unzen des 10 löthigen Silbers 2 Unzen des 15, und 2 des 13 löthigen mischen. Die Mischung würde allezeit 12 löthig seyn. Eben dieses ist von allen folgenden Exempeln zu verstehen.

Drittes Exempel. Ein Wirth will vier Weine unter einander mischen: eine Maaß des ersten kostet 20 Kreutzer: eine Maaß des zweyten gilt 18 Kreutzer; eine Maaß des dritten 10 Kreutzer: eine des vierten 11 Kreutzer. Wie viel muß er von jeder Gattung nehmen, damit eine Maaß der Mischung 15 Kreutzer werth sey?

Vergleichet erstens den um 20 und den um 11 mit dem mittlern Werthe 15 der Mischung, wie ihr hier sehet.

$$15 \begin{cases} 20 \\ 11 \end{cases} \begin{vmatrix} 15-11=4 \\ 20-15=5 \end{vmatrix}$$

Vergleichet zweytens den um 18 und den um 10 mit dem mittlern Werthe 15 der Mischung wie hier zu sehen ist.

$$15 \begin{cases} 18 \\ 10 \end{cases} \begin{vmatrix} 15-10=5 \\ 18-15=3 \end{vmatrix}$$

Er muß also nehmen 4 Maaße von dem, der 20 Kreutzer gilt; 5 Maaße von dem um 11 Kreutzer: 5 Maaße von dem, der 18 Kreutzer werth ist: und endlich 3 Maaße von dem, der 10 Kreutzer gilt.

Ihr hättet die Vergleichung auch in einer andern Ordnung anstellen können. Ihr hättet zuerst den um 20 Kreutzer und den um 10 Kreutzer mit dem mittlern Werthe 15 der Mischung vergleichen können, wie hier

$$15 \begin{cases} 20 \\ 10 \end{cases} \begin{vmatrix} 15-10=5 \\ 20-15=5 \end{vmatrix}$$

und alsdenn hättet ihr den um 18 Kreutzer und den um 11 gegen dem mittlern Werthe 15 der Mischung halten können, wie hier

$$15 \begin{cases} 18 \\ 11 \end{cases} \begin{vmatrix} 15-11=4 \\ 18-15=3 \end{vmatrix}$$

Wenn also der Wirth 5 Maaße von dem, der 20 Kreutzer gilt, und 5 von dem, der 10 gilt, und 4 von dem, der 18 gilt, und endlich 3 von dem, der 11 Kreutzer gilt, unter einander schüttet, so wird eine Maaß der Mischung abermal 15 Kreutzer werth seyn.

Viertes Exempel. Ein Goldschmied hat viererley Silber: ein 15 löthiges, ein 14 löthiges: ein 13 löthiges: ein 9 löthiges. Wie viel muß er von jeder Gattung nehmen, daß eine 12 löthige Mischung entstehe?

Vergleichet erstens das 15 und 9 löthige mit der 12 löthigen Mischung.

$$12 \left\{ \begin{array}{r|l} 15 & 12 - 9 = 3 \\ 9 & 15 - 12 = 3 \end{array} \right.$$

Vergleichet zweytens das 14 und 9 löthige mit der 12 löthigen Mischung.

$$12 \left\{ \begin{array}{r|l} 14 & 12 - 9 = 3 \\ 9 & 14 - 12 = 2 \end{array} \right.$$

Vergleichet drittens das 13 und 9 löthige mit der 12 löthigen Mischung.

$$12 \left\{ \begin{array}{r|l} 13 & 12 - 9 = 3 \\ 9 & 13 - 12 = 1 \end{array} \right.$$

Wenn ihr nun alle drey Differenzen die bey dem 9 löthigen Silber stehen, zusammen addieret, so wird die Summe 6 anzeigen, wie viel von diesem zu nehmen sey, er muß nämlich 3 (Marke, Unzen, Lothe) vom 15 löthigen, 3 von dem 14 löthigen, 3 von dem dreyzehn löthigen, und 6 von dem 9 löthigen Silber nehmen, so wird die Mischung 12 löthig werden.

126. Die Probe über alle dergleichen Aufgaben wird angestellet durch die mittlere Verbindungsregel. Wir wollen es in unserm letzten Exempel sehen. Schreibet erstens die Maaß einer jeden Sache, die in die Mischung kömmt: (sehet hier unten) Multiplicieret ein jedes mit seinem Werthe: machet die Summe der Maaße wie auch die Summe der Werthe: dividieret diese durch jene: ist der Quotient dem verlangten Werth der Mischung gleich, so ist die Rechnung ohne Fehler abgelaufen.

6	6 × 9 = 54
3	3 × 13 = 39
3	3 × 14 = 42
3	3 × 15 = 45
15	180

Wenn ihr nun 180 durch 15 dividieret, so ist der Quotient 12 dem Werthe gleich, den die Mischung haben soll.

127. Zweyter Fall. Wenn die Werthe aller Sachen, welche unter einander gemischet werden sollen, der Werth der ganzen Mischung, und überdas die Maaß einer Sache, die in die Mischung kömmt, gegeben sind, zu finden, wie viel von allen übrigen Sachen in die Mischung kommen muß.

Exempel. Wie viele Weine, dessen eine Maaß 60 Kreutzer gilt, muß unter 12 Maaße eines andern Weins geschüttet werden, dessen eine Maaß 42 Kreutzer kostet, damit eine Maaß der Mischung 52 Kreutzer werth sey.

Schreibet den Werth der Mischung, die Werthe der Sachen, welche sollen vermischet werden, und suchet die gehörigen Differenzen eben so, wie in den vorhergehenden Falle, ohne Achtung zu haben auf die Maaß einer zu vermischenden Sache, welche hier gegeben ist. In unserm Exempel wird es also geschehen.

$$\text{Der mittlere Werth } 52 \left\{ \begin{array}{l|l} 60 & 52-42=10 \\ 42 & 60-52=8 \end{array} \right.$$

Alsdann saget: wie sich die Maaß, welche ich durch die genommene Differenzen für jene Sache gefunden, deren Maaß mir schon zuvor gegebenen war, verhält zu eben dieser gegebenen Maaß, so verhält sich die Maaß, welche ich für die andere Sache durch die Differenzen gefunden habe, zu dem wahren Maaß eben dieser Sache. In unserm Exempel wird die Proportion also stehen:

8 : 12 :: 10 : 15 dem verlangten Maaß des bessern Weins.

Wenn mehr als zwo Sachen zu vermischen wären, so müßte eben diese Proportion, für eine jede andere Sache wiederholet werden.

128. Dritter Fall. Wenn der Werth der Mischung, die Werthe der zu vermischenden Dinge, und noch dazu die Maaß der ganzen Mischung gegeben sind, die Maaße finden für jede Sache, die in die Mischung kommen soll.

Schrei-

Schreibet den Werth der Mischung und die Werthe der zu vermischenden Dinge: suchet die Differenzen eben wie zuvor. Addieret alle Differenzen in eine Summe, und saget: wie diese Summe sich verhält zu der gegebenen Maaß der ganzen Mischung, so verhält sich die durch die Differenzen gefundene Maaß was immer für einer zu vermischenden Sache zu der wahren Maaß eben dieser Sache.

Exempel. Man soll Wein, dessen eine Maaß 60 Kreutzer gilt, mit einem andern Weine, dessen eine Maaß 42 Kreutzer kostet, also vermischen, daß die ganze Mischung 27 Maaße ausmache, und eine Maaß dieser Mischung 52 Kreutzer werth sey. Wie viel muß man von einem jeden nehmen?

Der mittlere Werth der Mischung	52	60	52 — 42 = 10
		42	60 — 52 = 8
			Die Summe = 18

Nun saget 18 : 27 :: 10 : 15
und 18 : 27 :: 8 : 12

von dem bessern müssen also genommen werden 15 Maaße, vom schlechtern 12 Maaße, so wird die ganze Mischung 27 Maaße ausmachen, und eine Maaß 52 Kreutzer werth seyn.

Siebentes Hauptstück.

Von Ausziehung der Wurzeln.

Erster Abschnitt.

Von Ausziehung der Quadratwurzel.

129. Eine Quadratzahl ist jene, welche aus der Multiplication was immer für einer Zahl durch sich selbst entsteht, jene Zahl aber, welche durch sich selbst multiplicieret die Quadratzahl hervorbringt, wird die Quadratwurzel dieser Zahl genannt. Also weil 4 entsteht, wenn ich 2 durch 2 multipliciere, so ist 4 eine Quadratzahl, 2 aber ist seine Quadratwurzel.

Aus diesem erkennet ihr leicht, daß die wenigsten Zahlen Quadratzahlen sind, weil wenig aus der Multiplication einer Zahl durch sich selbst entstehen. Also ist 15 keine Quadratzahl, weil es keine Zahl giebt, welche durch sich selbst multiplicieret 15 hervorbringt. Welche aus den Zahlen, die kleiner als 100 sind, Quadratzahlen seyn, ist aus dem Einmal Eins bekannt. Sehet sie hier samt ihren Quadratwurzeln.

Quadratzahlen	1.	4.	9.	16.	25.	36.	49.	64.	81.
Quadratwurzeln	1.	2.	3.	4.	5.	6.	7.	8.	9.

130.

130. Hieraus folget, daß das Quadrat einer einfachen Zahl aus nicht mehr als zweyen Ziffern bestehen kann, weil 10 die kleinste aus den Zahlen, die mit zweyen Ziffern geschrieben werden, für sein Quadrat 100 hat, welches die kleinste Zahl mit dreyen Ziffern ist. Aus gleicher Ursache kann eine Zahl mit zweyen Ziffern in ihrem Quadrate nicht mehr dann vier haben, weil 100 zu seinem Quadrate nur 10000 hat, welche die kleinste Zahl mit fünf Ziffern ist. Und überhaupt, kann was immer für eine Zahl in ihrem Quadrate nicht mehr als noch so viele Ziffern haben.

131. Bevor ich die Weise, die Quadratwurzel einer jeden gegebenen Zahl zu finden, erkläre, will ich einen Grundsatz voran schicken, welcher in seiner Allgemeinheit in der Algebra erwiesen wird. Er ist folgender. Wenn ihr was immer für eine Zahl in zween Theile theilet, so wird das Quadrat solcher Zahl in sich begreifen das Quadrat des ersten Theils, das Quadrat des zweyten Theils, und das Product, das aus der Multiplication des ersten Theils durch den zweyten entsteht, zweymal genommen. Z. E. theilen wir die Zahl 5 in zween Theile, etwann in 3 und 2. Das Quadrat von 5, nämlich 25, hält in sich das Quadrat des ersten Theils nämlich 9: das Quadrat des zweyten Theils, nämlich 4, und das doppelte Product aus 3×2, nämlich 12; den $9 + 4 + 12 = 25$. Auf dieses nun gründet sich die Auflösung folgender Aufgabe.

Auf-

Aufgabe.

Aus was immer für einer gegebenen Zahl die Quadratwurzel ausziehen.

132. Theilet die gegebene Zahl durch Strichlein oder Puncte von der Rechten zur Linken in Classen ab, also, daß jede Classe zwey Ziffern bekomme, die erste ausgenommen, welche zuweilen nur aus einem bestehen kann. So viel ihr Classen bekommet, so viele Ziffern muß die Wurzel bekommen, gemäß dem, was §. 130. ist gesagt worden. Das größte Quadrat, welches in der ersten Classe enthalten ist, ziehet von dieser ersten Classe ab: seine Wurzel aber schreibet zur Seite, nach einem aufrecht gezogenen Striche oder halben Monde, als den ersten Theil der verlangten Quadratwurzel. Zweytens, zu dem Reste, der nach der Abziehung geblieben ist, setzet die nächstfolgende Classe. Den ersten schon gefundenen Theil der Quadratwurzel multiplicieret mit 2. Durch das Product dividieret den gebliebenen Rest samt der angehängten zweyten Classe, doch so, daß ihr das letzte Ziffer derselben niemal zum Dividendus rechnet. Den Quozient schreibet zur Seite als den zweyten Theil der gesuchten Wurzel, wie auch zur Rechten neben den Divisor. Multiplicieret den Divisor samt dem angehängten zweyten Theile der Wurzel durch eben diesen zweyten Theil, das Product ziehet von der zweyten Classe ab. Bleibt ein Rest, so setzet zu demselben die dritte Classe, und

wie

wiederholet alles, was in dem zweyten Theile dieser Regel ist gesagt worden: und dieses so oft, bis keine Classe mehr herabzusetzen übrig ist. Wir wollen alles in einem Exempel sehen.

Ihr sollet die Quadratwurzel finden von 1764. Theilet diese Zahl in zwo Classen ab, indem ihr nach den zwoen Zahlen 64 einen Punct machet. Suchet in der Tabelle der Quadratzahlen (§. 129.) das Quadrat, welches der ersten Classe 17 entweder gleich ist, oder doch unter allen kleinern derselben zum nächsten kömmt. Ihr findet 16, dieses schreibet unter die erste Classe, wie ihr unten sehet. Die darunter stehende Wurzel 4 schreibet hinter einen aufrecht gezogenen Strich als den ersten Theil der Wurzel. Ziehet unter 16 einen Querstrich; ziehet 16 von 17 ab: den Rest 1 schreibet unter den Strich. Setzet die nächste Classe daneben: Ihr bekommet 164. Nun multiplicieret 4 den ersten Theil der Wurzel durch 2: das Product 8 schreibet unter die Ziffer 6: dividieret 16 durch 8: den Quotient 2 schreibet neben den vorhergefundenen ersten Theil der Wurzel, wie auch neben 8: hieraus entsteht 82. Multiplicieret dieses 82 durch den andern Theil der Wurzel, nämlich durch 2. Das Product 164 ziehet von 164 ab. Es bleibt kein Rest, also ist 42 die Quadratwurzel der gegebenen Zahl 1764. Die ganze Bearbeitung steht also:

```
1764 (42
16
--
 164
  82
 164
-----
   0
```

Ein anders Exempel. Ihr sollet die Quadratwurzel aus der Zahl 20449 ausziehen. Nach gemachter Eintheilung steht die gegebene Zahl also 2.04.49. Die erste Classe 2 findet ihr nicht unter den Quadratzahlen. Das nächste kleinere Quadrat ist 1: ihr schreibet also dieses unter die erste Classe 2. Die Wurzel davon, welche ebenfalls 1 ist, schreibet ihr hinter dem halben Monde als den ersten Theil der Wurzel, wie ihr unten sehet. Ziehet 1 von 2 ab: Neben dem Reste 1 setzet die nächste Classe: hieraus entsteht 104. Den gefundenen ersten Theil der Wurzel multiplicieret mit 2: das Product 2 schreibet unter die 0. Dividieret 10 durch 2. Nun ist 2 in 10 zwar 5 mal enthalten: wenn ihr aber diesen Quotient als den zweyten Theil der Wurzel annehmet, und neben den Divisor 2 schreibet, so entsteht 25, und so ihr dieses durch diesen zweyten Theil der Wurzel 5 multiplicieret, so erhaltet ihr das Product 125: welches größer ist, als daß ihr es von der zweyten Classe abziehen könntet. Ihr erkennet also, daß 5 zu groß ist, und ihr nur 4 als den andern Theil der Wurzel annehmen müsset: schreibet also 4 neben den zuvor gefundenen ersten Theil der

Wurzel, wie auch neben den Divisor 2. Ihr bekommet also 24. Dieses multiplicieret durch 4: das Product 96 ziehet von 104 ab: zu dem Reste 8 setzet die noch übrige dritte Classe. Hieraus entsteht 849. Multiplicieret beyde bisher gefundene Zahlen der Wurzel, nämlich 14 durch 2. Das Product 28 schreibet unter 849 so, daß das letzte Ziffer 9 leer bleibe. Dividieret 84 durch 28: und saget 2 in 8 ist 4mal enthalten. Aber wenn ihr dieses als den dritten Theil der Wurzel nehmet, und auf die vorgeschriebene Art fortfahret, so bekommet ihr ein Product, das ihr nicht abziehen könnet. Ihr erkennet also, 4 sey zu groß, und schreibet 3 als den dritten Theil der Wurzel neben die zwo vorigen Wurzelzahlen, wie auch neben den Divisor 28. Hieraus entsteht 283; wenn ihr dieses mit 3 multiplicieret, und das Product 849 abziehet, bleibt nichts übrig. Also ist 143 die gesuchte Wurzel. Sehet hier die ganze Bearbeitung.

```
2.04.49 (143
1
---
104
 24
 96
---
  849
  283
  849
---
   0
```

133. Die Ursache dieser Regel muß aus dem, was §. 83. ist gesagt worden, hergeleitet werden. Ich will es in dem ersten oben stehenden Exempel, so viel es seyn kann, erklären. In der ersten Classe 17 ist das Quadrat des ersten Theils der Wurzel enthalten und noch etwas Weniges darüber: die Wurzel des größten Quadrats, welches von dieser ersten Classe abgezogen werden kann, ist also der erste Theil der verlangten Wurzel. Und wenn ihr das Quadrat selbst von der ersten Classe abziehet, so muß in dem Reste samt der dazu gesetzten zweyten Classe das Product aus dem doppelten ersten Theile durch den zweyten, und über das das Quadrat des zweyten Theils verborgen liegen. Nun steckt das Quadrat des zweyten Theils in dem letzten Ziffer. Das doppelte Product steckt also in den zweyen ersten. Ihr müsset also diese zwey ersten Ziffern durch den doppelten ersten Theil dividieren, und alsdenn muß der Quotient den zweyten Theil geben. Denn wenn ein Product, das aus zwoen durch einander multiplicierten Zahlen entstanden ist, durch eine derselben dividieret wird, so muß der Quotient allezeit die andre geben.

134. Anmerkung. Wenn es sich zuträgt, daß ein Rest, samt der angehängten neuen Classe das doppelte der zuvor gefundenen Wurzel niemal in sich begreife, ohne das letzte Ziffer dieser neuen Classe dazu zu nehmen, so muß gleich eine 0 in die Wurzel geschrieben, und auch die nächstfolgende Classe herabgesetzt werden. Sieh hier ein Exempel.

4. 12.

4.12.09 (203
4
01209
403
1209
0

Hier sind noch einige Exempel zur Uebung.

18.19.02.25 (4265
16
219
82
164
5502
846
5076
42625
8525
42625
0

38.93.76 (624
36
293
122
244
4976
1244
4976
0

1.01.20.36 (1006
1
0012036
2006
12036
0

135. Wenn nachdem ihr die letzte Classe schon herabgesetzet habet, nach der Abziehung ein

Rest überbleibt, so hat die gegebene Zahl keine genaue Quadratwurzel: jedoch könnet ihr derselben so nahe kommen, als euch immer beliebig ist, indem ihr allezeit zum Reste zwo Nullen setzet, und neue Ziffern für die Wurzel zu suchen fortfahret, welche alsdenn Decimalzahlen sind, und also von den ganzen durch ein Strichlein müssen abgesöndert werden. Wir wollen es in einem Exempel sehen.

```
38. 94. 89 (624,0905
36
—————
 294
 122
 244
 —————
  5089
  1244
  4976
  ——————
   11300
   1248
  ——————
   1130000
    124809
   1123281
   ———————
      671900
     124818
   ————————
      67190000
      12481805
      62409025
      ————————
       4780975 u. s. f.
```

136. Wol-

136. Wollet ihr die Probe anstellen, ob ihr wohl gerechnet habet, so multiplicieret die gefundene Wurzel durch sich selbst; zu dem Producte addieret den Rest, wenn am Ende der Rechnung einer geblieben ist. Wenn alsdenn die gegebene Zahl herauskömmt, so ist die Rechnung richtig.

137. Wollet ihr aus einem Bruche die Quadratwurzel ausziehen, müsset ihr sie sowohl aus dem Zähler als Nenner besonders ausziehen.

Lasset uns nun, was von den Quadratzahlen und Wurzeln ist gesagt worden auf einige practische Aufgaben anwenden.

Anmerkung. Es ist in der Geometrie erwiesen, daß die Cirkelflächen sich gegen einander verhalten, wie die Quadrat ihrer Durchmesser.

Erste Aufgabe. Es sind zween Cirkel: der Durchmesser des einen hat 5 Zolle, der Durchmesser des andern 10 Zolle. Des ersten Fläche hält 19,635 Quadratzolle: wie groß wird die Fläche des andern seyn.

Stellet diese Proportion an. Wie sich 25 das Quadrat von 5 verhält zu 100 dem Quadrate von 10, so verhält sich die Fläche des ersten Cirkels zur Fläche des andern.

25 : 100 : : 19,635 : 78,54 Quadratzolle.

Zweyte Aufgabe. Die Magdeburgischen Halbkugeln, derer Durchmesser 1 Schuh oder 12 Zolle groß ist, halten, nachdem der Luft rein ist herausgezogen worden, mit einer Gewalt von 1715 Pfunden zusammen: wie stark werden zwo andere Halbkugeln zusammen halten, derer Durchmesser 8 Zolle hat?

Die Kraft, mit welcher dergleichen Kugeln zusammen halten verhält sich, wie ihre Cirkelflächen; und diese verhalten sich, wie die Quadrate ihrer Durchmesser. Stellet also diese Proportion an. Wie sich das Quadrat von 12, das ist 144, verhält zum Quadrat von 8, das ist, zu 64, so verhalten sich 1715 Pfunde zur Gewalt, mit welcher die Halbkugeln von 8 Zollen im Durchmesser zusammen halten.

144 : 64 : : 1715 : 762 Pfunde beynahe.

Wenn euch also zwo dergleichen Magdeburgische Halbkugeln vorgewiesen werden, so könnet ihr alsogleich durch die Rechnung bestimmen, wie groß die Kraft seyn werde, mit der sie nach heraus gezogener Luft zusammen halten. Ihr dörfet nämlich nur erforschen, wie groß ihr Durchmesser sey. Ist euch dieser bekannt, so könnet ihr, aus der schon vorhin bekannten Kraft, mit welcher die Halbkugeln von einem Schuhe im Durchmesser zusammen hangen, die Kraft, mit der die euch vorgelegte zusammen gedrückt werden, auf eben erklärte Art bestimmen.

Dritte Aufgabe. Ein Stein oder anderer Körper, wenn er freygelassen wird, fällt mit solcher Geschwindigkeit, daß er innerhalb 1 Secunde 181 Zolle durchläuft. Nun aber ist in der

Natur-

Naturlehre erwiesen, daß die Raume, welche von frey herabfallenden Körpern durchlaufen werden, sich wie die Quadrate der Zeiten verhalten, durch welche die Bewegung dauret. Man fraget also: wie weit ein solcher Stein kommen würde, wenn er 2 und $\frac{1}{2}$ Stunden oder 9000 Secunden lang fallen sollte. Saget: wie sich das Quadrat von 1 zum Quadrat von 9000 verhält, so verhält sich 181 Zolle zum gesuchten Raum, den ein solcher Körper innerhalb $2\frac{1}{2}$ Stunden durchlaufen würde.

1 : 81000000 : : 181 : 14661000000 Zolle.

Wenn ihr nun diese in Schuhe veränderet, so findet ihr 1221750000: dividieret ihr diese Zahl durch 20000, weil eine deutsche Meile 20000 Schuhe in sich begreift, so bekommet ihr $61087\frac{1}{2}$ Meilen. Weil nun der Mond nicht mehr dann 46440 deutsche Meilen von uns entfernet ist, so folget, daß wenn ein Stein $2\frac{1}{2}$ Stunden lang frey fallen sollte, er einen größern Raum durchlaufen würde, als die Entfernung des Mondes von unsrer Erde ist.

Vierte Aufgabe. Das Licht, so von einem Körper ausfährt, wird immer schwächer, je größer die Entfernung vom selben Körper wird. Ja es ist ein in der Weltweisheit erwiesener Satz, daß die Stärke des Lichts jederzeit abnehme, wie das Quadrat der Entfernung wächst. Nun wird folgende Frage an euch gestellet. Durch zwo angezündene Kerzen wird ein gewisses Bild genugsam erleuchtet, daß ich es in der Entfernung von 5 Schuhen klar und deutlich sehen kann: wie viel dergleichen Kerzen müssen angezunden werden, daß mir eben dieses Bild in der Entfernung von 15 Schuhen eben so hell in die Augen falle.

Saget: wie sich das Quadrat von 5 verhält zum Quadrate von 15, so verhalten sich 2 Kerzen, zur gesuchten Anzahl.

25 : 225 : : 2 : 18.

Fünfte Aufgabe. 69696 Mann sollen ins Gevierte gestellet werden, wie viel Mann werden in eine Reihe kommen? Ziehet die Quadratwurzel aus 69696. Ihr findet 264.

Sechste Aufgabe. Ein großes Quadratfeld hält 760384 Quadratschuhe, wie lang ist eine jede Seite von diesem Felde. Antwort 872 Schuhe.

Zweyter Abschnitt.

Von der Ausziehung der Cubic-Wurzel.

138. Jene Zahl, welche entsteht; wenn man eine andere Zahl zweymal durch sich selbst multiplicieret, heißt eine Cubiczahl: jene aber, welche zweymal durch sich selbst multiplicieret diese Cubiczahl hervorbringet, wird die Cubicwurzel derselben genannt. Also ist 27 eine Cubiczahl, und 3 ihre Wurzel, weil $3 \times 3 \times 3 = 27$. Aus diesem folget, daß wenig Zahlen voll-

vollkommene Cubiczahlen sind. Also ist 24 keine Cubiczahl, weil es keine Zahl giebt, die durch sich selbst zweymal multiplicieret 24 hervorbringt. Sehet hier die Cubiczahlen bis auf tausend, samt ihren Cubicwurzeln.

Cubiczahlen.

1. 8. 27. 64. 125. 216. 343. 512. 729. 1000.

Ihre Wurzeln.

1. 2. 3. 4. 5. 6. 7. 8. 9. 10.

Eine Zahl, welche aus nicht mehr dann dreyen Ziffern besteht, kann in ihrer Wurzel nicht mehr als ein Ziffer haben; denn die Zahl 10, welche die erste mit zweyen Ziffern ist, hat für ihre Cubiczahl 1000, welche schon aus vier Ziffern besteht. Eben also kann eine Zahl, die nicht mehr als sechs Ziffern hat, in ihrer Cubicwurzel nicht mehr als zwey Ziffern haben; denn 100 die erste Zahl mit dreyen Ziffern hat in ihrer Cubiczahl schon sieben Ziffern, nämlich 1000000: und überhaupt kann was immer für eine Zahl in ihrem Cubus nicht mehr als dreymal so viele Ziffern haben.

139. Die Cubicwurzel aus einer gegebenen Zahl ausziehen heißt so viel, als jene Zahl finden, welche zweymal durch sich selbst multiplicieret, die gegebene Zahl hervorbringt. Also wenn ihr aus 27 die Cubicwurzel ausziehen sollet, so müsset ihr finden, welche Zahl zweymal durch sich selbst multiplicieret 27 hervorbringt.

140. Die Cubicwurzel einer Zahl, die nicht mehr als drey Ziffern hat, findet ihr in der oben angesetzten Tabelle. Steht die gegebene Zahl in der obern Reihe der Cubiczahlen, so ist die darunter stehende Zahl ihre Cubicwurzel. Ist aber die gegebene Zahl in der Reihe der Cubiczahlen nicht anzutreffen, so ist sie kein vollkommener Cubus, und hat also keine genaue Cubicwurzel.

141. Aus Zahlen, die mehr als drey Ziffern haben, die Cubicwurzel ausziehen, ist schon beschwerlicher. Bevor ich die Weise dieses zu verrichten erkläre, muß ich folgenden Grundsatz vorauschicken.

Wenn ihr was immer für eine Zahl z. E. 7. in zween Theile zergliederet, z. E. in 4 und 3, so wird der Cubus derselben Zahl in sich begreifen erstens den Cubus des ersten Theils: zweytens den Cubus des zweyten Theils: drittens das Product aus dem dreyfachen Quadrate des ersten Theils durch den zweyten multiplicieret: viertens endlich das Product aus dem dreyfachen Quadrate des zweyten Theils durch den ersten Theil multiplicieret. Also begreift 343 der Cubus von 7 in sich erstlich 64 den Cubus des ersten Theils 4: zweytens 27 den Cubus des zweyten Theils 3: drittens 144 das Product aus 48 dem dreyfachen Quadrate des ersten Theils 4 durch den zweyten Theil 3 multiplicieret. Viertens endlich 108 das Product aus 27 dem dreyfachen Quadrate des zweyten Theils 3 durch den ersten Theil 4 multiplicieret. Denn $64 + 27 + 144 + 108 = 343$.

Auf diesem Grundsatze, welcher in der Algebra in seiner Allgemeinheit erwiesen wird, beruhet die Auflösung folgender Aufgabe.

Aufgabe.

Aus einer gegebenen Zahl die Cubic-Wurzel ausziehen.

142. Erstens theilet die gegebene Zahl in Classen ab, von der Rechten gegen die Linke, und gebet jeder Classe drey Ziffern, die erste ausgenommen, welche zuweilen nur aus zweyen, oder wohl gar nur aus einer bestehen kann. So viel ihr Classen bekommet, so viele Ziffern muß die Wurzel haben (§. 138.).

Zweytens: Suchet in der Tabelle der Cubiczahlen (§. 137.) den größten Cubus, welcher in der ersten Classe enthalten ist. Ziehet diesen von der ersten Classe ab. Die Wurzel dieses Cubus schreibet hinter einem gezogenen Verticalstrich oder halben Monde. Solchergestalt habet ihr den ersten Theil der verlangten Wurzel.

Drittens: Zu dem Reste, welcher nach der Abziehung geblieben ist, setzet die nächste Classe herab. Multiplicieret den ersten schon gefundenen Theil der Wurzel durch sich selbst, und das hieraus entstandene Quadrat durch 3: das Product schreibet als einen Divisor unter den besagten Rest samt der angehängten zweyten Classe, doch also, daß die zwey letzten Ziffern der neu her-

herabgesetzten Classe leer bleiben, und nicht mit zur Division gebraucht werden. Alsdenn dividieret gewöhnlichermaßen: der Quotient ist der zweyte Theil der Wurzel.

Viertens: Multiplicieret den Divisor durch den Quotient: das Product schreibet also unter, daß das letzte Ziffer desselben unter das erste Ziffer der neu herabgesetzten Classe zu stehen komme. Multiplicieret wieder den neu gefundenen Quotient durch sich selbst, hernach durch 3, endlich durch den schon vorher gefundenen Theil der Wurzel: das Product schreibet also unter, daß das letzte Ziffer desselben unter dem zweyten Ziffer der neu herabgesetzten zweyten Classe zu stehen komme. Multiplicieret endlich den neu gefundenen Quotient zweymal durch sich selbst: das Product schreibet also unter, daß das letzte Ziffer desselben unter dem letzten Ziffer der zweyten Classe zu stehen komme.

Fünftens: Addieret diese drey Producte zusammen: die Summe ziehet von dem gebliebenen Reste samt der angehängten zweyten Classe ab. Wenn ihr nun, von dem dritten Puncte unserer Regel angefangen, bey den noch übrigen Classen alles wiederholet, so erhaltet ihr die verlangte Cubicwurzel. Lasset uns alles in einem Exempel sehen.

Welche ist die Cubicwurzel der Zahl 47· 437· 928? Theilet die gegebene Zahl in ihre Classen ab, wie ihr unten sehet. Suchet in

der

der Tabelle der Cubiczahlen den größten Cubus, welcher von der ersten Classe 47 kann abgezogen werden. Ihr findet 27: schreibet diese 27 unter 47: die Wurzel 3 aber, so in besagter Tabelle unter 27 steht, schreibet zur Rechten der gegebenen Zahl hinter einem Striche. Ziehet 27 von 47 ab: zu dem Reste 20 setzet die nächste Classe herab. Ihr bekommet 20437. Nun multiplicieret den ersten schon gefundenen Theil der Wurzel, nämlich 3, durch sich selbst: das Product 9 multiplicieret mit 3: das Product 27 schreibet unter den Rest samt der angehängten zwenten Classe also, daß die letzte zwen Ziffern 37 leer bleiben: dividieret nun 204 durch 27: den Quotient 6 schreibet als den zwenten Theil der gesuchten Wurzel hinter dem Striche neben den zuvor gefundenen ersten Theil. Multiplicieret den Divisor 27 durch diesen neu gefundenen zwenten Theil 6: das Product 162 schreibet also unter den Rest samt der angehängten zwenten Classe, daß das letzte Ziffer 2 unter 4 zu stehen komme. Multiplicieret diesen zwenten Theil 6 durch sich selbst: das Product 36 multiplicieret durch 3: das Product 108 multiplicieret durch den ersten Theil 3: das Product 324 schreibet also unter, daß das letzte Ziffer 4 unter 3 zu stehen komme: multiplicieret endlich den zwenten Theil 6 durch sich selbst: das Product 36 wieder durch 6: den Cubus 216 schreibet also unter die zwente Classe, daß das letzte Ziffer unter dem letzten derselben zu stehen komme: addieret alle dren also erhaltene Producte zusammen: die Summe ist

ist 19656: diese ziehet von der zweyten Classe ab: ihr bekommet einen neuen Rest 781. Neben diesen schreibet die dritte Classe: und ihr bekommet 781928.

Multiplicieret den bisher gefundenen Theil der Wurzel nämlich 36 durch sich selbst das Product 1296 durch 3: durch das Product 3888 dividieret den gebliebenen Rest samt der angehängten dritten Classe, doch so, daß die zwo letzten Ziffern 28 nicht mit zur Division genommen werden: mit einem Worte dividieret 7819 durch 3888. Der Quotient ist 2: diesen schreibet als den dritten Theil der Wurzel neben die zween vorigen Theile: mit eben diesem 2 multiplicieret den Divisor 3888: das Product 7776 schreibet unter die dritte Classe, doch also, daß die letzte zwey Ziffern derselben frey bleiben. Multiplicieret den eben gefundenen Theil der Wurzel, nämlich 2 durch sich selbst, das Product 4 multiplicieret mit 3: das Product 12 multiplicieret mit dem schon zuvor gefundenen Theile der Wurzel nämlich mit 36: das Product 432 schreibet also unter, daß das letzte Ziffer der dritten Classe frey bleibe. Endlich multiplicieret den letzt gefundenen zweyten Theil der Wurzel, nämlich 2 durch sich selbst, das Product 4 abermal durch 2 das Product 8 schreibet unter, also daß das letzte Ziffer desselben, (wenn es aus mehrern besteht) unter dem letzten Ziffer der dritten Classe zu stehen komme: addieret alle drey also erhaltene Producte zusammen: die Summe ist 781928, diese

wenn

wenn ihr abziehet, so bleibt kein Rest. 362 ist also die verlangte Wurzel.

```
47.437928 (362
27
————
20437
 27
——————
162
 324
  216
———————
19656
————————
  781928
  3888
————————
  7776
    432
      8
————————
  781928
————————
     0
```

143. Anmerkung. Ihr habet in eben angezogenem Exempel bey der zweyten Classe, da ihr 204 durch 27 dividieret habet, 6 als den Quotient angenommen. Nun ist 27 in 204 nicht nur 6mal enthalten. Allein wenn ihr 7 als den Quotient angenommen, und alsdenn nach der vorgeschriebenen Regel die drey gehörigen Producte gestaltet, und zusammen addieret hättet, so würdet ihr eine Summe erhalten haben, welche von der zweyten Classe nicht hätte können abgezogen werden. Aus welchem ihr dann würdet ge-

geschlossen haben, der Quotient 7 sey zu groß. Und diese Regel müsset ihr euch allezeit merken: wenn aus den dreyen Producten eine Summe entsteht, welche größer ist, als die Classe von der sie soll abgezogen werden: so ist der Quotient zu groß genommen werden.

Zweyte Anmerkung. Wenn eine neuerdings herabgesetzte Classe durch das dreyfache Quadrat des zuvor gefundenen Theils der Wurzel nicht kann dividieret werden, ohne das vorletzte Ziffer dieser neuen Classe mit zum Dividendus zu rechnen, so müsset ihr alsobald eine Nulle in der Wurzel schreiben: und alsdenn die nächstfolgende Classe auch herabsetzen, sehet das hier stehende Exempel.

```
8. 365. 427 (203
8
--------
0365427
 1200
---------
 3600
   540
     27
---------
 365427
---------
     0
```

Die Ursache unsrer fürgeschriebenen Regel gründet sich auf jenen Grundsatz, den wir §. 141. vorangeschickt haben. In der ersten Classe einer gegebenen Zahl ist der Cubus des ersten Theils

der

der Wurzel enthalten, und insgemein noch etwas darüber. Ihr müsset also die Wurzel aus dem darinn verborgenen Cubus ausziehen, den Cubus selbst aber von der ersten Classe subtrahieren. In dem Reste samt dem ersten Ziffer der zweyten Classe ist enthalten das Product aus dem dreyfachen Quadrate des ersten Theils durch den zweyten multiplicieret: ihr müsset also diesen Rest, samt dem ersten Ziffer der neuen Classe durch das dreyfache Quadrat des ersten Theils der Wurzel dividieren, damit ihr den zweyten Theil bekommet. Die zwey letzten Ziffern dörfet ihr nicht mit zur Division gebrauchen: weil diese für die zwey andere Producte gehören, die noch in dieser zweyten Classe stecken müssen. Ihr müsset endlich die drey in der Regel angezeigten Producte machen, selbe addieren, und alsdenn von der zweyten Classe abziehen: weil alle diese Producte gemäß dem Grundsatze §. 141. in dieser zweyten Classe enthalten seyn müssen.

144. Anmerkung. Wenn ihr die Cubicwurzel aus einem Bruche ausziehen sollet, so ziehet die Wurzel besonders aus dem Zähler, und alsdenn aus dem Nenner.

145. Zweyte Anmerkung. Wenn ihr in Ausziehung der Cubicwurzel am Ende, da keine Classe mehr herabzusetzen übrig ist, einen Rest bekommet, so ist die gegebene Zahl kein genauer Cubus, und kann also keine genaue Cubicwurzel gefunden werden. Doch könnet ihr derselben so nahe kommen als euch immer beliebig ist, indem

ihr immer drey Nullen zum Reste hinzusetzet, und neue Ziffern für die Wurzeln nach der Vorschrift der Regel suchet: welche alsdenn Decimalziffern sind, und von den Ganzen durch ein Strichlein müssen abgesönderet werden.

146. Dritte Anmerkung. Ich sehe wohl, daß diese Art die Cubicwurzel auszuziehen, vielen ziemlich beschwerlich scheinen wird: ich will also noch eine in etwas veränderte geben.

Die drey ersten Puncte beobachtet, wie in der Regel ist vorgeschrieben worden. Nachdem ihr also den zweyten Theil der Wurzel gefunden habet, multiplicieret die ganze bis dahin gefundene, und also aus zweyen Ziffern bestehende Wurzel durch sich selbst: das Product multiplicieret noch einmal durch die ganze bis dahin gefundene Wurzel. Das Product ziehet von den zwoen ersten Classen der gegebenen Zahl ab. Zum Reste setzet die dritte Classe herab: und wiederholet abermal die ganze Arbeit, vom dritten Puncte angefangen, bis zum Ende.

Wir wollen das oben gesetzte erste Exempel wieder vornehmen. Die Wurzel der ersten Classe ist 3. Nach abgezogenem Cubus 27 bleibt der Rest 20: und wenn die nächste Classe dazu gesetzt wird, entsteht 20437. Den zweyten Theil der Wurzel zu finden müsset ihr gemäß der Anfangs gegebenen Regel 204 durch 27 dividieren. Der Quotient ist 6. Nun multiplicieret 36 durch 36: das Product 1296 abermal durch 36: das Pro-

Product 46656 ziehet von den ersten zwoen Classen der gegebenen Zahl ab, nämlich von 47437: zum Reste 781 setzet die dritte Classe, und ihr bekommet 781928. Um den dritten Theil zu finden verfahret, wie in der ersten Regel vorgeschrieben wird: habet ihr diesen, nämlich 2 gefunden, so multiplicieret 362 durch 362: das Product 131044 abermal durch 362: das Product 47437928 ziehet von der gegebenen Zahl ab; es bleibt kein Rest. Also ist 362 die verlangte Wurzel. Sehet hier die ganze Bearbeitung.

47.437.928 (362
27
———
20437
27
46656
———
781928
3888
47437928
———
0

Sehet hier, was von den Cubiczahlen und Cubicwurzeln ist gesagt worden in einigen practischen Aufgaben angewendet.

Erste Aufgabe. Mehrere Kugeln verhalten sich ihrem körperlichen Innhalt, und wenn sie von der nämlichen Materie sind, auch ihrer Schwere nach, wie die Cubus ihrer Durchmesser. Nun wiegt eine eiserne Kugel von einem Schuhe oder 12 Zollen im Durchmesser beynahe 288 Pfun-

Pfunde. Wie viel wird also eine andere gleichfalls eiserne Kugel wägen, welche im Durchmesser 7 Zolle hat?

Saget: wie sich der Cubus von 12, nämlich 1728 zum Cubus von 7 verhält, so verhalten sich 288 Pfunde zur gesuchten Schwere der Kugel von 7 Zollen im Durchmesser.

1728 : 343 :: 288 : 57 Pfunde beynahe.

Auf solche Art könnet ihr gar leicht die Schwere was immer für einer Kugel, von was immer für einem Metall, Stein oder Holz durch die Rechnung bestimmen, wenn euch nur die Schwere einer Kugel von einer gewissen Größe, etwan von einem Schuhe im Durchmesser von eben selbem Metall, Stein oder Holz bekannt ist.

Zweyte Aufgabe. Ein würfelförmiges Geschirr, das ist ein solches, welches von gleicher Länge, Höhe und Breite ist, damit es eben 3 Cubicschuhe Wasser fasse, wie lang, wie breit, wie hoch muß es seyn?

Ziehet die Cubicwurzel aus 3, also daß ihr sie wenigst bis auf 2 Decimalzahlen genau findet.

3,000.000 (1,44
1

2000
3

12
48
64

1744

256000
588

2352
672
64

241984

14016 u. s. f.

Anfangsgründe
der Algebra.

Erster theoretischer Theil.

147. Die Algebra ist eine allgemeine Weise, alles zu berechnen, was einer Vermehrung und Verminderung fähig ist: oder kürzer zu sagen, sie ist eine allgemeine Rechenkunst. Einen deutlichen Begrif von dieser Wissenschaft zu geben, wird es dienlich seyn, sie mit der gemeinen Arithmetik zu vergleichen.

148. Beyde, die Arithmetik und Algebra fußen sich auf einerley Grundsätze: beyde haben einerley Verrichtungen. Doch die Arithmetik betrachtet nur die Zahlen: die Algebra hingegen erstrecket sich auf alles, was vermehret, oder vermindert werden kann; als Zahlen, Zeit, Bewegung, geometrische Figuren u. s. f. Die Arithmetik bedienet sich in ihren Bearbeitungen solcher Charactere, die ein bestimmtes Bedeutniß haben: die Algebra aber solcher, die nichts sonderheitlich bestimmen, sondern alles, was man nur will, bedeuten können. Dieses unbestimmte Bedeutniß machet nicht selten die Anfänger sehr unruhig, und unzufrieden, sie sind begierig zu wissen, was jeder Character in jedem besonderen Falle anzeige, da er doch von sich selbst gar kein

bestimm-

bestimmtes Bedeutniß hat. Diese sollten aber bedenken, daß auch die Zahlen selbst nicht etwas gänzlich bestimmtes anzeigen; denn eben dieselbe Zahl kann bald Leute, bald Stunden, bald Jahre, bald Pfunde u. s. f. anzeigen. Eben so können sie in der Algebra, bey dem Anfange jeder Arbeit bestimmen, was ihnen jeder Character bedeuten soll. Ferner hat die Algebra über die Arithmetik noch diesen Vorzug, daß sie auch über unbekannte Größen ihre Bearbeitungen anstellen kann: daß sie allgemeine Auflösungen an die Hand giebt; daß sie endlich gar viele Aufgaben auflöset, für welche die Arithmetik nicht hinlänglich wäre. Doch dieses alles wird nach und nach klärer werden.

Erstes Kapitel.

Von etlichen Wortkenntnissen und algebraischen Zeichen.

149. Ein algebraischer Ausdruck, besteht aus einer oder mehreren Größen, welche durch einen oder mehrere Buchstaben angezeiget sind.

150. Neben den Buchstaben des Alphabethes hat man etwelche Zeichen erwählet, die Bearbeitungen, welche über die gegebenen Größen sollen vorgenommen werden, anzuzeigen. Die gewöhnlicheren sind folgende. Das Zeichen (+) bedeutet die Addition, und wird durch das Wörtlein mehr ausgesprochen: also ist $a + b$ eben so viel als a mehr b, oder und b. Das Zeichen (—) zeiget

die Subtraction an, und wird durch das Wort weniger ausgesprochen: also $a - b$ heißt a weniger b. Das Zeichen ($\times$) wird von den mehresten gebraucht, die Multiplication anzuzeigen, und man spricht es aus durch multiplicieret mit: also $a \times b$ heißt a soll multiplicieret werden mit b. Andere deuten die Multiplication also an $a . b$: ja wenn ein Buchstab neben dem andern, ohne ein zwischen ihnen gesetztes Zeichen steht, so bedeutet dieser Ausdruck schon das Product, welches entsteht, wenn die durch diese Buchstaben angezeigten Größen durch einander multiplicieret werden: also wenn a die Zahl 2, und b die Zahl 3 bedeutet, so heißt ab so viel als 2×3 oder 6. Eben so, wenn a die Zahl 2, b die Zahl 3, c die Zahl 4 bedeutet, so heißt abc so viel, als $2 \times 3 \times 4$ oder 24. Die Division wird gemeiniglich also angezeiget: man schreibt den Divisor unter den Dividendus auf die Art eines Bruchs: also $\frac{a}{b}$ heißt a dividieret durch b. Andere deuten die Division also an $a : b$; oder wieder andere durch $a \div b$. Das Zeichen ($=$) deutet an, daß die Größe, welche demselben vorgeht, der andern Größe gleich sey, welche darauf folget. Also $x = b$ zeiget an: daß die Größe, welche durch den Buchstaben x angedeutet wird, jener Größe gleich sey, welche durch b bedeutet wird. Wiederum $x + y = \frac{a}{b}$ heißt: x mehr y sey der Größe gleich, welche entsteht,

entsteht, wenn die durch a vorgestellte Größe, mit der durch b vorgestellten dividieret wird. Ihr werdet also diesen Ausdruck $x + y = \frac{a}{b}$ also lesen: x mehr y ist gleich a dividieret mit b und diese $x - a = \frac{b}{c} + d$ also: x weniger a ist gleich b dividieret mit c, mehr d: und also von anderen zu reden.

151. Die Größen, vor denen das Zeichen der Addition (+) steht, werden positive, und die, vor welchen das Zeichen der Subtraction (—) steht, werden negative Größen genennet. Jene, vor welchen gar kein Zeichen steht, sind positiv, und das Zeichen + wird von sich selbst dabey verstanden.

152. Von einem algebraischen Ausdrucke sagt man, er habe so viele Glieder, als viele Theile er hat, welche durch die Zeichen + oder — unter einander verbunden sind. Welcher nur ein Glied hat wird ein eingliedichter; welcher aus mehreren Gliedern besteht, wird ein vielgliedichter Ausdruck genennet. Also ist $a\,b\,c$ ein eingliedichter $a + b$ oder auch $a - b + c$ ein vielgliedichter Ausdruck.

153. Die gemeine Zahlen, welche vor den Buchstaben stehen, nennet man Coeficienten: also in der Größe $3\,b$ ist 3 der Coeficient. Wenn vor einem Buchstaben kein Coeficient steht, so

ist die Einheit (1) sein Coefficient, und wird dabey verstanden.

154. Jene Zahlen, welche bey den Buchstaben oben stehen, werden der Exponent genannt. Als in a^5 ist 5 der Exponent, und ist eben so viel, als wenn der Buchstab so oft nach einander geschrieben wäre, als der Exponent Einheiten in sich hat. Also schreibet man a^5 anstatt $aaaaa$ und $a^2 b^3$ anstatt $aa bbb$. Wenn also in diesem letzten Ausdrucke a die Zahl 2, b die Zahl 3 bedeutet, so heißt $a^2 b^3$ so viel, als $aa bbb$ oder $2 \times 2 \times 3 \times 3 \times 3$ oder 4×27 oder 108.

Anmerkung. Die Buchstaben, welche Exponenten ober sich haben, müsset ihr also aussprechen, daß ihr dem Exponente das Wort Potenz beysetzet: also wenn ihr geschrieben sehet a^4: so leset a der vierten Potenz. Die Größe $a^3 b^2$ sprechet aus durch a der dritten b der zweyten Potenz. Die Ursache dessen werdet ihr weiter unten erfahren.

155. Mehrere Grössen oder Glieder werden ähnlich genennet, wenn sie aus eben denselben, und gleich oft geschriebenen Buchstaben bestehen, wenn schon die Coeficienten und Zeichen nicht eben dieselbe sind: also sind $2bd$ und $-4bd$ ähnliche Grössen: hingegen $2a^2b$ und $2ab$ sind nicht ähnliche Grössen; denn ob sie gleich aus einerley Buchstaben bestehen, so sind diese Buchstaben doch nicht alle gleich oft gesetzet; denn a^2

ist

ist so viel, als wenn *a* zweymal geschrieben wäre.

156. Anmerkung. Man muß sich sehr hüten, daß man die Coeficienten und Exponenten nicht für einerley Dinge halte, denn zwischen $2a$ und a^2 ist ein großer Unterschied. Wir wollen setzen *a* bedeutet 3: so heißt $2a$ zweymal 3 oder 6: a^2 aber heißt 3×3 oder 9.

Zweytes Kapitel.

Von den vier Hauptregeln der Algebra bey den ganzen Größen.

Addition der ganzen Größen.

157. Die Addition begreift drey Fälle.

Der erste Fall. Wenn die Größen ähnlich sind und überdas einerley Zeichen vor sich haben, so addieret ihre Coeficienten, und zu der Summe schreibet eben die buchstäblichen Größen, mit eben dem Zeichen das sie vorher gehabt haben.

Exempel.

	a	$-a$	$5b$	$-7bc$
	a	$-a$	$3b$	$-8bc$
Summe	$2a$	$-2a$	$8b$	$-15bc$

	$3a+5b$	$3a-5b$	$6ab+12$
	$2a+7b$	$2a-7b$	$3ab+24$
Summe	$5a+12b$	$5a-12b$	$9ab+36$

158.

158. **Der zweyte Fall.** Wenn die Grössen zwar ähnlich sind, aber nicht einerley Zeichen vor sich haben, so ziehet den kleineren Coeficient von dem grössern ab, und vor den übergebliebenen Rest setzet das Zeichen jener Grösse, welche den grössern Coeficient hatte.

Exempel.

	$5a$	$-5a$	$7bc$	$-9abd$
	$-3a$	$+3a$	$-6bc$	$+7abd$
Summe	$+2a$	$-2a$	$+bc$	$-2abd$

	$7a-5b$	$-8ab-7bc+15$
	$-5a+7b$	$+12ab+7bc-24$
Summe	$2a+2b$	$4ab-9$

159. Wer die Natur einer negativen Grösse wohl betrachtet, wird leicht die Ursache dieser Regel einsehen. Eine negative Grösse muß immer als ein Gegentheil der positiven angesehen werden: also wenn $+a$ einen Gulden bedeutet, so heißt $-a$ eine Schuld, einen Verlurst eines Guldens: heißt $+a$ eine Bewegung von zweenen Schuhen gegen die Rechte, so bedeutet $-a$ eine eben so große Bewegung zu der Linken hin. So ist es dann ganz klar, daß eine negative Grösse zu einer positiven addieren, eben so viel sage, als die positive vermindern. Gewiß, wenn du einem, der 10 Gulden hat, eine Schuld von 2 Gulden übergiebest, so machest du, daß er nur noch 8 Gulden habe, und verminderst also sein Vermögen.

160.

160. **Der dritte Fall.** Unähnliche Größen schreibt man neben einander hin, und behält bey jeder das gegebene Zeichen.

Exempel.

	a	a	$4b + 7cd$
	b	$-b$	$4a - 10$
Summe	$a + b$	$a - b$	$4b + 7cd + 4a - 10$

In folgenden Exempeln sind alle drey Fälle angebracht.

	$a^2 + 2ab + b^2$	$8ab + bc - 37$
	$-4ab$	$-7ab - bc + 42 - 6d$
Summe	$a^2 - 2ab + b^2$	$ab + 5 - 6d$

	$3a^2 + 4abc - bb + 30$
	$2bb - 3a^2 - 2abc - 25$
	$dd + 2a^2 - 3abc - 3$
Summe	$2a^2 - abc + b^2 + d^2 + 2$

In diesen Exempeln sehet ihr, daß man in der Addition die ähnlichen Glieder unter einander zu schreiben pflege. Doch wenn dieses unterlassen worden, wie in dem letzten Exempel zu sehen, muß man die ähnlichen Glieder alle zusammen klauben, und nach den gegebenen Regeln addieren.

Subtraction der ganzen Größen.

161. Die Subtraction hat eine einzige allgemeine Regel. Sie ist folgende:

Veränderet alle Zeichen der Größen, welche sollen subtrahieret werden, oder bildet euch ein, sie seyn veränderet: alsdenn addieret nach den Regeln der Addition: die Summe, die ihr solchergestalt erhaltet, wird die Differenz der gegebenen Größen seyn.

Exempel.

Von	$2a$	$-2a$	$-15bc$	$5a+12b$
subtrahieret	a	$+3a$	$-8bc$	$2a+7b$
so ist der Rest	a	$-5a$	$-7bc$	$3a+5b$

Von	bc	$-2abd$
subtrahieret	$-6bc$	$+7abd$
so ist der Rest	$+7bc$	$-9abd$

Von	$4ab-9$	$a^2-2ab+b^2$
subtrahieret	$12ab+7bc-24$	$-4ab$
so ist der Rest	$-8ab-7bc-15$	$a^2+2ab+b^2$

Von	$ab+5-6d$
subtrahieret	$-7ab-bc+42-6d$
so ist der Rest	$8ab+bc-37$

Von	$2a+2b$	$a+b$	$5bc+3ad$
subtrahieret	$-5a+7b$	$a-b$	$5bc-4ad$
so ist der Rest	$7a-5b$	$+2b$	$7ad$

Von	$8a+5bd+25$	$c+13$
subtrahieret	$7a-3bd-12$	$3a-b-2c$
so ist der Rest	$a+8bd+37$	$3c+13-3a+b$

162. Diese allgemeine Regel wird aus jenem Grundsatze hergeleitet. Was immer für eine Größe subtrahieren, ist eben so viel, als eine gleiche, doch im entgegen gesetzten Verstande genommene Größe addieren: also zween Gulden subtrahieren, oder eine Schuld von zweenen Gulden addieren ist immer ein Ding. Wenn man nun die Zeichen der Größe, welche soll subtrahieret werden, verändert, so wird sie in eine gleiche im entgegen gesetzten Verstande genommene Größe verwandelt: wenn also diese also verwandelte addieret wird, so wird in der That, die Anfangs gegebene subtrahieret.

163. Wer die oben angeführten Exempel mit jenen der Addition vergleichet, wird leicht einsehen, daß die Subtraction durch die Addition geprüfet und bewähret wird. Denn diese arbeitet jener gleichsam entgegen: und also muß der Rest, der in der Subtraction geblieben ist, wenn er zu dem abgezogenen addieret wird, wieder eine Summe hervorbringen, welche jener Größe gleich ist, von welcher die Abziehung geschehen ist.

Multiplication ganzer Größen.

164. Die Multiplication hat vier Fälle.

Erster Fall. Wenn vor den Buchstaben, welche mit einander sollen multiplicieret werden einerley Zeichen ohne Coeficient stehen, so schreibt man diese Buchstaben neben einander mit dem Zeichen +, wie ihr hier sehet.

Exem-

Exempel.

Multiplicandus	a	$-a$	$a+b$	$-a-b$
Multiplicator	b	$-b$	d	$-d$
Product	ab	$+ab$	$ad+bd$	$ad+bd$

165. **Zweyter Fall.** Wenn die Buchstaben Coeficienten vor sich haben, so multiplicieret man diese durch einander, und setzet das Product der Coeficienten vor dem Producte der Buchstaben.

Exempel.

Multiplicandus	$5a$	$-6d$	$3a+2b$
Multiplicator	$3b$	$-7b$	6
Product	$15ab$	$+42bd$	$18a+12b$

Multiplicandus	$a+b$
Multiplicator	$5b$
Product	$5ab+5bb$

166. **Dritter Fall.** Wenn der Multiplicandus und Multiplicator verschiedene Zeichen vor sich haben, so bekömmt das Product das Zeichen (—)

Exempel.

Multiplicandus	a	$-6d$	$4a-7b$
Multiplicator	$-b$	$+7a$	$+3f$
Product	$-ab$	$-42ad$	$12af-21bf$

167. **Vierter Fall.** Wenn ein Buchstab, welcher einen Exponent bey sich hat, mit eben

dem-

demselben Buchstaben (als b mit b) der gleichfalls einen Exponent hat, soll multiplicieret werden, so wird im Producte dieser Buchstab nur einmal geschrieben, die Exponenten aber werden addieret, daß also die Summe beyder Exponenten der neue Exponent wird.

Exempel.

Multiplicandus	b^2	$a^3 - b$	$-c + 3b^2$
Multiplicator	b^3	b^2	$-3c^2$
Product	b^5	$a^3 b^2 - b^3$	$+3c^3 - 9b^2 c^2$

167. Diese vier zur Multiplication dienende Regeln, lassen sich gar leicht erweisen. Die erste ist von den Erfindern der Algebra willkührlich gesetzet worden. Sie sind unter einander übereins gekommen, daß, wenn ein Buchstab durch einen andern multiplicieret werden sollte, beyde Buchstaben neben einander geschrieben werden, und diese neben einander stehende Buchstaben, das Product anzeigen sollten. Die zweyte Regel, daß nämlich die Coeficienten durch einander multiplicieret werden müssen, ist für sich selbst klar, und bedarf keines Beweises. Die vierte, welche die Exponenten des nämlichen Buchstabens zu addieren befiehlt, ist nicht so fast eine neue Regel, als eine Abkürzung der ersten. Denn wenn ihr a^2 durch a^3 multiplicieren müsset, so bekommet ihr kraft dieser vierten Regel im Producte a^5. Wenn ihr nun anstatt a^2 geschrieben hättet aa, und aaa anstatt a^3, (welches ihr gemäß dem §. 154. hättet thun können) und wenn ihr alsdenn

gemäß der ersten Regel alle diese Buchstaben *a* neben einander geschrieben hättet, so wäre das Product *aaaaa* entstanden, welches eben so viel ist als a^5 (§. 154.). Es hat also nur noch dieses eines Beweises nöthig, daß eine positive Größe, wenn sie durch eine negative multiplicieret wird, ein negatives Product gebe; und daß aus zwoen negativen Größen, wenn sie mit einander multiplicieret werden, ein positives Product entstehe. Man beweist es also. $a - a$ ist gleich nichts. Man mag also $a - a$ multiplicieren, mit was man immer will, so muß das Product immer gleich nichts seyn. Nun multipliciere man $a - a$ mit b, so wird das erste Glied, da nämlich $+a$ mit $+b$ multiplicieret wird, $+ab$ seyn, wie für sich selbst klar ist: so muß dann das zweyte Glied des Products, welches entsteht, wenn $-a$ durch b multiplicieret wird, $-ab$ seyn, sonst könnte das ganze aus beyden Gliedern bestehende Product nicht gleich nichts seyn. $-a \times b$ giebt also $-ab$.

Ferner wenn man $a - a$ durch $-b$ multiplicieret, so wird das erste Glied des Products $-ab$ seyn, wie eben ist erwiesen worden: so muß dann das zweyte Glied $+ab$ seyn, sonst wurden beyde Glieder einander nicht aufheben. Also giebt $-$ durch $-$ multiplicieret $+$.

Sehet hier noch andere Exempel der Multiplication in welchen alle Fälle vorkommen.

Multiplicandus	$3a - 4b + 5c$
Multiplicator	$4c$
Product	$12ac - 16bc + 20c^2$
Multiplicandus	$2a^3c^2 - 5a^4b + 6a^5$
Multiplicator	$3ab^2$
Product	$6a^4b^2c^2 - 15a^5b^3 + 18a^6b^2$
Multiplicandus	$4ab - 3b - cd$
Multiplicator	$-5bd$
Product	$-20ab^2d + 15b^2d + 5bcd^2$

168. Anmerkung. Wenn der Multiplicator aus mehreren Gliedern besteht, so müssen alle Glieder des Multiplicandus durch ein jedes Glied des Multiplicators multiplicieret werden. Man bekömmt also so viele Partialproducte als viele Glieder der Multiplicator hat. Diese Partialproducte müssen alsdenn zusammen addieret werden, die Summe ist das verlangte ganze Product. Wir wollen es in Exempeln sehen.

Setzen wir, diese zwo Größen $2a + b - d$ und $a - b$ sollen durch einander multiplicieret werden. Schreib die letzte Größe, als den Multiplicator unter die erste, wie du unten siehst. Zieh eine Linie darunter. Multipliciere mit a, dem ersten Gliede des Multiplicators alle Glieder des Multiplicandus, und so entsteht das erste Partialproduct $2a^2 + ab - ad$. Ferners multipliciere mit dem zweyten Gliede des Multiplicators $(-b)$ alle Glieder des Multiplicandus, und du bekömmst das zweyte Partialproduct $-2ab-b^2+bd$. Addiere beyde Partialproducte zusammen: die Summe $2a^2-ab-ad-b^2+bd$ ist das verlangte ganze Product.

Multiplicand. $2a+b-d$
Multiplicat. $a-b$

$2a^2+ab-ad$ -- das erste Partialproduct.
$-2ab \quad -bb+bd$ das zweyte Partialproduct.

$2a^2-ab-ad-bb+bd$ das ganze Product.

In diesem Exempel sehet ihr, daß die ähnlichen Glieder, wenn einige da sind, unter einander geschrieben werden. Doch ist dieses nicht allerdings nothwendig. Man kann wohl alle Glieder der Partialproducte, so wie sie entstehen, anschreiben: wenn man nur alsdenn in der Addition Sorge trägt, daß die ähnlichen Glieder zusammen gesuchet, und in eine Summe addieret werden.

Exempel.

I.

Multiplicandus $2ab-4ac+ad$
Multiplicator $3ab-5ac+2ad$

$$\left.\begin{array}{l} 6a^2b^2-12a^2bc+3a^2bd \\ -10a^2bc+20a^2c^2-5a^2cd \\ 4a^2bd-8a^2cd+2a^2d^2 \end{array}\right\}\text{Partialproducte}$$

$6a^2b^2-22a^2bc+7a^2bd+20a^2c^2-13a^2cd+2a^2d^2$. das ganze Product.

II.

II.

$$5a^3 b - 2ab^3 + 4a^2 c^2$$
$$2a^3 b - ab^3 + 3a^2 c^2$$

$$10a^6 b^2 - 4a^4 b^4 + 8a^5 bc^2$$
$$-5a^4 b^4 + 2a^2 b^6 - 4a^3 b^3 c^2$$
$$15a^5 bc^2 - 6a^3 b^3 c^2 + 12a^4 c^4$$

$$10a^6 b^2 - 9a^4 b^4 + 23a^5 bc^2 + 2a^2 b^6 - 10a^3 b^3 c^2 + 12a^4 c^4.$$

III.

$$2a^4 x^2 - 3b^4 y^2$$
$$2a^4 x^2 + 3b^4 y^2$$

$$4a^8 x^4 - 6a^4 b^4 y^2 x^2$$
$$6a^4 b^4 y^2 x^2 - 9b^8 y^4.$$

$$4a^8 x^4 - 9b^8 y^4$$

IV.

$$5ab + 3ac - c^2$$
$$-5ab + 3ac - c^2$$

$$-25a^2 b^2 - 15a^2 bc + 5abc^2$$
$$+15a^2 bc + 9a^2 c^2 - 3ac^3$$
$$-5abc^2 - 3ac^3 + c^4$$

$$-25a^2 b^2 + 9a^2 c^2 - 6ac^3 + c^4$$

Division ganzer Grössen.

169. Die Division ist der Multiplication entgegen gesetzet: sie hat ebenfalls vier verschiedene Fälle.

Erster Fall. Wenn der Dividendus und Divisor beyde einerley Zeichen, und keine Coeficienten haben, so werden jene Buchstaben des Dividendus, welche auch im Divisor sich einfinden, ausgelöschet: die übergebliebenen Buchstaben des Dividendus mit dem Zeichen + sind der Quotient.

Exempel.

Dividendus	ab	$-ab$	$ad+bd$	$-ad-bd$
Divisor	b	$-b$	d	$-d$
Quotient	a	$+a$	$a+b$	$a+b$

170. **Zweyter Fall.** Wenn die Zeichen des Dividendus und des Divisors verschieden sind, so setzet vor dem Quotient das Zeichen —

Exempel.

Dividend.	ab	$-ab$	$-ab-bd$	$abc+bcd+bcf$
Divisor	$-a$	$+a$	$+b$	$-bc$
Quotient	$-b$	$-b$	$-a-d$	$-a-d-f$

171. **Dritter Fall.** Wenn die Buchstaben des Dividendus und des Divisors Coeficienten vor sich haben, so werden diese durch einander dividieret, wie in der gemeinen Arithmetik.

Exem-

Exempel.

Dividendus	$15ab$	$42bd$	$12af - 21bf$
Divisor	$3a$	$-7b$	$3f$
Quotient	$5b$	$-6d$	$4a - 7b$

172. **Vierter Fall.** Wenn ein Buchstab in dem Dividendus und Divisor steht, und einen Exponent hat, so wird der Exponent des Divisors von dem Exponent des Dividendus abgezogen, und in dem Quotient eben dieser Buchstab geschrieben mit einem Exponent, der dem Reste gleich ist.

Exempel.

Dividendus	a^3	b^4c^2	b^3c	$-8b^5c^3d$
Divisor	a^2	b^2c	$-b$	$+4b^3c^3$
Quotient	a	b^2c	$-b^2c$	$-2b^2d$

173. **Erste Anmerkung.** In diesem letzten Exempel sehet ihr, daß, wenn ein Buchstab in dem Divisor und Dividendus den nämlichen Exponent hat, derselbe in dem Quotient gar nicht geschrieben wird.

174. **Zweyte Anmerkung.** Wenn sowohl die Buchstaben als Coefficienten des Dividendus und Divisors die nämlichen sind, so ist der Quotient 1.

Exempel.

Dividendus	ab	$7ab + 5bc$	$8ab + 4d$
Divisor	ab	$7ab + 5bc$	$-8ab - 4d$
Quotient	1	1	-1

175. Dritte Anmerkung. Wenn der Divisor einen Buchstaben hat, der nicht in dem Dividendus steht, oder wenn ein Buchstab in dem Divisor einen grösseren Exponent hat, als eben derselbe Buchstab in dem Dividendus hat, oder endlich, wenn der Coeficient des Divisors nicht genau und ohne Rest in dem Coeficient des Dividendus enthalten ist, so kann die Division nicht genau verrichtet werden. In diesem Falle schreibt man den Divisor auf die Art eines Bruchs untereinander.

Exempel.

Dividendus	$8ab$	$5ab$	$5a$
Divisor	$4ab$	$5a^2b$	$3a$
Quotient	$\frac{8ab}{4ab}$	$\frac{5ab}{5a^2b}$	$\frac{5a}{3a}$

Wie man dergleichen Brüche zu einem einfacheren Ausdrucke bringen könne, wollen wir weiter unten sehen.

176. Diese Regeln zu beweisen, halte ich nicht für nöthig, weil es fast eben so geschehen kann, wie in der Multiplication. Es wird einem jeden leicht seyn, die dort gegebenen Beweise hier anzuwenden. Diese vier Regeln sind erklecklich, so oft der Divisor nur aus einem Glied besteht: hat er aber mehrere Glieder, so merket, was jetzt folget.

177. Ordnung halber schreibt man den Divisor zu der Linken des Dividendus, und scheidet

bey-

beyde durch einen Verticalstrich, oder durch eine halbe Kreislinie. Zweytens aus dem Dividendus wählet man welch immer ein Glied, welches genau durch ein Glied des Divisors, sey es ebenfalls, was für eines es wolle, kann dividieret werden. Den Quotient der aus dieser Division entsteht, schreibt man zur Rechten des Dividendus, nachdem man zuvor einen halben Kreis gezogen hat. Drittens mit dem Quotient, den man also gefunden hat, multiplicieret man den ganzen Divisor: das Product wird unter den Dividendus geschrieben, und davon abgezogen, oder welches eines ist, das Product wird mit Veränderung aller Zeichen angeschrieben, und alsdenn zu dem Dividendus addieret: also bekömmt man einen neuen Dividendus. Viertens aus diesem wählet man sich wieder ein Glied, welches tauget, durch ein frey erwähltes Glied des Divisors genau dividieret zu werden. Der Quotient wird abermal zur Rechten neben den vorigen hin geschrieben mit seinem gehörigen Zeichen: und so fährt man immer fort bis nach der Subtraction nichts mehr übrig bleibet. Dieß alles wird in einem Exempel verständlicher werden.

Es sey der Dividendus $ab^2 + abd + acd - ac^2$ der Divisor $ab + ad - ac$. Schreib beyde neben einander, wie du unten siehst. Dividiere ein Glied des Dividendus z. E. ab^2 durch ein Glied des Divisors, welches zur genauen Division tauglich ist, als durch ab. Den Quotient b setze zur Rechten. Mit diesem Quotient b

multipliciere den ganzen Divisor, das Product wird seyn $ab^2 + abd - abc$: dieses schreib unter den Dividendus, aber mit Veränderung aller Zeichen: du wirst also unterschreiben $-ab^2 - abd + abc$. Nach gezogener Linie addiere dieses zu dem Dividendus, so entsteht ein neuer Dividendus $abc + acd - ac^2$. Was immer für ein Glied desselben z. E. acd dividiere durch ein Glied des Divisors, welches zu einer genauen Division tauget z. E. durch ad. Den Quotient $+c$ setze neben den vor gefundenen Quotient hin. Durch diesen neuen Quotient multipliciere den ganzen Divisor. Das Product $abc + acd - ac^2$ schreib mit veränderten Zeichen unter den Dividendus. Nach verrichteter Addition bleibt nichts übrig. Die Division ist also vollbracht, und $b + c$ ist der verlangte Quotient.

Divisor	Dividendus	Quot.
$ab + ad - ac$	$ab^2 + abd + acd - ac^2$	$b + c$
	$-ab^2 - abd + abc$	
	$abc + acd - ac^2$	
	$-abc - acd + ac^2$	
	0	

178. In dieser Weise zu dividieren könnte allein diese Sorge einen Anfänger verwirren, wie er in dem Dividendus und Divisor allezeit solche Glieder finden könne, welche zu einer genauen Division taugen. Dieser Beschwerniß zu begegnen merket folgendes. Erstens: erwählet

nach

nach Belieben einen Buchstaben, welcher sowohl in dem Dividendus als Divisor befindlich ist, und ordnet alle Glieder des Dividendus und Divisors nach diesem Buchstaben also, daß jenes das erste Glied sey, in welchem dieser Buchstab den größten Exponent hat; das zweyte Glied jenes, in dem dieser Buchstab einen Exponenten hat, der dem größten am nächsten kömmt u. s. f. Zweytens dividieret alsdenn immer das erste Glied des Dividendus durch das erste Glied des Divisors: in dem übrigen fahret fort, wie oben ist gesagt worden.

179. Anmerkung. Wenn ihr durch die Addition einen neuen Dividendus erhaltet, müsset ihr jederzeit sorgen, daß er nach eben demselben Buchstaben, den ihr Anfangs erwählet habet, geordnet bleibe: läßt sich alsdenn das erste Glied des Dividendus durch das erste Glied des Divisors nicht genau theilen, so ist es ein richtiges Zeichen, daß der gegebene Dividendus durch den gegebenen Divisor nicht genau könne dividieret werden. Wir wollen einige Exempel hersetzen, in welchen der Dividendus und Divisor schon nach einem gewissen Buchstaben geordnet sind: im ersten nach x: im zweyten nach c: im dritten nach a.

Divis.

Divis.	Dividendus	Quotient
$x - 3$	$x^5 - 243$	$x^4 + 3x^3 + 9x^2 + 27x + 81$

$$
\begin{array}{l}
x^5 - 243 \\
-x^5 + 3x^4 \\
\hline
\quad 3x^4 - 243 \\
\quad -3x^4 + 9x^3 \\
\hline
\qquad 9x^3 - 243 \\
\qquad -9x^3 + 27x^2 \\
\hline
\qquad\quad 27x^2 - 243 \\
\qquad\quad -27x^2 + 81x \\
\hline
\qquad\qquad 81x - 243 \\
\qquad\qquad -81x + 243 \\
\hline
\qquad\qquad\quad 0
\end{array}
$$

Di=

Divisor	Dividendus	Quotient
$2c^2 + 3bc - bb$	$4c^4 - 9b^2c^2 + 6b^3c - b^4$	$2c^2 - 3bc + b^2$
	$- 4c^4 - 6bc^3 + 2b^2c^2$	
	$- 6bc^3 - 7b^2c^2 + 6b^3c - b^4$	
	$+ 6bc^3 + 9b^2c^2 - 3b^3c$	
	$2b^2c^2 + 3b^3c - b^4$	
	$- 2b^2c^2 - 3b^3c + b^4$	
	0	

Divisor	Dividendus	Quotient
$a^2 - 2ab + 6b^2$	$2a^4 - 7a^3b + 22a^2b^2 - 26ab^3 + 24b^4$	$2a^2 - 3ab + 4b^2$
	$- 2a^4 + 4a^3b - 12a^2b^2$	
	$- 3a^3b + 10a^2b^2 - 26ab^3 + 24b^4$	
	$+ 3a^3b - 6a^2b^2 + 18ab^3$	
	$4a^2b^2 - 8ab^3 + 24b^4$	
	$- 4a^2b^2 + 8ab^3 - 24b^4$	
	0	

Drittes Kapitel.

Von den algebraischen Brüchen.

180. Die algebraischen Brüche werden ausgedrückt wie die gemeinen arithmetischen, da man nämlich den Denominator unter den Numerator schreibt, und beyde mit einem Querstriche von einander scheidt. Alle Verrichtungen, welche mit den Brüchen vorgenommen werden, geschehen in den algebraischen Brüchen ebenfalls, wie in den gemeinen arithmetischen. Allein jene Aufgabe: **Einen gegebenen Bruch zum kleinsten Ausdrucke bringen**, hat in den algebraischen Brüchen, (wenn die Art der Auflösung allgemein seyn soll,) eine besondere Beschwerniß. Aber eben dessentwegen, weil diese Beschwerniß ziemlich groß ist, und weil es über das nicht allerdings nothwendig ist, daß jeder Bruch zu seinem kleinsten Ausdrucke gebracht werde, so halte ich für rathsamer, diese allgemeine Auflösung nicht vorzutragen: ich begnüge mich einige leichte Regeln zu geben, durch welche die gegebenen algebraischen Brüche leicht, wo nicht zum kleinsten, doch insgemein zu einem kleineren Ausdrucke können gebracht werden. Sie sind folgende.

181. Erstens. Sehet: ob ihr die Coeficienten aller Glieder des Numerators und Denominators zugleich durch eine Zahl dividieren könnet, ohne jemals einen Rest zu bekommen. Geht dieses an: so dividieret alle Coeficienten des Zählers und Nenners durch diese Zahl.

Zwey=

Zweytens. Sehet, ob ihr einen Buchstaben in allen Gliedern des Zählers sowohl als des Nenners antreffet. Findet ihr dieses, so dividieret alle Glieder durch diesen Buchstaben.

Drittens. Ja wenn in allen Gliedern des Zählers und Nenners ein Buchstab anzutreffen ist mit einem größeren Exponent, als die Einheit ist: so nehmet diesen Buchstaben mit dem kleinsten Exponent, den dieser Buchstab in einem Glied des Zählers oder des Nenners hat, und dividieret dadurch alle Glieder.

Exempel.

$$\frac{4ab}{2bc} = \frac{2ab}{bc} = \frac{2a}{c}$$

$$\frac{10a^2bc - 8ab^2c}{6a^3b^2 - 4ab^2} = \frac{5a^2bc - 4ab^2c}{3a^3b^2 - 2ab^2}$$

$$= \frac{5abc - 4b^2c}{3a^2b^2 - 2b^2} = \frac{5ac - 4bc}{3a^2b - 2b}$$

$$\frac{16a^3b^2 + 24a^4b^3}{8a^5b^4 - 16a^3b^5} = \frac{2a^3b^2 + 3a^4b^3}{a^5b^4 - 2a^3b^5}$$

$$= \frac{2b^2 + 3ab^3}{a^2b^4 - 2b^5} = \frac{2 + 3ab}{a^2b^2 - 2b^3}$$

Viertes Kapitel.

Von Ausziehung der Quadratwurzel.

182. Wenn was immer für eine Größe, durch sich selbst multiplicieret wird, so sind die Producte, welche dadurch entstehen, die Potenzen derselben Größe. Wird die Größe einmal durch sich selbst multiplicieret, so ist das Product die zweyte Potenz, oder das Quadrat derselben. Also ist a^2 die zweyte Potenz von a; weil $a \times a = a^2$. Wird eine Größe zweymal durch sich selbst multiplicieret, so ist das Product der Cubus, oder die dritte Potenz dieser Größe. Also ist a^3 der Cubus von a; weil $a \times a \times a = a^3$.

183. Jene Größe, welche also durch sich selbst multiplicieret, die Potenzen hervorbringt, wird die Wurzel, oder auch die erste Potenz genannt. Also ist a die Quadratwurzel von a^2, und die Cubicwurzel von a^3.

184. Es ist also nichts leichter, als was immer für eine gegebene Größe zu der zweyten Potenz oder zum Quadrat zu erheben: man muß sie nämlich durch sich selbst einmal multiplicieren.

185. Die Quadratwurzel aus einer gegebenen Größe ausziehen, heißt so viel, als jene Größe finden; welche einmal durch sich selbst multiplicieret, die gegebene hervorbringe. Dieses geschieht bey eingliedichten Größen ohne alle

Be-

Beschwerniß. Hat die gegebene Größe einen Coeficient, so ziehet förderst aus diesem die Quadratwurzel, wie in der gemeinen Arithmetik; die Exponenten der Buchstaben dividieret mit 2.

Exempel.

Quadrat	$4a^2$	$25a^6$	$36a^2b^4$	$64a^4b^6c^2$
ihre Wurzeln	$2a$	$5a^3$	$6ab^2$	$8a^2b^3c$

186. Wenn entweders aus dem Coeficient die Quadratwurzel nicht genau ausgezogen werden, oder ein Exponent eines Buchstaben durch 2 nicht genau dividieret werden kann: so ist die gegebene Größe kein vollkommenes Quadrat, und hat also keine genaue Quadratwurzel. In diesem Falle begnüget man sich die Ausziehung der Quadratwurzel anzuzeigen, indem man vor der algebraischen Größe, aus welcher die Quadratwurzel sollte ausgezogen werden, das Zeichen $\surd$ setzet: also wenn ihr aus der Größe $5a^2$ oder aus $4a^2b$ die Quadratwurzel ausziehen sollet, so schreibet $\surd 5a^2$: und in dem zweyten Exempel $\surd 4a^2b$. Wenn alsdenn die ganze Rechnung mit den Buchstaben am Ende ist, so werden anstatt der Buchstaben ihre Werthe gesetzet, woraus dann eine Zahl entstehet, aus welcher sich die Quadratwurzel zuweilen vollkommen, und allzeit wenigst beynahe ausziehen läßt: wie in der Arithmetik (§. 132. und 135.) ist erkläret worden.

187. Eine negative Größe hat gar keine Quadratwurzel: daher die Quadratwurzeln einer negativen Größe unmögliche Wurzeln genennt werden: weil ja keine Zahl möglich ist, welche durch sich selbst multiplicieret ein negatives Product giebt. Also hat -4 keine Quadratwurzel. Denn wenn ihr $+2$ durch sich selbst multiplicieret, so entsteht $+4$.. Multiplicieret ihr -2 durch sich selbst: so ist das Product abermal $+4$.

188. Jede positive Größe hat zwo Quadratwurzeln: eine mit dem Zeichen $+$ die andre mit dem Zeichen $-$; denn wenn ihr $+a$ durch $+a$ multiplicieret, so ist das Product $+a^2$: multiplicieret ihr $-a$ durch $-a$, so ist das Product abermal $+a^2$; es sind also $+a$ und $-a$ beydes die Quadratwurzel von a^2.

189. Die Quadratwurzel aus einer vielgliedichten algebraischen Größe ausziehen ist zwar etwas schwerer, jedoch wird auch diese Beschwerniß verschwinden, wenn wir eine zweygliedichte Größe durch sich selbst multiplicieren, und das hieraus entsprungene Quadrat in Betrachtung nehmen. Multiplicieret eine zweygliedichte Größe als etwann $a+b$ durch sich selbst. Es entsteht hieraus das Product $a^2+2ab+b^2$. In diesem sehet ihr erstens das Quadrat des ersten Theils a der gegebenen Größe, nämlich a^2: zweytens das Quadrat des zweyten Theils b, nämlich b^2, und drittens das Product aus dem ersten Theile a zweymal genommen durch den zweyten b multiplicieret,

nämlich

nämlich 2 *ab*. Hieraus ziehet ihr diesen allgemeinen Grundsatz: jedes Quadrat einer zweygliedichten Wurzel besteht aus dem Quadrate des ersten Theils, aus dem Quadrate des zweyten Theils, und aus dem Producte des doppelt genommenen ersten Theils durch den zweyten. Aus diesem Grundsatze folget klar die Auflösung folgender Aufgabe.

Aufgabe.

Aus einer vielgliedichten Größe die Quadratwurzel ausziehen.

190. Ordnet die gegebene vielgliedichte Größe nach einem Buchstaben, der euch beliebet.

Zweytens ziehet die Quadratwurzel aus dem ersten Gliede: schreibet sie zur Rechten hinter einen gezogenen Strich. Das Quadrat dieser Wurzel ziehet von der gegebenen Größe ab: den Rest schreibet unter einen zuvor gezogenen Querstrich.

Drittens die also gefundene Wurzel multiplicieret mit 2. Dieses doppelte schreibet unter das erste Glied des gefundenen Rests. Dividieret dieses Glied durch dieses doppelte des ersten Theils der Wurzel: der Quotient ist der zweyte Theil der Wurzel. Schreibet ihn also zur Rechten neben den vor gefundenen ersten Theil mit seinem gehörigen Zeichen, schreibet ihn aber zugleich neben

ben den Divisor. Multiplicieret mit diesem jetzt gefundenen zweyten Theile den Divisor samt dem angehängten zweyten Theile, das Product ziehet von dem ersten Reste der gegebenen Größe ab: bleibt nichts übrig: so sind die bisher gefundenen zween Theile die ganze verlangte Wurzel: bleibt aber ein Rest, so wiederholet die ganze Arbeit vom dritten Puncte angefangen; und dieses so lang, bis endlich kein Rest mehr bleibt.

Exempel.

Welche ist die Quadratwurzel von $2ax + a^2 + x^2$. Wenn ihr diese Größe nach a ordnet, so werden die Glieder also stehen $a^2 + 2ax + x^2$. Die Quadratwurzel des ersten Glieds a^2 ist a: schreibet also a zur Rechten hinter einen Verticalstrich (sehet unten die ganze Bearbeitung) ziehet a^2 von der gegebenen Größe ab: der Rest ist $2ax + x^2$. Multiplicieret den schon gefundenen ersten Theil a der Wurzel durch 2. Das Product $2a$ schreibet unter $2ax$: dividieret $2ax$ durch $2a$: den Quotient $+ x$, als den zweyten Theil der Wurzel schreibet zur Rechten neben a: schreibet ihn auch neben den Divisor $2a$: multiplicieret mit dem jetzt gefundenen zweyten Theile x den Divisor $2a$ samt dem angehängten zweyten Theile x: das Product $2ax + x^2$ ziehet ab: es bleibt kein Rest; also ist $a + x$ die verlangte Wurzel.

$$
\begin{array}{l}
a^2 + 2ax + x^2 \;(a + x \\
a^2 \\
\hline
\quad 2ax + x^2 \\
\quad 2a + x \\
\quad 2ax + x^2 \\
\hline
\quad\quad 0
\end{array}
$$

Zweytes Exempel.

Welches ist die Quadratwurzel von $4a^2 + bb + 4ac + c^2 - 2bc - 4ab$?

Ordnet die gegebene Größe nach dem Buchstaben a: sie wird also stehen: $4a^2 - 4ab + 4ac + bb - 2bc + c^2$. Nehmet die Quadratwurzel von $4a^2$; sie ist $2a$: schreibet also $2a$ zur Seite nach einem Striche, wie ihr unten sehet. Das Quadrat davon, nämlich $4a^2$ ziehet von der gegebenen Größe ab, und schreibet den Rest $-4ab + 4ac + bb - 2bc + c^2$ herab. Multiplicieret $2a$ mit 2: schreibet das Product $4a$ unter das erste Glied $-4ab$ des Rests. Dividieret $-4ab$ durch $4a$: den Quotient $-b$ schreibet in der Wurzel neben $2a$, wie auch neben den Divisor $4a$: woraus ihr dann die Größe $4a - b$ bekommet. Multiplicieret $4a - b$ durch diesen zweyten Theil der Wurzel, nämlich durch $-b$: das Product $-4ab + b^2$ ziehet von dem vorher erhaltenen Reste $-4ab + b^2 + 4ac - 2bc + c^2$ ab. Den zweyten Rest $4ac - 2bc + c^2$ schreibet abermal unter. Multiplicieret $2a - b$, das ist, die zween schon gefundenen Theile der Wurzel durch 2: das Product $4a - 2b$ schreibet unter den zweyten Rest, nämlich unter $4ac - 2bc + c^2$ Dividieret $4ac$ durch $4a$: den Quotient c schreibet in der Wurzel neben $2a - b$, und auch neben den Divisor $4a - 2b$, woraus denn $4a - 2b + c$ entstehet. Diese ganze Größe multiplicieret mit eben diesem jetzt gefundenen Theile der Wurzel, das ist mit c. Das Product $4ac - 2bc + c^2$ schreibet unter: verrichtet die Abziehung: ihr erhaltet keinen Rest. Also ist $2a - b + c$ die verlangte Wurzel. Sehet hier die Ordnung der ganzen Bearbeitung.

$$
\begin{array}{l}
4a^2 - 4ab + 4ac + b^2 - 2bc + c^2 \;(2a - b + c \\
4a^2 \\
\hline
\quad - 4ab + 4ac + b^2 - 2bc + c^2 \\
\quad\;\; 4a - b \\
\quad - 4ab + b^2 \\
\hline
\quad\;\; 4ac - 2bc + c^2 \\
\quad\;\; 4a - 2b + c \\
\quad\;\; 4ac - 2bc + c^2 \\
\hline
\qquad\qquad 0
\end{array}
$$

191. **Anmerkung.** Wenn ihr für den ersten Theil der Wurzel anstatt $+ 2a$ hättet $- 2a$ genommen, welches ihr hättet thun können, weil $- 2a$ eben sowohl als $+ 2a$ die Wurzel von $4a^2$ ist, so hättet ihr für den zweyten Theil der Wurzel $+ b$ und für den dritten $- c$ bekommen, wie ihr leicht erfahren könnet, wenn ihr die ganze Bearbeitung wiederholen wollet. Aus diesem erhellet

erhellet also, das auch jede vielgliedichte Grösse zwo Quadratwurzeln habe: und daß, wenn eine derselben gefunden ist, man nur alle Zeichen derselben verändern darf, um die andere zu haben. Sehet hier noch ein paar Exempel zur Uebung.

Quadrat	Wurzel
$25a^2 + 30ab + 9b^2$	$5a + 3b$

$$25a^2$$

$$30ab + 9b^2$$

$$+ 10a + 3b$$

$$30ab + 9b^2$$

$$0$$

Quadrat	Wurzel
$4x^4 + 8ax^3 + 4a^2x^2 + 16b^2x^2 + 16bbax + 16b^4$	$2x^2 + 2ax + 4b^2$

$$4x^4$$

$$8ax^3 + 4a^2x^2 + 16b^2x^2 + 16b^2ax + 16b^4$$

$$4x^2 + 2ax$$

$$8ax^3 + 4a^2x^2$$

$$16b^2x^2 + 16b^2ax + 16b^4$$

$$4x^2 + 4ax + 4b^2$$

$$16b^2x^2 + 16b^2ax + 16b^4$$

$$0$$

Zweyter
praktischer Theil der Algebra.
Von der
Auflösungskunst.

192. Es sind zween Wege zu der Wahrheit zu gelangen: die Zusammensetzung (Synthesis) und die Auflösung (Analysis). Jene fängt von dem einfachsten an, und erschwingt sich nach und nach, und gleichsam staffelweise zu dem, was man zu wissen verlanget: diese nimmt jenes, was gesucht wird, als schon gefunden an: erforschet alsdenn alle Folgen, die aus dieser Voraussetzung fliessen, und zieht endlich aus eben diesen Folgen die gesuchte Wahrheit heraus. Dieser zweyten Art, die Wahrheit zu entdecken, bedienen wir uns in Auflösung der algebraischen Aufgaben. Es müssen aber in allen Aufgaben einige Dinge bekannt, und wenigst ein Ding unbekannt seyn; denn wenn alles bekannt wäre, so würde nichts mehr übrig seyn, von dem man fragen könnte. Wenn aber gar nichts bekannt wäre, würde die Frage unmöglich aufzulösen seyn.

In Auflösung der algebraischen Aufgaben bedienen wir uns der Gleichungen. Diese dann, wie sie aufzulösen sind, wollen wir in gegenwärtigem Kapitel erklären.

Erstes Kapitel.

Wie die Gleichungen aufzulösen seyn.

193. Eine Gleichung ist eine Vergleichung zweener algebraischen Ausdrücke; derer einer so viel gilt als der andere. Sie werden mit einander verbunden durch das Zeichen $=$. Jene Größen, welche zur Linken dieses Zeichens stehen, machen, alle zusammen genommen, das erste Glied der Gleichung: die, welche zur Rechten dieses Zeichens stehen, machen das zweyte Glied der Gleichung aus: also machen in der Gleichung $3x + 3b = 3c - 5d + 2a$ die zwo ersten Größen $3x + 3b$ das erste: die drey letzten $3c - 5d + 2a$ das zweyte Glied aus.

194. Jene Gleichung, in welcher nur eine unbekannte Größe ist, heißt eine bestimmte Gleichung. Wenn aber mehrere unbekannte Größen darinn vorkommen, nennet man sie eine unbestimmte Gleichung. Die Ursache dieser Benamsungen ist, weil jene nur eine, oder wenigst nur eine bestimmte Anzahl der Auflösungen hat, diese aber unendlich vielerley.

195. Jede Gleichung ist von jenem Grade, welchen der größte Exponent der unbekannten Größe anzeiget: also ist die Gleichung $3x + a^2 = 2b - x$ vom ersten; die Gleichung $x^2 + ax = c$ vom zweyten Grade.

196. Eine Gleichung auflösen heißt so viel, als den Werth der unbekannten Größe, die darinn vorkömmt, finden! Dieses erhält man, wenn die Gleichung also geordnet wird, daß die unbekannte Größe ganz allein auf der einen Seite des Zeichens =, auf der anderen aber lauter bekannte Größen stehen.

Wie man nun dieses erhalten könne erstens, wenn die Gleichung vom ersten Grade ist, und nur eine unbekannte Größe hat: zweytens, wenn sie vom zweyten Grade ist, aber wieder nur eine unbekannte Größe hat: drittens wenn mehrere unbekannte Größen darinn begriffen sind, wollen wir in folgenden drey Abschnitten zeigen.

Erster Abschnitt.

Von Auflösung der Gleichungen vom ersten Grade, mit einer unbekannten Größe.

197. Ehe ich noch die Regeln zu dieser Auflösung gebe, will ich jene Grundsätze anführen, auf welche sich alle diese Regeln steifen.

I. Wenn man zu gleichen Größen etwas gleiches addieret, so werden die Summen gleich seyn.

II. Wenn man von gleichen Größen etwas gleiches subtrahieret, so sind die Reste gleich.

III. Wenn man gleiche Größen durch etwas gleiches multiplicieret, so entstehen gleiche Producte.

IV. Wenn man gleiche Größen durch etwas gleiches dividieret, so bekömmt man gleiche Quotienten.

V. Wenn gleiche Größen zu den nämlichen Potenzen erhöhet werden, so sind diese Potenzen gleich.

VI. Wenn aus gleichen Größen die nämliche Wurzel ausgezogen wird, so sind diese Wurzeln wieder gleich.

Alle diese Grundsätze kann man in einen zusammen ziehen, und sagen; wenn über gleiche Größen die nämliche Bearbeitungen vorgenommen werden, so entstehen wieder gleiche Größen. Hier folgen nun die Regeln.

Erste Regel.

198. Jeder Theil einer Gleichung kann aus einem Gliede in das andre mit Veränderung des Zeichens übertragen werden, ohne daß hiedurch die Gleichheit beyder Glieder gehoben werde.

Also wenn $x - a = b$, so sage ich, es sey auch $x = a + b$. Denn $x - a + a = b + a$ gemäß dem ersten Grundsatze: weil nun $-a$ und $+a$ einander aufheben, so folget, daß $x = a + b$. Eben so, wenn $x + a = b$, sage ich, es sey auch $x = b - a$; denn $x + a - a = b - a$ gemäß dem zweyten Grundsatze. Also ist auch nach der Abkürzung $x = b - a$.

Durch

Durch Hülfe dieser Regel kann man alle Theile einer Gleichung, in welchen die unbekannte Größe enthalten ist, auf eine Seite des Zeichens $=$, und auf die andre, alle, welche gänzlich bekannt sind, setzen.

Exempel.

I.

Es sey $3x + 2a - 3b = 2x + 3b - 5c$
es wird seyn $3x - 2x = 3b - 5c - 2a + 3b$
und folglich $x = 6b - 5c - 2a$

II.

$2x - 3ab - 5ac = x - 3ab - 4ac$
$2x - x = -3ab - 4ac + 3ab + 5ac$
$x = ac$

III.

$3x - 9 = 2x + 6 - 14$
$3x - 2x = 6 - 14 + 9$
$x = 1.$

199. Aus dieser Regel folget, man könne in jeder Gleichung die Zeichen aller Theile verändern; denn wenn ich alle Theile aus einem Gliede in das andre übersetzen wollte, wurden ja alle Zeichen verändert werden. Dieses hat öfters seinen Nutzen, wenn nämlich die unbekannte Größe ganz allein auf einer Seite mit dem Zeichen $-$ steht. Also wenn ihr habet $3x - a = 4x + b$, so bekommet ihr $3x - 4x = b + a$ oder $-x = b + a$. Wenn ihr nun alle Zeichen veränderet, so entsteht $x = -a - b$.

Zweyte Regel.

200. Wenn ein Theil einer Gleichung durch was immer für eine Größe multiplicieret ist, so können alle übrige Theile durch diese Größe dividieret, und dieselbe in jenem Theile, wo sie ein Factor war, weggelassen werden.

Also wenn $ax = b + c$, so sage ich, es sey $x = \frac{b+c}{a}$. Denn $\frac{ax}{a} = \frac{b+c}{a}$ gemäß dem vierten Grundsatze, und folglich $x = \frac{b+c}{a}$.

Durch Hülfe dieser Regel kann man die unbekannte Größe von was immer für einem Coeficient erledigen.

Exempel.

I.

Es sey	$3x - 5 = 3 - 2x$
es wird seyn	$3x + 2x = 3 + 5$
das ist	$5x = 8$
folglich	$x = \frac{8}{5} = 1\frac{3}{5}$

II.

Es sey	$2bcx - ab = 5bc + 2bcd$
es wird seyn	$2bcx = 5bc + 2bcd + ab$
das ist	$x = \frac{5bc + 2bcd + ab}{2bc}$

III.

III.

Es sey $ax - ab = 3ad$
es wird seyn $ax = 3ad + ab$
folglich $x = \frac{3ad + ab}{a} = 3d + b$

201. **Anmerkung.** Wenn die unbekannte Größe mit verschiedenen bekannten Größen multiplicieret, sich in mehreren Theilen befindet, so müsset ihr durch die Summe aller dieser Factoren beyde Glieder der Gleichung dividieren. Im ersten Gliede wird alsdenn die unbekannte Größe allein der Quotient seyn: das andre Glied wird ein Bruch seyn, dessen Nenner die Summe aller dieser Factoren ist. Lasset sich alsdenn der Zähler durch diesen Nenner genau dividieren, so wird diese Division wirklich vorgenommen: geht aber dieses nicht an, so werden anstatt der Buchstaben ihre Werthe gesetzet, und alsdenn erst in den Zahlen die Division vorgenommen.

Exempel.

I.

Es sey $5acx - 3bc = 2bcx - 3cd$
Es wird seyn $5acx - 2bcx = 3bc - 3cd$
$x = \frac{3bc - 3cd}{5ac - 2bc} = \frac{3b - 3d}{5a - 2b}$

II.

II.

Es sey $3ac - 3cx = 5ab - 5bx$

Es wird seyn $5bx - 3cx = 5ab - 3ac$

$$x = \frac{5ab - 3ac}{5b - 3c} = a$$

III.

$$2bx + 8b^2 - 6ab + 9ad = 3dx + 12bd$$

$$2bx - 3dx = 12bd - 8b^2 + 6ab - 9ad$$

$$x = \frac{12bd - 8b^2 + 6ab - 9ad}{2b - 3d} = 3a - 4b$$

Zweyte Anmerkung. Wenn in einer Gleichung die unbekannte Größe in mehreren Theilen vorkömmt, und in einem derselben keinen Coeficienten bey sich hat, so ist die Einheit ihr Coeficient: welcher dann in der Division nicht muß außer Acht gelassen werden.

Exempel.

$$x + ax = bc$$

$$x = \frac{bc}{1 + a}$$

Dritte Regel.

202. Wenn ein Theil einer Gleichung durch was immer für eine Größe dividieret ist, so können die übrigen Theile durch selbe Größe multiplicieret, und alsdenn dieser Divisor, wo er zuvor war, weggelassen werden.

Also

Also wenn $\frac{x}{b} = a$, so sage ich, es sey $x = ab$

Denn $\frac{bx}{b} = ab$ gemäß dem dritten Grundsatz.

Also ist $x = ab$.

Durch Hülfe dieser Regel kann man die unbekannte Größe von allen Divisoren befreyen, und also die Brüche, in denen die unbekannte Größe ist, aufheben. Die Brüche, welche aus lauter bekannten Größen bestehen, ist nicht nöthig aufzuheben: jedoch pflegt man sie öfters auf gleiche Art wegzuschaffen, damit zuletzt der Werth der unbekannten Größe in einem einzigen Bruche erhalten werde: da man doch sonst für diesen Werth mehrere Brüche mit zerschiedenen Nennern erhalten würde.

Exempel.

Es sey $\frac{x}{3} - 9 = 15$

Es wird seyn $x - 27 = 45$ Gemäß der dritten Regel

$x = 45 + 27 = 72$ Gemäß der ersten Regel.

203. **Anmerkung.** Wenn in einer Gleichung mehrere Brüche vorkommen, kann man auf gleiche Art einen nach dem andern aufheben. Sehet diese Exempel.

Es sey $\frac{x}{3}+\frac{x}{5}=7-\frac{x}{2}$ Wenn ihr alles multiplicieret durch 3.

so entsteht $\begin{cases} x+\frac{3x}{5}=21-\frac{3x}{2} & \text{Wenn ihr alles multiplicieret durch 5.} \\ 5x+3x=105-\frac{15x}{2} & \text{Wenn ihr alles multiplicieret durch 2.} \\ 10x+6x=210-15x & \end{cases}$

$$10x+6x+15x=210$$
$$31x+210$$
$$x=\frac{210}{31}=6\frac{24}{31}$$

Es sey $\frac{x}{2a}+\frac{3x}{b}=c+\frac{dx}{5f}$

$$x+\frac{6ax}{b}=2ac+\frac{2adx}{5f}$$
$$bx+6ax=2abc+\frac{2abdx}{5f}$$
$$5bfx+30afx=10abcf+2abdx$$
$$5bfx+30afx-2abdx=10abcf$$
$$x=\frac{10abcf}{5bf+30af-2abd}$$

204. Zweyte Anmerkung. Ihr könnet auch alle Brüche auf einmal wegschaffen, wenn ihr alle Theile der Gleichung durch das Product aller Nenner der Brüche multiplicieret, wobey doch dieses zu beobachten, daß ihr jeden Zähler

der Brüche nur mit dem Producte aller übrigen Nenner multiplicieren müsset, nicht aber mit dem eigenen; denn wenn ihr alsdenn den eigenen Nenner weglasset, so habet ihr eben darum selben Bruch auch durch seinen Nenner multiplicieret.

Exempel.

I.

$$\frac{2x}{7} - \frac{6}{5} = \frac{3}{4} + \frac{5x}{6}$$

$$2x \times 5 \times 4 \times 6 - 6 \times 7 \times 4 \times 6 = 3 \times 7 \times 5 \times 6 + 5x \times 7 \times 5 \times 4$$

$$240x - 1008 = 630 + 700x$$

$$240x - 700x = 630 + 1008$$

$$-460x = 1683$$

$$460x = -1683$$

$$x = -\frac{1683}{460} = -\frac{819}{230}$$

II.

Es sey $\frac{5ab}{3c} - \frac{5x}{2b} = \frac{3ac}{4} - \frac{ax}{c}$

$$5ab \times 2b \times 4 \times c - 5x \times 3c \times 4 \times c$$

$$= 3ac \times 3c \times 2b \times c - ax \times 3c \times 2b \times 4$$

$$40ab^2c - 60c^2x = 18ac^3b - 24abcx$$

$$24abcx - 60c^2x = 18ac^3b - 40ab^2c$$

$$x = \frac{18ac^3b - 40ab^2c}{24abc - 60c^2} = \frac{9ac^2b - 20ab^2}{12ab - 30c}$$

205. Wir wollen nun alle Regeln, welche zur Auflösung der Gleichungen vom ersten Grade mit einer unbekannten Größe gehören, kurz zusammen ziehen. Erstens: wenn in der gegebenen Gleichung Brüche vorkommen, so hebet diese Brüche auf, indem ihr die ganze Gleichung durch die Nenner der Brüche multiplicieret. Zweytens versetzet die Theile der Gleichung mit Veränderung des Zeichens derer, welche versetzet werden, also, daß alle Theile, welche die unbekannte Größe in sich haben, auf der einen Seite, auf der andern alle gänzlich bekannte zu stehen kommen. Drittens befreyet die unbekannte Größe von ihren Coeficienten oder Factoren, indem ihr die ganze Gleichung durch die Summe derselben dividieret.

Zweyter Abschnitt.

Von den Gleichungen vom zweyten Grade mit einer unbekannten Größe.

206. Wir haben oben gesagt, jene Gleichungen seyn vom zweyten Grade, in welchen die größte Potenz der unbekannten Größe das Quadrat ist. Wenn nun dieses Quadrat der unbekannten Größe einen Coeficient oder einen Divisor bey sich hat, das ist, wenn es durch eine bekannte Größe multiplicieret oder dividieret wird, so müsset ihr erstens diese bekannte Größe wegschaffen, den Coeficient zwar durch die Divi-

sion (200) den Divisor aber durch die Multiplication (202).

Zweytens bringet alle Theile, welche die unbekannte Größe in sich haben auf eine, die gänzlich bekannte auf die andere Seite (198).

Drittens. Wenn alsdenn das Quadrat der unbekannten Größe das Zeichen — vor sich hat, so veränderet alle Zeichen der Gleichung.

Viertens. Wenn das erste Glied der Gleichung ein vollkommenes Quadrat ist, (welches alsdenn geschieht, wenn das erste Glied aus einem einzigen Theile, nämlich aus x^2 besteht) so ziehet aus selben die Quadratwurzel. Eben diese Wurzel ziehet auch aus dem zweyten Gliede der Gleichung, wenn es sich anderst thun läßt. Geht aber diese Ausziehung der Wurzel bey dem zweyten Gliede nicht an, so setzet das Zeichen $\surd$ vor selbem.

Fünftens. Hat aber das erste Glied der Gleichung neben dem x^2 noch einen andern Theil, welcher aus der unbekannten Größe, mit einer bekannten Größe multiplicieret, oder dividieret, besteht, so nehmet die Hälfte dieses Coeficients oder Factors: erhebet diese Hälfte zum Quadrate: setzet dieses Quadrat zu jedem Gliede der Gleichung. Solcher Gestalt wird das erste Glied der Gleichung jederzeit ein vollkommenes Quadrat werden, wie leicht erhellet aus jenem Lehrsatze: das Quadrat einer zweygliedichten Größe begreift in sich das Quadrat des ersten

sten Theils, das Quadrat des zweyten Theils durch das doppelte Product des ersten durch den zweyten.

Sechstens. Wenn nun das erste Glied zu einem vollkommenen Quadrate geworden, so ziehet aus beyden Gliedern der Gleichung die Quadratwurzel, oder wenn dieses bey dem zweyten Gliede sich nicht thun läßt, so setzet das Zeichen √ davor. Die Quadratwurzel des ersten Glieds ist allezeit x und der halbe Coeficient, mit welchem das x in der Gleichung multiplicieret ist, und zwar mit eben seinem Zeichen.

Siebentens. Brauchet nochmals die Versetzung; indem ihr den in der Ausziehung der Wurzel erhaltenen bekannten Theil auf die andere Seite setzet, mit Veränderung seines Zeichens.

207. Anmerkung. Dieses ist noch zu merken, daß ihr in dem zweyten Gliede, vor das Wurzelzeichen + und — setzen, und auch die Wurzel selbst, wenn ihr sie ausgezogen habet, mit beyden Zeichen nehmen müsset: daß also in jeder Gleichung vom zweyten Grade die unbekannte Größe zweyerley Werthe hat. Die Ursache ist klar aus dem was (188) ist gesagt worden.

Zweyte Anmerkung. Die Hälfte des Coeficients von x könnet ihr leicht bekommen, wenn ihr diesen Coeficient, oder wenn es mehrere sind, die Summe der Coeficienten durch 2 dividieret, oder wenn diese Division nicht ohne Rest angehet, 2 als den Denominator darunter schreibet.

Alles dieses könnet ihr in folgenden Exempeln sehen.

Ihr sollet die Gleichung $2x^2 = 4x + 16$ auflösen. Weil x^2 mit 2 multiplicieret ist, so dividieret die ganze Gleichung durch 2, und schaffet also diesen Coeficient weg. Ihr bekommet $x^2 = 2x + 8$ setzet alle Theile so ein x haben auf die erste Seite: hieraus entsteht $x^2 - 2x = 8$: der Coeficient von x ist -2: dessen Hälfte ist -1. Dessen Quadrat ist $+1$: setzet dieses zu beyden Gliedern: also bekommet ihr $x^2 - 2x + 1 = 8 + 1 = 9$. Ziehet aus dem ersten Gliede die Quadratwurzel. Diese Wurzel zu finden braucht es gar kein Rechnen: sie besteht nämlich aus zweyen Gliedern: das erste ist x das zweyte die Hälfte des Coeficients -2, nämlich -1: die ganze Wurzel ist also $x - 1$. Ziehet eben diese Wurzel aus dem andern Gliede der Gleichung, nämlich aus 9, nehmet sie aber mit beyden Zeichen $+$ und $-$: sie ist ± 3. Ihr habet also nunmehr $x - 1 = \pm 3$. Setzet den bekannten Theil -1 auf die andere Seite: hieraus entsteht $x = 1 \pm 3$. Der Werth der unbekannten Größe ist also $x = 1 + 3$ das ist 4, oder auch $1 - 3$, das ist -2. Sehet hier die ganze Bearbeitung.

$$2x^2 = 4x + 16$$
$$x^2 = 2x + 8$$
$$x^2 - 2x = 8$$
$$x^2 - 2x + 1 = 8 + 1 = 9$$
$$x - 1 = \pm 3$$
$$x = 1 \pm 3 = 4 \text{ oder auch } - 2.$$

Es

Es sey die Gleichung $\frac{3x^2}{5} - 18 = 2x$ Schaffet den Divisor 5 weg, indem ihr die ganze Gleichung dadurch multiplicieret. Es entsteht $3x^2 - 90 = 10x$. Schaffet den Coeficient drey weg, indem ihr die ganze Gleichung dadurch dividieret. Es entsteht $x^2 - 30 \frac{10x}{3}$. Bringet alle x auf die erste, das gänzlich bekannte Glied auf die andere Seite. Es entsteht $x^2 - \frac{10x}{3} = 30$ der Coeficient von x ist $- \frac{10}{3}$: dessen Hälfte ist $- \frac{5}{3}$: diese Hälfte erhebet zum Quadrate: es ist $\frac{25}{9}$: dieses Quadrat setzet zu beyden Gliedern: hieraus entsteht $x^2 - \frac{10x}{3} + \frac{25}{9} = 30 + \frac{25}{9}$: ziehet die Quadratwurzel aus dem ersten Gliede: sie muß bestehen aus x und dem halben Coeficient, den x in der Gleichung hatte: sie ist also $x - \frac{5}{3}$. Vor das zweyte Glied der Gleichung setzet das Wurzelzeichen $\sqrt{}$ mit $+$ und $-$. Hieraus entsteht $x - \frac{5}{3} = \pm \sqrt{30 + \frac{25}{9}}$: setzet den bekannten Theil $- \frac{3}{5}$ auf die andere Seite mit Veränderung seines Zeichens. Hieraus entsteht $x = \frac{5}{3} \pm \sqrt{30 + \frac{25}{9}}$. Um nun die Wurzel aus jener Zahl, die unter dem Wurzelzeichen steht, wenigst beynahe ausziehen zu können, so bringet alles unter einen Bruch (Arith. 52.) hieraus entsteht $x = \frac{5}{3} \pm \sqrt{\frac{295}{9}}$. Nun ziehet die

Quadratwurzel, besonders aus dem Numerator, und wieder besonders aus den Denominator, und schreibet sie unter einander in Gestalt eines Bruchs. Die Wurzel des Numerators ist, wenn ihr sie in Decimalen suchet (Arith. 135.) beynahe 17.176. Die Wurzel des Denominators ist genau 3. Die Gleichung wird nunmehro also stehen $x = \frac{5}{3} \pm \frac{17.176}{3}$. Wenn ihr nun diese beyde Brüche in Decimalbrüche verwandelt, so bekommet ihr anstatt des ersten Bruchs $\frac{5}{3}$ diesen 1,6666, und anstatt des zweytens diesen 5.7253: die vorige Gleichung wird also in diese verwandelt $x = 1,6666 \pm 5.7253$. Wenn ihr endlich den zweyten Decimalbruch mit dem Zeichen + nehmet, und also zum ersten addieret, so entsteht $x = + 7.3919$. Wenn ihr aber den zweyten Bruch mit dem Zeichen — nehmet, und also den ersten kleineren davon abziehet, so entsteht $x = - 4.0587$: die zween Werthe von x in dieser Gleichung sind also $+ 7.3919$ und $- 4.0587$. Sehet hier die ganze Ordnung der Berechnung.

$$\frac{3x^2}{5} - 18 = 2x$$

$$3x^2 - 90 = 10x$$

$$x^2 - 30 = \frac{10x}{3}$$

$$x^2 - \frac{10x}{3} = 30$$

x^2 —

$$x^2 - \frac{10x}{3} + \frac{25}{9} = 30 + \frac{25}{9}$$

$$x - \frac{5}{3} = \pm\sqrt{30 + \frac{25}{9}}$$

$$x = \frac{5}{3} \pm \sqrt{30 + \frac{25}{9}}$$

$$x = \frac{5}{3} \pm \sqrt{\frac{295}{9}}$$

$$x = \frac{5}{3} \pm \frac{17.176}{3}$$

$$x = 1,6666 \pm 5,7253$$

$$x = 7.3919 \text{ oder auch } -4.0587.$$

Es sey die Gleichung $x^2 - 12 = -5x$. Nach der Versetzung habet ihr $x^2 + 5x = 12$. Der halbe Coefficient von x ist $\frac{5}{2}$: dessen Quadrat ist $\frac{25}{4}$: wenn ihr dieses zu beyden Gliedern addieret, so entsteht $x^2 + 5x + \frac{25}{4} = 12 + \frac{25}{4}$. Wenn ihr aus dem ersten Gliede die Wurzel ziehet, vor das zweyte aber das Wurzelzeichen setzet, so bekommet ihr $x + \frac{5}{2} = \pm\sqrt{12 + \frac{25}{4}}$. Wenn ihr, was unter dem Wurzelzeichen steht, unter einen Bruch bringet, so habet ihr $x + \frac{5}{2} = \pm\sqrt{\frac{73}{4}}$. Wenn ihr den bekannten Theil $\frac{5}{2}$ versetzet, so entsteht $x = \pm\frac{5}{2} + \sqrt{\frac{73}{4}}$. Wenn ihr aus dem Zähler und Nenner die Quadratwurzel ziehet, so bekommet ihr $x = -\frac{5}{2} + \frac{8,544}{2}$. Wenn ihr beyde Brüche in Decimalbrüche veränderet, so wird $x = -2.5 \pm 4.272$. Wenn ihr endlich den zweyten Bruch mit dem Zeichen + nehmet, so entsteht $x = 1.772$. Nehmet ihr ihn aber mit dem Zeichen —, so wird $x = 6.772$. Die Werthe von x in dieser Gleichung sind also 1.772 und -6.772.

Es sey die Gleichung $x^2 - 6x = -10$. Der halbe Coeficient ist -3, dessen Quadrat ist $+9$: dieses beyderseits addieret giebt $x^2 - 6x + 9 = -10 + 9 = -1$. Wenn ihr aus dem ersten Theile die Wurzel ziehet, und dem zweyten das Wurzelzeichen vorsetzet, so bekommet ihr $x - 3 = \pm\sqrt{-1}$, und nach der Versetzung $x = 3 \pm \sqrt{-1}$. Weil nun die unter dem Wurzelzeichen stehende Größe negativ ist, so kann unmöglich eine Quadratwurzel daraus gezogen werden. Die Werthe von x sind also in dieser Gleichung beyde unmöglich. Sehet hier die Berechnung

$$x^2 - 6x = -10$$
$$x^2 - 6x + 9 = -10 + 9 = -1$$
$$x - 3 = \pm\sqrt{-1}$$
$$x = 3 \pm \sqrt{-1}.$$

Es sey die Gleichung $4a^2 - 2x^2 + 2ax = 18ab - 18b^2$: durch die Versetzung entsteht: $-2x^2 + 2ax = 18ab - 18b^2 - 4a^2$: und nach Veränderung aller Zeichen $2x^2 - 2ax = -18ab + 18b^2 + 4a^2$. Nach Wegschaffung des Coeficient 2: $x^2 - ax = -9ab + 9b^2 + 2a^2$. Wenn ihr den halben Coeficient von x, nämlich $-\frac{a}{2}$ zum Quadrate erhebet, und dieses beyderseits

ad-

addieret, so entsteht: $x^2 - ax + \frac{a^2}{4} = -9ab + 9b^2 + 2a^2 + \frac{a^2}{4}$. Wenn ihr aus dem ersten Gliede die Quadratwurzel ausziehet, vor das zweyte das Wurzelzeichen setzet so entsteht: $x - \frac{a}{2} = \pm\sqrt{-9ab + 9b^2 + 2a^2 + \frac{a^2}{4}}$. Wenn ihr das bekannte Glied $-\frac{a}{2}$ versetzet, so entsteht: $x = \frac{a}{2} \pm \sqrt{-9ab + 9b^2 + 2a^2 + \frac{a^2}{4}}$. Wenn ihr alles, was unter dem Wurzelzeichen stehet, unter einen Bruch bringet, so habet ihr $x = \frac{a}{2} \pm \sqrt{\frac{-36ab + 36b^2 + 9a^2}{4}}$. Nun läßt sich die Quadratwurzel aus dem Numerator und Denominator genau ausziehen: so ziehet sie also aus: ihr bekommet $\frac{3a - 6b}{2}$ oder auch $\frac{-3a + 6b}{2}$: wenn ihr die erste aus diesen zwoen Wurzeln nehmet, so entsteht $x = \frac{a}{2} + \frac{3a - 6b}{2}$ oder $\frac{4a - 6b}{2}$, das ist $2a - 3b$. Nehmet ihr

aber

aber die letzte aus diesen zwoen Wurzeln, so habet ihr $x = \frac{a}{2} - \frac{3a+6b}{2}$ oder $\frac{-2a+6b}{2}$ oder $-a+3b$. Die zween Werthe von x in dieser Gleichung sind also $2a - 3b$ und $-a + 3b$. Sehet hier die Ordnung der Berechnung.

$$4a^2 - 2x^2 + 2ax = +18ab - 18b^2$$

$$-2x^2 + 2ax = 18ab - 18b^2 - 4a^2$$

$$2x^2 - 2ax = -18ab + 18b^2 + 4a^2$$

$$x^2 - ax + \frac{a^2}{4} = -9ab + 9b^2 + 2a^2$$

$$x^2 - ax + \frac{a^2}{4} = -9ab + 9b^2 + 2a^2 + \frac{a^2}{4}$$

$$x - \frac{a}{2} = \pm\sqrt{-9ab + 9b^2 + 2a^2 + \frac{a^2}{4}}$$

$$x = \frac{a}{2} \pm\sqrt{-9ab + 9b^2 + 2a^2 + \frac{a^2}{4}}$$

$$x = \frac{a}{2} \pm\sqrt{\frac{-36ab + 36b^2 + 9a^2}{4}}$$

$$x = \frac{a}{2} \pm \frac{3a - 6b}{2}$$

$$x = \frac{a}{2} + \frac{3a - 6b}{2} = \frac{4a - 6b}{2} = 2a - 3b$$

$$x = \frac{a}{2} \frac{-3a + 6b}{2} = \frac{-2a + 6b}{2} = -a + 3b$$

Anmer-

Anmerkung. Ihr sehet hier, daß wenn ihr die gefundene Wurzel $3a-6b$ negativ, das ist im verkehrten Verstande nehmen wollet, ihr alle Zeichen derselben verändern und also anstatt $3a-6b$ schreiben müsset $-3a+6b$. Welches ihr für allezeit euch wohl merken müsset.

Hier sind noch einige Exempel zur Uebung.

I.	II.
$x^2=a$	$x^2=a^2+2ab+b^2$
$x=\pm\sqrt{a}$	$x=\pm(a+b)$
	$x=a+b$ oder auch $-a-b$

III.

$x^2=4a^2-8ab+4b^2$

$x=\pm(2a-2b)$

$x=2a-2b$, oder auch $-2a+2b$

IV.

$x^2=2c^2x+2c^2a$

$x^2-2c^2x=2c^2a$

$x^2-2c^2x+c^4=2c^2a+c^4$

$x-c^2=\pm\sqrt{2c^2a+c^4}$

$x=c^2\pm\sqrt{2c^2a+c^4}$

V.

$x^2=-5+6x$

$x^2-6x=-5$

$x^2-6x+9=-5+9=4$

$x-3=\pm2$

$x=3\pm2=5$, oder auch 1.

Drit-

Dritter Abschnitt.

Von den Gleichungen mit mehrern unbekannten Größen.

208. Wir haben gesagt, (194.) in einer unbestimmten Gleichung habe jede unbekannte Größe unendlich vielerley Werthe. Allein wenn man so viele verschiedene von einander unabhängige Gleichungen hat, als viele unbekannte Größen sind, kann man zu einer solchen Gleichung gelangen, welche nur noch eine unbekannte Größe in sich hat, deren Werth hiemit bestimmet seyn wird. Wie man hiezu gelangen könne, wollen wir jetzt erklären. Es giebt dreyerley Arten: die erste durch die Substitution, die zweyte durch die Vergleichung der Werthe, die dritte durch die Addition oder Subtraction. Lasset uns eine nach der andern sehen.

Erste Art.

Durch die Substitution.

209. In einer aus den Anfangs gegebenen Gleichungen (wir wollen sie die ersten Gleichungen nennen) suchet den Werth von was immer für einer unbekannten Größe (dieser Werth wird zwar noch eine oder mehrere unbekannte Größen in sich begreifen: allein dieses hat nichts zu bedeuten, sie werden alle nach und nach verschwinden). Setzet diesen in den übrigen Glei-

Gleichungen anstatt eben dieser unbekannten Größe. Hieraus entstehen neue Gleichungen, welche wir die zweyten nennen wollen, in welchen selbe unbekannte Größe nicht mehr anzutreffen ist. In einer aus diesen suchet den Werth einer andern unbekannten Größe: diesen setzet abermal in den übrigen anstatt dieser unbekannten Größe. Hieraus entstehen wieder neue Gleichungen, welche wir die dritten nennen, und in denen schon zwo unbekannte Größen abgehen. Setzet dieses so lang fort, bis ihr zu einer einzigen Gleichung gelanget, welche nur eine unbekannte Größe in sich hat. Wenn ihr nun den Werth dieser unbekannten Größe in dieser letzten Gleichung suchet, so werdet ihr ihn in lauter bekannten Größen finden: und wenn ihr diesen gänzlich bestimmten Werth dieser unbekannten Größe in einer aus den vorhergehenden Gleichungen anstatt derselben setzet, so könnet ihr den Werth einer andern unbekannten Größe ebenfalls gänzlich bestimmen: und wenn ihr ferner die Werthe dieser zwo unbekannten Größen wieder in einer vorhergehenden Gleichung anstatt derselben setzet, so findet ihr den Werth der dritten, und also ferner, bis ihr endlich die Werthe aller unbekannten Größen gänzlich bestimmet habet.

Exempel.

Es seyn diese drey Gleichungen gegeben.

$$x + y = a$$
$$y + z = b$$
$$x + z = c$$

Wenn ihr in der ersten aus diesen gegebenen Gleichungen den Werth von x suchet, so findet ihr $x = a - y$. Wenn ihr nun diesen Werth von x in der dritten aus den gegebenen Gleichungen anstatt x setzet, so entsteht $a - y + z = c$. Die zweyte aus den Anfangs gegebenen Gleichungen bleibt unverändert, weil die unbekannte Größe x nicht darinn vorkömmt. Die zwo neuen Gleichungen, welche wir die zweyten nennen, sind also diese:

$$y + z = b$$
$$a - y + z = b$$

Wenn ihr in der ersten aus diesen zwoen Gleichungen den Werth von y suchet, so findet ihr $y = b - z$. Setzet ihr diesen Werth von y in der andern aus den zweyten Gleichungen anstatt des y, so entsteht $a - b + z + z = c$.

In dieser Gleichung nun ist keine andere unbekannte Größe als z. Ihr könnet also den Werth von z gänzlich bestimmen; denn wenn ihr beyde z zusammen setzet, so entsteht $2z + a - b = c$: und wenn ihr $+ a - b$ versetzet, so bekommet ihr $2z = c - a + b$. Wenn ihr endlich die ganze Gleichung durch 2 dividieret, so habet ihr $z = \frac{c - a + b}{2}$. Setzet nun diesen gänzlich bestimmten Werth von z in der vorhergehenden Gleichung $y = b - z$. Es entsteht

$y = b$

$y = b \frac{-c+a-b}{2}$: und wenn ihr das ganze zweyte Glied unter einen Bruch bringet, so entsteht $y = \frac{2b-c+a-b}{2}$: wenn ihr endlich die b zusammen setzet, so habet ihr $y = \frac{b-c+a}{2}$: Setzet ihr den also gefundenen Werth von y in der vorhergehenden Gleichung $x = a - y$, so bekommet ihr $x = a \frac{-b+c-a}{2}$: wenn ihr das zweyte Glied unter einen Bruch bringet, so entsteht $x = \frac{2a-b+c-a}{2}$: setzet ihr die a zusammen, so bekommet ihr $x = \frac{a-b+c}{2}$. Die Werthe aller drey unbekannten Größen sind hiemit diese: $x = \frac{a-b+c}{2}$; $y = \frac{b-c+a}{2}$ $z = \frac{c-a+b}{2}$

Sehet hier die ganze Bearbeitung der Ordnung nach angesetzet.

Erste Gleichungen.

$$\left.\begin{array}{l} x+y=a \\ y+z=b \\ x+z=c \end{array}\right| \quad x=a-y$$ der Werth von x in der ersten Gleichung.

hieraus entstehen diese zweyte Gleichungen.

$$\left\{\begin{array}{l} y+z=b \\ a-y+z=c \end{array}\right.$$

$y=b-z$ der Werth von y in der ersten aus den zweyten Gleichungen.

hieraus entsteht diese dritte Gleichung:

$$a-b+z+z=c$$

folglich ist $2z=c-a+b$

$$z=\frac{c-a+b}{2}$$

$$y=b\frac{-c+a-b}{2}=\frac{b-c+a}{2}$$

$$x=a\frac{-b+c-a}{2}=\frac{a-b+c}{2}$$

Zwey:

Zweytes Exempel.

Erste Gleichungen.

$$3x - 2y = 5$$
$$2y + x = 7$$

$$x = \frac{5 + 2y}{3}$$

Hieraus entsteht diese zweyte Gleichung.

$$2y + \frac{5 + 2y}{3} = 7$$
$$6y + 5 + 2y = 21$$
$$8y = 21 - 5 = 16$$

$$y = \frac{16}{8} = 2$$
$$x = \frac{5 + 4}{3} = 3$$

Drittes Exempel.

Erste Gleichungen.

$$2ax - by = c$$
$$3by + 5x = d$$

$$x = \frac{c + by}{2a}$$

Hieraus entsteht diese zweyte Gleichung.

$$3by + \frac{5c + 5by}{2a} = d$$
$$6aby + 5c + 5by = 2ad$$
$$6aby + 5by = 2ad - 5c$$
$$y = \frac{2ad - 5c}{6ab + 5b}$$

Wenn ihr nun in der Gleichung $2ax - by = c$ diesen Werth von y anstatt des y setzet, so entsteht

$$2ax - \frac{2abd + 5bc}{6ab + 5b} = c$$

$$12a^2bx + 10abx - 2abd + 5bc = 6abc + 5bc$$

$$12a^2bx + 10abx = 6abc + 5bc - 5bc + 2abd$$

$$x = \frac{6abc + 2abd}{12a^2b + 10ab}$$

$$x = \frac{3c + d}{6a + 5}.$$

Zwente Art.

Durch die Vergleichung der Werthe.

210. In einer jeden aus den gegebenen Gleichungen suchet den Werth von einer nämlichen unbekannten Größe, z. E. von x. Diese Werthe sind nothwendig einander gleich. Ihr habet also neue Gleichungen, in welchen schon eine unbekannte Größe abgeht. In diesen Gleichungen suchet die Werthe einer andern unbekannten Größe. Diese sind einander wieder gleich. Es entstehen also neue Gleichungen, in welchen schon zwo unbekannte Größen abgehen, u. s. f. bis ihr eine Gleichung erhaltet, in welcher nur noch eine unbekannte Größe vorkömmt. Wenn ihr nun den Werth dieser unbekannten Größe in dieser letzten Gleichung in lauter bekannten Größen gefunden habet, und denselben

in einer aus den vorhergehenden Gleichungen anstatt eben selber unbekannten Größe setzet, so könnet ihr den Werth einer andern unbekannten Größe wieder gänzlich bestimmen. Und wenn ihr den Werth dieser zwo unbekannten Größen wieder in einer aus den vorhergehenden Gleichungen setzet, so findet ihr den Werth der dritten u. s. f. bis ihr endlich den Werth aller unbekannten Größen gefunden habet.

Exempel.

Es seyn gegeben diese Gleichungen $\begin{cases} x+y=a \\ y+z=b \\ x+z=c \end{cases}$

Suchet den Werth von x in der ersten und dritten. Er ist

in der ersten $x=a-y$

in der dritten $x=c-z$

hieraus entsteht $a-y=c-z$

weil die zweyte aus den gegebenen Gleichungen kein x in sich hat, so bleibt sie unverändert. Ihr habet also diese zwo zweyte Gleichungen

$$a-y=c-z$$
$$y+z=b$$

Suchet nun in beyden den Werth von y.

Die erste giebt $y=a+z-c$

Die zweyte : $y=b-z$

Hieraus entsteht $a+z-c=b-z$

In dieser ist keine andere unbekannte Größe, als z. Suchet also den Werth von z. Ihr bekommet:

$$2z = b + c - a$$

und folglich $z = \frac{b + c - a}{2}$

Setzet diesen Werth von z in der Gleichung $y + z = b$ anstatt des z:

Hieraus entsteht $y \frac{+ b + c - a}{2} = b$. Wenn ihr den Bruch aufhebet, so bekommet ihr $2y + b + c - a = 2b$: und nach der Versetzung $2y = 2b - b - c + a$: und endlich $y = \frac{b - c + a}{2}$.

Setzet diesen Werth von y in der Gleichung $x + y = a$ anstatt des y. Ihr bekommet: $x + \frac{b - c + a}{2} = a$. Und wenn ihr den Bruch aufhebet, so erhaltet ihr: $2x + b - c + a = 2a$. Und durch die Versetzung $2x = 2a - a + c - b$. Und endlich $x = \frac{a + c - b}{2}$. Die Werthe der drey unbekannten Größen sind also $x = \frac{a - b + c}{2}$. $y = \frac{b - c + a}{2}$ $z = \frac{b + c - a}{2}$. Alle drey sind eben dieselben, die ihr oben nach der ersten Art gefunden habet.

Zwey-

Zweytes Exempel.

Erste Gleichungen.

Es sey $\begin{cases} 3x - 2y = 5 \\ 2y + x = 7 \end{cases}$	$x = \dfrac{5 + 2y}{3}$
Hieraus entsteht	$x = 7 - 2y$
Diese zweyte $\dfrac{5 + 2y}{3} = 7 - 2y$	
$5 + 2y = 21 - 6y$	
$8y = 21 - 5 = 16$	$y = \dfrac{16}{8} = 2$
	$x = 7 - 4 = 3$

Drittes Exempel.

Erste Gleichungen.

Es sey $\begin{cases} 2ax - by = c \\ 3by + 5x = d \end{cases}$	$x = \dfrac{c + by}{2a}$
Hieraus entsteht	
Diese zweyte $\dfrac{c + by}{2a} = \dfrac{d - 3by}{5}$	$x = \dfrac{d - 3by}{5}$
$5c + 5by = 2ad - 6aby$	
$6aby + 5by = 2ad - 5c$	
$y = \dfrac{2ad - 5c}{6ab + 5b}$	

Und wenn ihr diesen Werth von y in der Gleichung $2ax - by$ anstatt des y setzet,

so entsteht $2ax - \dfrac{2abd + 5bc}{6ab + 5b} = c$

$$12a^2bx + 10abx - 2abd + 5bc = 6abc + 5bc$$
$$12a^2bx + 10abx = 6abc + 5bc - 5bc + 2abd$$
$$x = \frac{6abc + 2abd}{12a^2b + 10ab}$$
$$x = \frac{3c + d}{6a + 5}$$

Viertes Exempel.

Es seyn gegeben diese drey ersten Gleichungen

$$2x + 3y + z = 14$$
$$x - z + 2y = 7$$
$$z - y - 2x = -6$$

Wenn ihr in einer jeden aus diesen dreyen den Werth von x suchet, so findet ihr

In der ersten $x = \frac{14 - 3y - z}{2}$

In der zweyten $x = 7 - 2y + z$

In der dritten $x = \frac{6 - y + z}{2}$

Vergleichet ihr den ersten Werth mit dem zweyten, und alsdenn auch mit dem dritten, so entstehen folgende zweyte Gleichungen.

$$\frac{14 - 3y - z}{2} = 7 - 2y + z$$
$$\frac{14 - 3y - z}{2} = \frac{6 + y + z}{2}$$

Su-

Suchet ihr in der ersten aus diesen zweyten Gleichungen den Werth von y, so geht es also her:

$$14 - 3y - z = 14 - 4y + 2z$$
$$4y - 3y = 2z + z + 14 - 14$$
$$y = 3z$$

Suchet ihr den Werth von y in der andern aus den zweyten Gleichungen, so findet ihr

$$14 - 3y - z = 6 - y + z$$
$$- 3y + y = 6 - 14 + z + z$$
$$- 2y = - 8 + 2z$$
$$2y = 8 - 2z$$
$$y = 4 - z$$

Vergleichet ihr diese zween Werthe von y mit einander, so habet ihr

$$3z = 4 - z$$
$$4z = 4$$
$$z = 1$$

Setzet ihr den Werth von z in der Gleichung $y = 3z$, so bekommet ihr $y = 3 \times 1 = 3$.

Setzet ihr den Werth von y und z in der Gleichung $x = \frac{14 - 3y - z}{2}$, so bekommet ihr

$$x = \frac{14 - 9 - 1}{2} = \frac{4}{2} = 2$$

Die Werthe der unbekannten Größen sind hiemit diese $x = 2$. $y = 3$. $z = 1$.

Dritte Art.

Durch die Addition und Subtraction.

211. Wenn in zwoen aus den gegebenen ersten Gleichungen eine nämliche unbekannte Größe mit dem nämlichen Coeficient anzutreffen ist, so addieret diese zwo Gleichungen zusammen (nämlich das erste Glied zum ersten, das zweyte zum zweyten) oder subtrahieret sie von einander. Addieren müsset ihr sie, wenn die unbekannte Größe in den zwoen Gleichungen verschiedene Zeichen hat: hat sie aber das nämliche Zeichen, so müsset ihr die Subtraction brauchen. Also wird diese unbekannte Größe wegfallen. Auf gleiche Art könnet ihr auch die übrigen unbekannten Größen ausmustern: bis ihr endlich nur noch eine habet, deren Werth ihr also gänzlich bestimmen könnet.

Exempel.

$$x + y = a$$
$$y + z = b$$
$$x + z = c$$

Wenn ihr die dritte Gleichung von der ersten abziehet, so entsteht

$$y - z = a - c$$

ihr habet aber schon oben $y + z = b$

Wenn ihr nun die gefundene von dieser letzten abziehet, so bekommet ihr $2z = b + c - a$.

und

und aus dieser $z = \frac{b+c-a}{2}$ wie oben nach der ersten und zweyten Art.

Wenn ihr diese von der obigen $y + z = b$ abziehet, so entsteht $y = b \frac{-b-c+a}{2} = \frac{b-c+a}{2}$ wie oben.

Wenn ihr diese letzte von der ersten $x + y = a$ abziehet, so bekommet ihr

$$x = a \frac{-b+c-a}{2} = \frac{a-b+c}{2} \text{ wie oben.}$$

Zweytes Exempel.

Es sey $\begin{cases} 3x - 2y = 5 \\ 2y + x = 7 \end{cases}$

Addieret die erste zur zweyten. Es entsteht

$$4x = 5 + 7 = 12$$
$$x = \tfrac{12}{4} = 3 \text{ wie oben.}$$

Subtrahieret diese letzte von der zweyten Anfangs gegebenen.

Es entsteht $2y = 7 - 3 = 4$

$$y = \tfrac{4}{2} = 2 \text{ wie oben.}$$

212. **Anmerkung.** Zuweilen muß man eine kleine Vorbereitung machen, ehe man dieser Art sich bedienen kann. Diese Vorbereitung aber besteht darinn, daß man der unbekannten Größe, die man ausmustern will, in beyden Glei-

Gleichungen einen nämlichen Coeficient gebe, welches man durch die Multiplication leicht erhält. Die allgemeine Regel, hiezu zu gelangen, ist diese. Man multipliciere die ganze erste Gleichung durch den Coeficient, den die unbekannte Größe, die man wegschaffen will, in der zweyten Gleichung hat: man multipliciere ebenfalls die ganze zweyte Gleichung durch den Coeficient, den eben diese unbekannte Größe in der ersten Gleichung hat. Jedoch läßt sich die Sache zuweilen etwas leichter verrichten, welches ihr zum besten durch die Uebung erlernen könnet.

Exempel.

Es sey $\begin{cases} 2ax - by = c \\ 3by + 5x = d \end{cases}$

Multiplicieret die erste Gleichung durch den Coeficient von x in der zweyten nämlich durch 5: die zweyte durch den Coeficient von x in der ersten, nämlich durch $2a$: es entstehen folgende zwo neue:

$$10ax - 5by = 5c$$
$$6aby + 10ax = 2ad$$

Subtrahieret die untere von der obern:

Es entsteht $-5by - 6aby = 5c - 2ad$ oder

$$5by + 6aby = 2ad - 5c$$

$$y = \frac{2ad - 5c}{5b + 6ab}$$ wie oben.

Hal-

Haltet nun diese letzte Gleichung gegen einer aus den Anfangs gegebenen: etwann gegen der Gleichung $2ax - by = c$

Weil in dieser Gleichung das y den Coeficient b hat, so multiplicieret die vorhergehende Gleichung durch b.

Ihr bekommet $by = \frac{2abd - 5bc}{5b + 6ab} = \frac{2ad - 5c}{5 + 6a}$

Addieret beyde. Es entsteht

$2ax = c + \frac{2ad - 5c}{5 + 6a}$: und aus dieser

$$10ax + 12a^2x = 5c + 6ac + 2ad - 5c$$
$$10ax + 12a^2x = 6ac + 2ad$$

$x = \frac{6ac + 2ad}{10a + 12a^2} = \frac{3c + d}{5 + 6a}$ wie oben.

Zweytes Exempel.

Es sey $\begin{cases} 2x + 3y + z = 14 \\ x - z + 2y = 7 \\ z - y - 2x = -6 \end{cases}$

Addieret die erste Gleichung zur zweyten: und subtrahieret die dritte von der ersten, so entstehen folgende zwo Gleichungen, in denen das z ausgemustert ist.

$$3x + 5y = 14 + 7 = 21$$
$$4x + 4y = 14 + 6 = 20$$

Multiplicieret die erste aus diesen zwoen neuen Gleichungen durch 4, die andere durch 3, so entstehen

stehen die zwo neuen, in denen das x den nämlichen Coeficient hat.

$$12x + 20y = 84$$
$$12x + 12y = 60$$

Subtrahieret die untere von der obern. Es entsteht diese neue Gleichung.

$$20y - 12y = 84 - 60$$
$$8y = 24$$
$$y = 3 \text{ wie oben.}$$

Haltet nun diese letzte Gleichung gegen einer aus den vorhergehenden, in der nur die unbekannten Größen x und y vorkömmt: etwann gegen der Gleichung

$$3x + 5y = 21.$$

Multiplicieret die Gleichung $y = 3$ durch 5, so entsteht eine Gleichung, in welcher das y eben den Coeficient 5 als wie in der vorhergehenden hat, nämlich

$$5y = 15$$

Subtrahieret diese von der vorhergehenden.

Es entsteht $3x = 21 - 15 = 6$

$$x = \frac{6}{3} = 2 \text{ wie oben.}$$

Ihr könntet auf gleiche Art fortfahren um den Werth von z zu bestimmen. Allein es wird geschwinder geschehen seyn, wenn ihr in einer aus den Anfangs gegebenen Gleichungen, etwann in in der Gleichung $2x+3y+z=14$ die schon gefundenen Werthe von y und z an ihrer Statt setzet.

Es entsteht $4+9+z=14$

$$z=14-9-4=1$$ wie oben.

213. Anmerkung. Man mag sich was immer für einer Art, aus diesen dreyen erklärten, bedienen, so wird doch die Arbeit, da man die Werthe für zwo, und noch vielmehr für drey unbekannten Größen suchet, schon etwas weitläufrig. Ich will also noch eine andere Art anzeigen, durch welche man die Werthe von zwoen, und auch von dreyen unbekannten Größen ohne allen Umschweif finden und herschreiben kann. Sie ist folgende.

Bringet was immer für zwo gegebene Gleichungen unter diese Form.

$$ax+by=c$$
$$dx+ey=f$$

Den Werth von y zu finden multiplicieret a, den Coeficient von x in der ersten Gleichung durch f, das gänzliche bekannte Glied der zweyten Gleichung. Multiplicieret d den Coeficient von x in der zweyten Gleichung durch c, das gänzlich bekannte Glied der ersten Gleichung. Ziehet dieses zweyte Product von dem ersten ab, so habet ihr $af-cd$ den Numerator jenes Bruchs der dem y gleich ist. Um den Denominator zu finden multiplicieret a den Coeficient von x in der

erſten

ersten Gleichung durch e den Coeficient von y in der zweyten Gleichung: und den Coeficient von x in der zweyten Gleichung durch den Coeficient von y in der ersten Gleichung. Ziehet das zweyte Product von dem ersten ab, so habet ihr $ae - bd$ den verlangten Denominator. Es wird also in unsern zwoen Gleichungen seyn

$$y = \frac{af - cd}{ae - bd}.$$

Den Werth von x zu bekommen, multiplicieret b, den Coeficient von y in der ersten Gleichung durch f, das gänzlich bekannte Glied der zweyten Gleichung: und e, den Coeficient von y in der zweyten Gleichung durch c, das gänzlich bekannte Glied der ersten Gleichung. Das zweyte Product ziehet vom ersten ab: der Rest $bf - ce$ ist der Numerator des Bruchs, der dem x gleich ist. Der Denominator ist eben der, den ihr für y gefunden habet, aber mit Veränderung aller Zeichen. Es ist also in unsern zwoen Gleichungen

$$x = \frac{bf - ce}{bd - ae}.$$

214. Anmerkung. Wenn in den zwoen Gleichungen verschiedene Zeichen vorkommen, so bleibt die ganze Art, den Werth der unbekannten Größen zu finden vollkommen die alte, wenn ihr nur dieses wohl merket, daß ihr in jeder Verrichtung das erste Product mit jenem Zeichen nehmet,

met, welches ihm kraft der Multiplication gebühret: das andere aber, weil es vom ersten abgezogen werden muß, mit verändertem Zeichen.

Erstes Exempel.

Es sey $\begin{cases} 2ax - by = c \\ 5x + 3by = d \end{cases}$

$$y = \frac{2ad - 5c}{6ab + 5b} \text{ wie oben.}$$

$$x = \frac{-bd - 3bc}{-6ab - 5b} = \frac{bd + 3bc}{6ab + 5b} = \frac{3c + d}{6a + 5}$$

wie oben.

Zweytes Exempel.

Es sey $\begin{cases} 3x - 2y = 5 \\ x + 2y = 7 \end{cases}$

$$y = \frac{21 - 5}{6 + 2} = \frac{16}{8} = 2 \text{ wie oben.}$$

$$x = \frac{-14 - 10}{-8} = \frac{24}{8} = 3 \text{ wie oben.}$$

Drittes Exempel.

Es sey $\begin{cases} ax - by = c \\ dx - fy = g \end{cases}$

$$y = \frac{ag - cd}{-af + bd}$$

$$x = \frac{-bg + cf}{af - bd}$$

Viertes Exempel.

Es sey $\begin{cases} -ax - by = c \\ dx + ey = -f \end{cases}$

$$y = \frac{af - cd}{-ae + bd}$$

$$x = \frac{bf - ce}{ae - bd}$$

215. Zweyte Anmerkung. Wenn in einer aus den zwoen Gleichungen eine unbekannte Größe abgeht, so ist die ganze Art der Auflösung noch die nämliche, wenn ihr nur den Abgang der unbekannten Größe durch ein Zeichen, etwann durch * anzeiget, und alsdenn merket, daß alle jene Producte, in welche der Coeficient der unbekannten Größe, welche dießmal abgeht, wenn sie zugegen wäre, kommen müßte, gleich o werden, und also wegfallen.

Erstes Exempel.

Es sey $\begin{cases} ax - by = c \\ dx \ * \ = f \end{cases}$

$$y = \frac{af - cd}{bd}$$

$$x = \frac{-bf}{-bd} = \frac{bf}{bd} = \frac{f}{d}$$

Zwey-

Zweytes Exempel.

Es sey $\begin{cases} ax + by = -c \\ * - dy = f \end{cases}$

$$y = \frac{af}{-ad} = -\frac{f}{d}$$

$$x = \frac{bf - cd}{ad}$$

216. Wenn drey unbekannte Größen und drey Gleichungen sind: so bringet sie unter diese Form.

$$ax + by + cz = m$$
$$dx + ey + fz = n$$
$$gx + hy + kz = p$$

Den Werth von z zu finden multiplicieret den Coeficient von x in der ersten Gleichung durch den Coeficient von y in der zweyten, und durch das gänzlich bekannte Glied in der dritten. Multiplicieret ebenfalls den Coeficient von x in der ersten Gleichung durch den Coeficient von y in der dritten, und durch das gänzlich bekannte Glied der zweyten: ziehet das zweyte Product von dem ersten ab. Ihr bekommet in unserem Exempel $aep - ahn$.

Multiplicieret den Coeficient von x in der zweyten Gleichung durch den Coeficient von y in der dritten und durch daß gänzlich bekannte Glied der ersten: multiplicieret eben diesen Coeficient von x in der zweyten Gleichung durch den Coeficient von y in der ersten, und durch das gänzlich bekannte Glied der dritten: ziehet das zweyte Product vom ersten ab. Ihr bekommet in unserm Exempel $dhm - bdp$.

Multiplicieret den Coeficient von x in der dritten Gleichung durch den Coeficient von y in der ersten und durch das gänzlich bekannte Glied der zweyten: multiplicieret eben diesen Coeficient von x in der dritten Gleichung durch den Coeficient von y in der zweyten, und durch das gänzlich bekannte Glied der ersten: ziehet das zweyte Product von dem ersten ab. Ihr bekommet in unserm Exempel $gbn - gem$.

Die Summe aus allen diesen Producten ist der Numerator eines Bruchs, der dem z gleich ist.

Den Denominator zu finden multiplicieret den Coeficient von x in der ersten durch den Coeficient von y in der zweyten, und durch den Coeficient von z in der dritten: multiplicieret eben diesen Coeficient von x in der ersten durch den von y in der dritten, und durch den von z in der zweyten. Ziehet das zweyte Product vom ersten ab. Ihr bekommet: $aek - ahf$.

Multiplicieret den Coeficient von x in der zweyten Gleichung durch den von y in der dritten, und durch den von z in der ersten: multiplicieret eben diesen Coeficient von x in der zweyten Gleichung durch den von y in der ersten, und durch den von z in der dritten: ziehet das

zweyte

zweyte Product vom ersten ab. Ihr bekommet: $dhc - dbk$.

Multiplicieret den Coeficient von x in der dritten Gleichung durch den von y in der ersten, und durch den von z in der zweyten: wie auch durch den von y in der zweyten, und durch den von z in der ersten: ziehet das zweyte Product vom ersten ab. Ihr bekommet: $gbf - gec$.

Die Summe aller dieser Producte ist der Denominator.

Den Werth von y zu finden verfahret eben auf die Art: ausgenommen, daß ihr, den Numerator zu finden, die Coeficienten von y niemal brauchet, sondern an deren Statt die Coeficienten von z. Der Denominator ist vollkommen der vorige, aber mit Veränderung aller Zeichen.

Den Werth von x zu finden, verfahret wieder auf gleiche Art, ausgenommen, daß ihr den Numerator zu finden die Coeficienten von x niemals brauchen müsset: der Denominator ist vollkommen der nämliche, den ihr für den Werth von z gefunden habet. Es wird in unserm Exempel seyn

$$z = \frac{aep - akn + dhm - dbp + gbn - gem}{aek - ahf + dhc - dbk + gbf - gec}$$

$$y = \frac{afp - akn + dkm - dcp + gcn - gfm}{-aek + ahf - dhc + dbk - gbf + gec}$$

$$x = \frac{bfp - bkn + ekm - ecp + hcn - hfm}{aek - ahf + dhc - dbk + gbf - gec}$$

So weitläufig und dunkel nun diese Regel immer scheinen mag, so ist sie doch in der Ausübung leicht: und kürzet die Arbeit insgemein sehr viel ab: sie kann aber leichter durch die Uebung erlernet, als mit Worten erkläret werden. Uebrigens müsset ihr euch die zwo Anmerkungen, welche oben §. 114. und 115. sind gemacht worden, auch hier gesagt seyn lassen.

Exempel.

Es seyn
$$\begin{cases} 2x + 3y + z = 14 \\ x + 2y - z = 7 \\ -2x - y + z = -6 \end{cases}$$

$$z = \frac{-24 + 14 - 14 + 18 - 42 + 56}{4 - 2 - 1 - 3 + 6 + 4} = \frac{8}{8} = 1$$

$$y + \frac{12 - 14 + 14 + 16 - 14 - 28}{-8} = \frac{-24}{-8} = 3$$

$$x = \frac{18 - 21 + 28 + 12 - 7 - 14}{8} = \frac{16}{8} = 2$$

alles wie oben.

Zweytes Exempel.

Es sey $\begin{cases} x + y = a \\ y + z = b \\ x + z = c \end{cases}$

Schreibet diese Gleichungen also an

$$\begin{array}{l} x + y * = a \\ * + y + z = b \\ x \quad * + z = c \end{array}$$

$z = \frac{c + b - a}{1 + 1} = \frac{c + b - a}{2}$ wie oben.

$y = \frac{c - b - a}{-2} = \frac{b + a - c}{2}$ wie oben.

$x = \frac{c - b + a}{2}$ wie oben.

Zweytes Kapitel.

Wie die Gleichungen zu finden sind.

217. Nachdem wir gesehen haben, wie die Gleichungen aufzulösen sind, wollen wir jetzt erklären, wie man zu den Gleichungen gelangen, oder selbe finden könne. Dieses muß geschehen, durch die Bedingnissen, welche die Aufgabe bey sich hat. Aus diesen Bedingnissen müssen so viele Gleichungen herausgezogen werden, als viele unbekannte, von einander unabhängige Größen in der Aufgabe sind, könnet ihr

so viele finden, so ist die Aufgabe bestimmet, das ist, es giebt nur einen Werth oder doch nur eine bestimmte Anzahl der Werthe für jede unbekannte Größe: kann man aber aus allen gegebenen Bedingnissen nicht so viele Gleichungen finden, als unbekannte von einander unabhängige Größen in der Aufgabe sind, so ist diese Aufgabe unbestimmet: das ist, jede unbekannte Größe kann unendlich viele verschiedene Werthe haben, durch welche alle den gegebenen Bedingnissen ein Genügen geschieht.

218. Nun diese Gleichungen aus den Bedingnissen der Aufgabe herleiten, ist oft sehr schwer: man kann auch hiezu keine hinlängliche Regeln vorschreiben. Ein durchdringender Verstand und die Uebung muß hierinn das Beste thun. Ich will doch einige kurze Anmerkungen machen.

Erstens. Müsset ihr die Aufgabe wohl verstehen; das, was gefragt wird, von dem, was bekannt ist, wohl unterscheiden: die unbekannten Größen durch die letzten Buchstaben des Alphabets, x, y, z, die bekannten aber durch die ersten a, b, c benennen.

Zweytens. Müsset ihr alles, was in der Aufgabe überflüßig ist, und nichts zur Sache thut, außer Acht lassen, und eure Gedanken, nur auf die Größen selbst, und die Verhältnisse derselben richten.

Drit-

Drittens. Wenn die Benennung aller Größen geschehen ist, müsset ihr alle Bedingnissen der Aufgabe aufmerksam durchgehen, und eine jede derselben algebraisch ausdrücken.

Viertens. Müsset ihr euch hüten, daß ihr die Anzahl der unbekannten Größen nicht ohne Noth vermehret. Also wenn ihr eine Größe die ihr suchet x genennet habet, und wenn ihr noch eine andre suchet, die aber das doppelte, oder das dreyfache der vorigen seyn soll, so müsset ihr sie nicht durch z oder y sondern mit $2x$, oder $3x$ benennen. Wir wollen dieses alles in Exempeln sehen.

Erste Aufgabe.

Ihr sollet eine Summe Gelds von 4000 Gulden also unter vier Personen theilen, daß der zweyte um 60 mehr bekomme als der erste: der dritte um 70 mehr als der zweyte, der vierte um 80 mehr als der dritte.

Wenn ihr diese Aufgabe wohl betrachtet, so sehet ihr alsogleich, daß, wenn euch der Theil was immer für eines aus diesen vier Personen bekannt wäre, ihr also gleich die Theile der anderen daraus herleiten könntet. Wenn euch z. E. der Theil des ersten bekannt wäre, dörftet ihr nur 60 zu selben addieren, um den Theil des zweyten zu bekommen: und wenn ihr zu diesem 70 setztet, so entstünde der Theil des dritten: und wenn ihr abermal zu diesem 80 addiertet, so wäre die Summe der Theil des vierten. Es hangen also alle vier Größen, die ihr suchet, von einander ab, und ist folglich nur eine unbekannte Größe in der Aufgabe, und eben darum nur eine Gleichung zu finden nothwendig.

Nachdem ihr die Sache also bedacht habet, schreitet zu der Benennung. Heißet einen aus den vier Theilen, etwann den ersten x. Die bekannten Größen der Aufgabe sind diese 4000, 60, 70, 80: benennet diese mit den ersten Buchstaben des Alphabets, und setzet a anstatt 4000, b anstatt 60, c anstatt 70, d anstatt 80. Nun durchgehet alle Bedingnissen, und drücket eine jede also gleich algebraisch aus. Ihr werdet etwann also vernünftelen.

Der erste Theil sey x

Der andre muß um 60, oder um b grösser seyn als der erste: er wird also seyn $x + b$

Der Theil des dritten muß um 70 oder c grösser seyn, als der des zweyten: der Theil des dritten ist also $x + b + c$

Der Theil des vierten muß um 80 oder um d größer seyn, als jener des dritten: er wird also seyn $x + b + c + d$

Die Summe aller dieser vier Theile muß 4000 oder a ausmachen. Ich habe also diese Gleichung $4x + 3b + 2c + d = a$

Wenn ihr diese Gleichung nach den Regeln, die wir oben gegeben haben, auflöset, so findet ihr $x = \frac{a - 3b - 2c - d}{4}$; und wenn ihr für

die

die Buchstaben wieder ihre Zahlen setzet, so habet ihr $x = \frac{4000 - 180 - 140 - 80}{4}$

$= \frac{4000 - 400}{4} = \frac{3600}{4} = 900$

Nun ist nichts leichters als die Theile der übrigen zu finden.

$x = 900$ der Theil des ersten
$+ 60$
960 der Theil des zweyten
$+ 70$
1030 der Theil des dritten
$+ 80$
1110 der Theil des vierten.

Wenn ihr diese vier Theile zusammen addieret, so ist die Summe 4000, wie es die Aufgabe verlanget, welches dann ein sicherer Beweis ist, daß die verlangte vier Theile richtig sind gefunden worden.

Zweyte Aufgabe.

Ihr sollet vier Zahlen finden, derer Summe 33000 ausmache. Die zweyte Zahl soll aber zweymal so groß seyn als die erste: die dritte dreymal so groß als die zweyte: die vierte viermal so groß als die dritte.

Nennet die erste Zahl x

Die

Die zweyte muß zweymal so groß seyn. Also ist sie $2x$

Die dritte muß dreymal so groß seyn als die zweyte. Sie ist also $6x$

Die vierte muß viermal so groß seyn als die dritte: folglich ist sie $24x$

Die Summe aus allen vieren ist 33000: es entsteht also diese Gleichung $33x = 33000$.

Die Auflösung dieser Gleichung giebt

$x = 1000$ die erste Zahl
$\times 2$
2000 die zweyte
$\times 3$
6000 die dritte
$\times 4$
24000 die vierte.

Die Summe aller viere ist 33000, wie es verlangt wurde.

Dritte Aufgabe.

Ihr sollet drey Zahlen finden, derer Summe 360 (*a*) ausmache, und welche überdas so beschaffen seyen, daß, wenn die zweyte Zahl durch die erste dividieret wird, der Quotient 5 (*b*) sey: wenn aber die dritte durch die zweyte dividieret wird, der Quotient 6 (*c*) entstehe.

Nennet die erste aus den gesuchten Zahlen x

Die

Die zweyte y

Die dritte z

Weil alle drey zusammen 360 (a) ausmachen, so habet ihr diese erste Gleichung $x + y + + z = a$

Weil die zweyte durch die erste dividieret b zum Quotient giebt: so entsteht diese Gleichung $\frac{y}{x} = b$

Weil die dritte durch die zweyte dividieret c zum Quotient giebt, so ist $\frac{z}{y} = c$

Ihr habet also gleichwie drey unbekannte Größen, also auch drey Gleichungen: die Aufgabe ist also bestimmet.

Die Auflösung giebt $z = \frac{abc}{1 + b + bc} = 300$

$$y = \frac{ab}{1 + b + bc} = 50$$

$$x = \frac{a}{1 + b + bc} = 10$$

Nun ist die Summe dieser drey Zahlen 360. Zweytens die zweyte Zahl 50 durch die erste 10 dividieret, giebt 5 zum Quotient. Drittens die dritte Zahl 300 durch die zweyte 50 dividieret giebt 6 zum Quotient: alles, wie es die Bedingnissen der Aufgabe erfordern.

Anmer-

Anmerkung. Weil die Auflösung immer weitschichtiger wird, je mehr unbekannte Grössen darinn vorkommen, so könntet ihr diese Aufgabe etwas leichter auflösen, wenn ihr also folgern würdet.

Die erste aus den dreyen gesuchten Zahlen sey x

Die zweyte y

Die dritte ist nicht nöthig durch einen neuen Buchstaben zu benennen. Denn weil die Summe aller drey a gleich seyn muß, so muß die dritte der Rest seyn, welcher überbleibt, wenn die erste und zweyte von der Summe a abgezogen wird. Die dritte kann also heißen. $a - x - y$

Nun giebt die zweyte durch die erste divideret, b zum Quotient, also ist $\frac{y}{x} = b$

Die dritte durch die zweyte dividieret, giebt c zum Quotient, folglich ist $\frac{a - x - y}{y} = c$

So habet ihr denn gleichwie zwo unbekannte Größen also auch zwo Gleichungen. Ihr könnet hiemit die gesuchten Zahlen finden. Die Auflösung giebt

$$\left.\begin{aligned} x &= \frac{a}{bc + b + 1} = 10 \\ y &= \frac{ba}{bc + b + 1} = 50 \\ a - x - y &= 360 - 50 - 10 = 300 \end{aligned}\right\} \text{alles wie zuvor.}$$

Aus

Aus diesem sehet ihr, daß ihr zuweilen eine in der Aufgabe gesetzte Bedingniß entweder brauchen könnet eine Gleichung zu finden, oder die Benennung also zu machen, daß eine unbekannte Größe ersparet werde.

Zweyte Anmerkung. Ja ihr könnet eben diese Aufgabe also auflösen, daß nur eine unbekannte Größe in die Auflösung komme, wenn ihr euch nur eines Grundsatzes, der in der Arithmetik (§. 21.) erwiesen worden, erinnern wollet. Denn ihr könntet also folgern.

Die erste aus den gesuchten dreyen Zahlen soll heißen x

Die zweyte durch die erste dividieret muß 5 (b) zum Quotient geben, weil also der Divisor durch den Quotient multiplicieret, den Dividendus hervorbringt, so muß die zweyte aus den gesuchten Zahlen seyn bx

Die dritte durch die zweyte dividieret muß 6 (c) zum Quotient geben. Also muß die dritte seyn bcx

Alle drey zusammen müssen 360 (a) ausmachen: ich habe also diese Gleichung

$$x + bx + bcx = a$$

Hieraus

$$\left.\begin{aligned} \text{entsteht } x &= \frac{a}{1+b+bc} = 10 \text{ die erste} \\ bx &= \frac{ab}{1+b+bc} = 50 \text{ die zweyte} \\ bcx &= \frac{abc}{1+b+bc} = 300 \text{ die dritte} \end{aligned}\right\} \text{alles wie zuvor.}$$

Vierte Aufgabe.

Ein Student ist dem Müßiggang ziemlich ergeben. Sein Vater, ihn zum Studieren anzutreiben, legt ihm etwas zu erlernen vor, und machet zugleich folgenden Vertrag mit ihm. Für jeden Tag, den er fleißig zum Studieren angewendet haben werde, wolle er ihm 5 Gulden zur Belohnung geben. Für jeden hingegen, den er mit Müßiggehen verzehren würde, müsse er ihm 4 Gulden zur Strafe bezahlen. Nach 72 Tagen, hat der Jüngling das ihm vorgelegte erlernet, und begehret dafür den versprochenen Lohn. Der Vater hält die Tage, die er gearbeitet, gegen denen, die er im Müßiggange hat verstreichen lassen, und zeiget ihm, daß er ihm gar nichts schuldig sey, und auch nichts von ihm zu fordern habe. Nun fraget man: wie viele Tage er gestudieret, wie viele er mit Müßiggang zugebracht habe?

Ihr

Ihr werdet also folgern.

Die Tage der Arbeit sollen heißen x

Die Tage des Müßiggangs werden also heißen $72 - x$

Für einen Tag der Arbeit hat er 5 Gulden zu fodern. Ich muß also die Tage der Arbeit durch 5 multiplicieren, damit ich jene Summe erhalte, die er von dem Vater für seine Arbeit zu fodern hat. Diese Summe ist also $5x$

Für einen Tag des Müßiggangs muß er 4 Gulden Strafe bezahlen. Ich muß also $72 - x$ die Tage des Müßiggangs mit 4 multiplicieren, so bekomme ich die Summe, die er dem Vater zurück zu zahlen schuldig ist. Diese ist also $\overline{72 - x} \times 4$ oder $288 - 4x$

Nun aber ist weder der Vater dem Sohne, noch der Sohn dem Vater etwas schuldig. Der Lohn für die Arbeit muß also der Strafe für den Müßiggang gleich seyn. Folglich ist $5x = 288 - 4x$

Die Auflösung giebt $x = 32$ die Tage der Arbeit.

Dieses von 72 abgezogen giebt - - 40 die Tage des Müßiggangs.

Und in der That 32 Tage der Arbeit, jeden für 5 Gulden angeschlagen, verdienen 160 Gulden: 40 Tage des Müßiggangs jeden zu vier

Gulden Strafe gerechnet, machen abermal 160 Gulden: die Strafe hebt also die Belohnung auf: der Sohn hat vom Vater, und dieser vom Sohne nichts zu fodern.

Fünfte Aufgabe.

Ein Hauptmann hat mit seiner untergebenen Rotte eine Beute erobert: er will sie unter seine Soldaten austheilen. Wenn er jedem 5 Gulden geben wollte, so erklecket die Beute nicht, es gehen ihm 300 Gulden ab. Giebt er aber jedem nur 4 Gulden, so bleiben ihm 200 Gulden übrig. Wie viel waren es Soldaten, wie groß war die Beute?

Folgeret also.

Die Anzahl der Soldaten sey x

Wenn er jedem 5 Gulden gäbe, so würde sich die ganze Ausgabe auf so vielmal 5 Gulden belaufen, als viel Soldaten sind, nämlich auf $5x$. Nun aber ist die Beute um 300 Gulden zu klein. Die Beute ist also $5x - 300$

Giebt er jedem Soldaten nur 4 Gulden, so beläuft sich die Ausgabe auf $4x$: es bleiben ihm aber alsdann 200 Gulden von der Beute über: Die ganze Beute ist also $4x + 200$

Weil nun der erste Ausdruck $5x - 300$ die Beute ausdrucket, und der zweyte Ausdruck $4x + 200$ eben diese Beute anzeiget, so müssen diese zween Ausdrücke einander

gleich

gleich seyn. Ihr habet also diese Gleichung $5x - 300 = 4x + 200$

Die Auflösung giebt $x = 500$

Es waren also 500 Soldaten. Multiplicieret ihr diese mit 5, so ist das Product 2500, ziehet ihr 300 davon ab, so ist der Rest 2200 Gulden die Größe der Beute. Multiplicieret ihr gemäß der zweyten Bedingniß die Anzahl x der Soldaten mit 4, so ist das Product 2000: addieret ihr 200 dazu, so ist die Summe 2200 Gulden abermal die Größe der Beute. Und weil diese beyderseits gefundene Summe die nämliche ist, so erkennet ihr, daß die Auflösung richtig sey.

Anmerkung. In diesem Exempel sehet ihr, daß es zuweilen, um eine Gleichung zu finden, nothwendig sey, die nämliche Sache auf zweyerley Arten auszudrücken, welche zween Ausdrücke der nämlichen Sache alsdenn einander nothwendig gleich seyn müssen. Also habet ihr in gegenwärtigem Exempel zween Ausdrücke der Beute gesuchet: und diese beyde alsdenn mit einander verglichen.

Zweyte Anmerkung. Wenn ihr in gegenwärtiger Aufgabe, anstatt der bekannten Größen Buchstaben des Alphabets, etwann a anstatt 5, b anstatt 4, p anstatt 300, q anstatt 200 gesetzet hättet; so würde die Gleichung also gestanden seyn $ax - p = bx + q$

Die Auflösung hatte gegeben $x = \frac{p + q}{a - b}$

 Nun

Nun diese mit Buchstaben gemachte Auflösung wäre allgemein, und würde immer dienen, man möchte, die in der Aufgabe gegebenen Zahlen ändern, wie man wollte. Ja, ihr könnet aus dieser allgemeinen Auflösung eine allgemeine Regel für die Beantwortung aller dergleichen Fragen herleiten. Die Regel würde diese seyn. Die Anzahl derer, unter welche die Austheilung geschehen muß, ist allezeit gleich der Summe aus dem Abgange bey der ersten und aus dem Ueberschusse bey der zweyten Austheilung, dividieret durch die Differenz, zwischen den Zahlen, welche in beyden Theilungen für einen jeden bestimmet sind. Und wenn also diese Differenz 1 ist, so ist die Anzahl derer, unter welche die Austheilung geschehen muß, gleich der besagten Summe.

Sechste Aufgabe.

Ein Wasserbehältniß fasset 800 (a) Eymer. Aus dreyen Rohren fließt Wasser darein. Das erste, wenn es allein laufen sollte, würde in 3 (b) Tagen das Behältniß anfüllen: das zweyte in 4 (c) Tagen: das dritte in 6 (d) Tagen. Wie bald wird das Behältniß voll seyn, wenn alle drey zugleich laufen?

Nennet die Zeit die ihr suchet x

Nun folgeret also. Das erste Rohr giebt in b Tagen das Wasser a: wie viel giebt es in der Zeit x? Ihr findet nach der Regel der Proportion $\frac{ax}{b}$

Das

Das zweyte Rohr giebt in der Zeit c das Wasser a: was giebt es in der Zeit x?

Ihr findet $\frac{ax}{c}$.

Das dritte Rohr giebt in der Zeit d das Wasser a: was giebt es in der Zeit x?

Ihr findet $\frac{ax}{d}$

Nun muß das Wasser, welches in der Zeit x aus allen dreyen Rohren zugleich fließt, das Behältniß anfüllen, und also die Eymer a ausmachen. Ihr habet also diese Gleichung

$$\frac{ax}{b} + \frac{ax}{c} + \frac{ax}{d} = a$$

Die Auflösung giebt

$$x = \frac{abcd}{acd + abd + abc} = \frac{bcd}{cd + bd + bc} = \frac{3 \times 4 \times 6}{24 + 18 + 12}$$

$$: \quad : \quad : \quad : \quad = \tfrac{72}{54} = 1\tfrac{1}{3}.$$

Siebente Aufgabe.

Als einer gefragt wurde, wie viel es auf der Uhr wäre, antwortete er: der Stundenzeiger stehe zwischen 4 und 5 Uhr, der Minutenzeiger aber stehe genau ober dem Stundenzeiger. Wie viele Minuten war es über 4 Uhr?

Nennet die Anzahl dieser Minuten x und folgeret also:

Da es genau 4 Uhr war, gieng der Stundenzeiger von der vierten, der Minutenzeiger von der zwölften Stunde weg. Nun ist es klar, daß der Minutenzeiger, bis er den Stundenzeiger erreichet, den Raum, welcher zwischen der zwölften und vierten Stunde liegt, durchlaufen muß, und noch über das jenen Raum, welchen der Stundenzeiger in der Zeit x durchlaufet. Wenn ihr den Raum, der zwischen der zwölften und vierten Stunde liegt, in dem in Minuten eingetheilten Zirkel nehmet, so sind es 20 (a) Minuten. Innerhalb 60 Minuten der Zeit durchläuft der Stundenzeiger 5 Minuten eben desselben Zirkels: wie viel durchläuft er also in der Zeit x? ihr findet $\frac{5x}{60}$ oder $\frac{x}{12}$. $a + \frac{x}{12}$ ist also der ganze Raum, den der Minutenzeiger zu durchlaufen hat, bis er den Stundenzeiger erreichet.

Ferner ist bekannt, daß der Minutenzeiger in 60 Minuten der Zeit 60 Minuten seines Zirkels durchläuft: wie viel durchläuft er also in der Zeit x? ihr findet x. Eben dieses x ist also abermal der Raum, den der Minutenzeiger durchlaufen muß, bis er den Stundenzeiger erreichet. Ihr habet also diese Gleichung.

$$a + \frac{x}{12} = x$$

und folglich $x = \frac{12a}{11} = \frac{240}{11} = 21\frac{9}{11}$.

Es war also 21 Minuten und $\frac{9}{11}$ einer Minute über vier Uhr.

Weil

Weil die ganze Rechnung vollkommen die nämliche bleibt für was immer für eine Stunde, so könnet ihr gar leicht finden, um was für eine Minute, noch was immer für einer Stunde der Stundenzeiger den Minutenzeiger erreiche. Ihr dörfet nur in der gefundenen Formel anstatt a die gehörige Anzahl der Minuten setzen.

Achte Aufgabe.

Ein Vater saget zu seinem Sohne: das Geld das ich in meiner Hand verschlossen halte, soll dein seyn, wenn du mir durch die Rechnung bestimmest, wie viel es Kreuzer sind. Nun merke. Wenn du die Zahl der Kreuzer, die ich halte, halb nimmst, und über das den dritten, und den siebenten Theil derselben, so kömmt eine Summe heraus, die um 1 kleiner ist, als die Zahl der Kreuzer, die in meiner Hand sind.

Die Zahl der Kreuzer sey x

Die Hälfte wird seyn $\frac{x}{2}$

Der dritte Theil $\frac{x}{3}$

Der siebente Theil $\frac{x}{7}$

Nun diese drey Brüche zusammen, müssen der Zahl x gleich seyn weniger 1. Ich habe also diese Gleichung.

$$\frac{x}{2} + \frac{x}{3} + \frac{x}{7} = x - 1$$

Also ist $x = 42$ die Anzahl der Kreutzer.

Neunte Aufgabe.

Einige Studenten gehen in ein Wirthshaus, und lassen sich wohl auftragen. Die Zeche machet 3 Gulden und 12 Groschen, oder 72 Groschen. Zween werden von den übrigen zechfrey gehalten: Nun muß ein jeder um 3 Groschen mehr bezahlen, als er hätte zahlen müssen, wenn alle an der Zeche gleich Theil genommen hätten. Wie viel waren es Studenten? Was mußte einer bezahlen?

Die Zahl der Studenten sey x

Die Zahl derer, die bezahlen, wird seyn $x - 2$

Wenn alle bezahlt hätten, so hätte einen getroffen $\frac{72}{x}$

Nun aber trifft jeden $\frac{72}{x-2}$

Die

Dieses letzte ist um 3 grösser als das vorgehende, also ist:

$$\frac{72}{x-2} = \frac{72}{x} + 3$$

$$72x = 72x - 144 + 3x^2 - 6x$$

$$3x^2 - 6x = 144$$

$$x^2 - 2x = 48$$

$$x^2 - 2x + 1 = 48 + 1 = 49$$

$$x - 1 = \pm\sqrt{49} = \pm 7$$

$x = 1 \pm 7 = 8$ oder auch -6.

Es waren also 8 Studenten: 6 zahlten die Zeche, es traf also einen jeden $\frac{72}{6}$ oder 12 Groschen. Hätten alle acht bezahlt, so hätte einen getroffen $\frac{72}{8}$, das ist 9 Groschen. Nun ist ja 12 um 3 grösser als 9: wie es die Aufgabe erforderet. Die negative Wurzel könnet ihr in dieser Aufgabe nicht brauchen.

Zehente Aufgabe.

In dem Jahre 1772 war ein Vater 50 (a), sein Sohn 21 (b) Jahr alt. Nun fragt man, in was für einem Jahre dieses laufenden Jahrhundert wird der Vater eben noch so alt, als der Sohn seyn?

Die Zahl der Jahre, welche beyde noch leben müssen, bis der Vater noch so alt als der Sohn ist, wollen wir nennen x

Wenn diese Jahre x verstrichen, so wird der Vater $a+x$ Jahre, der Sohn $b+x$ Jahre alt seyn. Nun ist der Vater alsdenn eben noch so alt als der Sohn. Also ist

$$a+x=\overline{b+x}\times 2=2b+2x$$
$$2x-x=a-2b$$
$$x=a-2b=50-42=8.$$

Sie müssen also beyde noch acht Jahr leben. Also wird im Jahr 1780 der Vater noch so alt als der Sohn seyn. In der That der Vater wird dazumal 58, der Sohn 29 Jahre haben. Nun aber ist $58=29\times 2$. Die allgemeine Auflösung zeiget, daß in all dergleichen Aufgaben, das Alter des Sohns müsse doppelt genommen, und alsdenn von dem Alter des Vaters abgezogen werden. Wenn dieses doppelte größer wäre als das Alter des Vaters, so würde der Werth von x negativ werden. Welches dann eine Anzeige wäre, daß jene Zeit, da der Vater noch so alt als der Sohn war, schon verstrichen sey, und nicht erst kommen werde, und zwar um so viele Jahre als der negative Werth von x Einheiten hat. Z. E. wenn man setzte der Vater sey in dem Jahre 1772, 50 Jahre, der Sohn aber 26 alt gewesen: so gäbe die allgemeine Formel $x=a-2b=50-52=-2$. Der Vater war also zwey Jahre zuvor, nämlich im Jahr 1770 noch so alt als sein Sohn.

Eilfte

Eilfte Aufgabe.

Ein Wirth hat zweyerley Wein. Eine Maaß des besseren verkaufet er um 10 (a) Kreuzer: eine Maaß des schlechteren um 6 (b) Kreuzer. Er will beyde unter einander mischen, also daß die Mischung 2400 (m) Maaße ausmache, und ein Maaß 7 (c) Kreutzer Werth sey. Wie viel muß er von dem besseren, wie viel von dem schlechteren nehmen?

Die Anzahl der Maaßen des besseren sey x

Des schlechteren $m - x$

Eine Maaß des besseren gilt a Kreutzer: weil also x die Anzahl der Maaße dieses Weins ist, so muß ax den Werth alles besseren Weins, der in die Mischung kömmt, ausdrucken.

Aus gleicher Ursache muß $bm - bx$ den Werth alles schlechteren Weins, der in die Mischung kömmt, ausdrücken. Folglich ist der Werth der ganzen Mischung $ax + bm - bx$

Nun sind die Maaße der Mischung m: der Werth einer Maaß ist c: also ist cm abermal der Werth der ganzen Mischung.

Wir haben also diese Gleichung.

$$ax + bm - bx = cm$$

Die Auflösung giebt

$$x = \frac{cm - bm}{a - b} = 600$$ Die Anzahl der Maaßen des besseren Weins.

Von

Von dem schlechteren Wein muß genommen werden $m-x$, das ist $m \frac{-cm+bm}{a-b}$. Wenn ihr dieses unter einen Nenner bringet, so habet ihr $\frac{am-bm-cm+bm}{a-b}$ oder $\frac{am-cm}{a-b}=1800$.

Anmerkung. Die allgemeine in Buchstaben gemachte Auflösung giebt eine Regel an die Hand, alle dergleichen Aufgaben aufzulösen. Die Formel für den besseren Wein war $\frac{cm-bm}{a-b}$ oder $\frac{\overline{c-b}\times m}{a-b}$: Ihr müsset also um die Anzahl der Maaßen des besseren zu bekommen die Differenz zwischen dem mittleren und geringeren Werthe nehmen, selbe mit der Anzahl der Maaßen der ganzen Mischung multiplicieren: und dieses Product durch die Differenz der Werthe des besseren und schlechteren dividieren. Die Formel für den schlechteren Wein war $\frac{am-cm}{a-b}$ oder $\frac{\overline{a-c}\times m}{a-b}$

Ihr müsset also, um die Anzahl der Maaßen des schlechteren zu bekommen, die Differenz zwischen dem Werthe des besseren und des mittleren nehmen; diese mit der Anzahl der Maaßen der ganzen Mischung multiplicieren: das Product durch die Differenz der Werthe des besseren und des schlechtern dividieren. Diese Regel, wenn ihr sie recht betrachten wollet, ist eben jene

die

die wir in der Arithmetik §. 128. gegeben haben.

Zweyte Anmerkung. Wenn man keine gewisse Maaß giebt, welche die ganze Mischung haben soll, sondern nur fraget, in was für einem Verhältnisse beyde Dinge müssen vermischet werden, damit eine gewisse Maaß der Mischung den gegebenen Werth bekomme, so können eben die vorigen Formeln dienen. Die Anzahl der Maaßen der besseren Sache muß sich zu der Anzahl der Maaßen der schlechteren verhalten, wie $\frac{cm - bm}{a - b}$ zu $\frac{am - cm}{a - b}$: und weil in diesen beyden Ausdrücken der Nenner beyderseits der nämliche ist, so kann er weggelassen werden, ohne hiedurch das Verhältniß zu ändern: ja auch der Factor m, weil er beyden Ausdrücken gemein ist, kann ausgelassen werden. Die Maaße des besseren müssen sich also verhalten zu den Maaßen des schlechteren, wie $c - b$ zu $a - c$. Diese Regel ist eben die, welche wir in der Arithmetik §. 121. gegeben haben.

Dritte Anmerkung. Wenn man unter den Wein anstatt eines schlechtern Weins, Wasser mischen wollte, könnten eben die oben gefundenen allgemeinen Formeln dienen, allein mit diesem Unterschiede, daß b gleich o wäre, und also alle jene Theile, welche das b in sich haben, wegfielen. Die Formel für den besseren Wein,

Wein, $\frac{cm - bm}{a - b}$ wurde also in diese verwandelt werden $\frac{cm}{a}$. Die Formel für das Wasser $\frac{am - cm}{a - b}$ in diese $\frac{am - em}{a}$.

Drittes Kapitel.

Von den Proportionen und Progreßionen.

Erster Abschnitt.

Von der arithmetischen Proportion.

218. Wenn vier Größen also beschaffen sind, daß zwischen der ersten und zweyten die nämliche Differenz als zwischen der dritten und vierten ist, so machen diese vier Größen eine arithmetische Proportion aus.

Eine jede arithmetische Proportion kann also durch diese allgemeine Formel ausgedrückt werden. $a . a \pm d : b . b \pm d$. Denn gleichwie a und b was immer für zwey Antecedens, so zeiget d was immer für eine beyderseits gleiche Differenz an. Weil in der aufsteigenden Proportion das Consequens größer seyn muß als das An-

Antecedens: in der absteigenden aber kleiner, so gilt die Formel $a. a+d: b. b+d$ für die aufsteigende: die Formel $a. a-d: b. b-d$ für die absteigende Proportion.

219. Eine ståte (continua), Proportion ist jene, in welcher das zweyte Glied zweymal vorkömmt, also, daß es zugleich das Antecedens der ersten Verhåltniß, und das Consequens der zweyten ist.

Eine jede ståte arithmetische Proportion kann hiemit durch diese Formel ausgedrückt werden. $\div a. a \pm d. \quad a \pm 2d.$ welche also muß gelesen werden: a verhält sich zu $a \pm d$, wie $a \pm d$ zu $a \pm 2d$. Das Zeichen $+$ gilt für die aufsteigende, das Zeichen $-$ für die absteigende.

Erster Lehrsatz.

In einer jeden arithmetischen Proportion ist die Summe der zwey äußern Gliedern der Summe der zwey mittlern gleich.

220. Alle arithmetische Proportionen sind durch diese allgemeine Formel $a. a \pm d: b. b \pm d$ ausgedrückt. Nun aber ist die Summe der äußern Gliedern $a + b \pm d$. Die Summe der mittlern ist abermal $a + b \pm d$.

Zweyter Lehrsatz.

In einer stäten arithmetischen Proportion ist die Summe der äußern Gliedern dem zweymal genommen mittlern gleich.

221. Alle stäte arithmetische Proportionen sind in dieser Formel enthalten $\div a . a \pm d . a \pm 2d$. Nun aber ist die Summe der äußern Gliedern $2a \pm 2d$. Das doppelte mittlere ist ebenfalls $2a \pm 2d$.

Erste Aufgabe.

Wenn was immer für drey Glieder einer arithmetischen Proportion gegeben sind, das vierte finden.

222. Wenn eines der zwey äußern abgeht, so machet die Summe der zwey mittlern: ziehet das gegebene der zwey äußern Gliedern davon ab: der Rest ist das gesuchte Glied. Wenn aber eines der zwey mittlern Gliedern gesuchet wird, so machet die Summe der zwey äußern. Ziehet das gegebene der zwey mittlern Gliedern davon ab: der Rest wird das gesuchte seyn.

Der Beweis fließt augenscheinlich aus dem vorangeschickten Lehrsatze.

Exem-

Exempel.

Man giebt diese drey erste Glieder einer arithmetischen Proportion 2. 5 : 7 : man verlanget das vierte.

$5+7=12$ die Summe der mittlern
$12-2=10$ das verlangte vierte Glied.

Zweytes Exempel.

Man giebt das erste, zweyte und vierte Glied einer arithmetischen Proportion, nämlich 3. 5 : 9. Man verlanget das dritt-

$3+9=12$ Summe der äußern
$12-5=7$ das verlangte dritte Glied.

Zweyte Aufgabe.

Wenn die zwey äußern Glieder einer stäten arithmetischen Proportion gegeben sind, das mittlere finden.

223. Addieret das erste und letzte Glied zusammen: die Summe dividieret mit 2: der Quotient ist das verlangte mittlere Glied.

Exempel.

Man giebt 2 und 6 als die zwey äußern Glieder einer stäten arithmetischen Proportion, welches ist das mittlere?

$2+6=8$ die Summe der äußern
$\frac{8}{2}=4$ das verlangte mittlere Glied.

Dritte Aufgabe.

Wenn das mittlere Glied einer ståten arithmetischen Proportion und eines der äußern gegeben sind, das andere äußere finden.

224. Multiplicieret das mittlere durch 2: vom Producte ziehet das gegebene äußere Glied ab: der Rest wird das gesuchte seyn.

Exempel.

Die Zahl 6 ist die mittlere Proportionalzahl: die Zahl 3 ist das erste Glied: welche wird das dritte Glied ausmachen?

$6 \times 2 = 12$ das zweyfache des mittlern
$12 - 3 = 9$ das dritte Glied.

Zweyter Abschnitt.

Von der arithmetischen Progreßion.

225. Eine arithmetische Progreßion ist eine Reihe der Größen, welche immer um eine gleiche Differenz wachsen, oder abnehmen.

Eine jede arithmetische Progreßion ist also in dieser Formel ausgedrückt.

$$\div a. a \pm d. \ a \pm 2d. \ a \pm 3d. \ a \pm 4d$$

u. s. f. Denn *a* kann ein jedes erstes Glied, *d* aber jede Differenz anzeigen. Das Zeichen $+$ gilt

gilt für die aufsteigende, das Zeichen — für die absteigende Progreßion.

Erster Lehrsatz.

In einer jeden arithmetischen Progreßion ist die Summe der äußersten Gliedern der Summe aus was immer für zweyen andern Gliedern gleich, welche gleichweit von den äußersten entfernet sind.

226. Beweis. Eine jede arithmetische Progreßion ist durch diese allgemeine Formel ausgedrücket: $\div a . a \pm d . a \pm 2d . a \pm 3d . a \pm 4d . a \pm 5d . a \pm 6d . a \pm 7d$. u. s. f. Nun aber ist $a + a \pm 7d = 2a \pm 7d$ die Summe der äußersten Gliedern. Die Summe des zweyten und zweytletzten ist $a \pm d + a \pm 6d$ oder $2a \pm 7d$. Die Summe des dritten und drittletzten ist $a \pm 2d + a \pm 5d$ oder $2a \pm 7d$ u. s. f. Wenn die Anzahl der Glieder ungleich ist, so ist aus eben dieser Formel klar, daß die Summe der äußersten Gliedern dem zweyfachen des mittleren Glieds gleich ist.

Zweyter Lehrsatz.

In einer jeden arithmetischen Progreßion ist die Summe aller Glieder gleich dem Producte, welches entsteht, wenn man die Summe der zwey äußersten Glieder durch die halbe Anzahl der Glieder multiplicieret.

227. Gemäß dem vorhergehenden Lehrsatz ist die Summe jeder zwey und zwey gleichweit von den äußersten genommener Glieder der Summe der äußersten gleich. Nun aber giebt es halb so viele aus zweyen Gliedern bestehende Summen, als Glieder. Hiemit ist die Summe aller Glieder gleich dem Producte u. s. f.

Dritter Lehrsatz.

In einer jeden arithmetischen Progreßion besteht, was immer für ein Glied aus dem ersten Glied und aus der gemeinen Differenz, so oft genommen, als viel Glieder vorhergehen.

228. Der Beweis fließt aus der allgemeinen Formel. Also ist das zweyte Glied, gleich dem ersten Glied a und der gemeinen Differenz $+$ oder $-d$ einmal genommen. Das dritte Glied $a \pm 2d$ ist gleich dem ersten Glied a und der

der gemeinen Differenz + oder − d zweymal genommen, u. s. f.

229. Aus diesen Grundsätzen könnet ihr die Formeln, welche zur Auflösung aller Aufgaben dienen, die zur arithmetischen Progreßion gehören, durch Hülfe der Algebra gar leicht berechnen.

Wir wollen das erste Glied was immer für einer Progreßion a nennen, das letzte u, die gemeine Differenz d, die Anzahl der Glieder n, die Summe der ganzen Progreßion s.

Wenn ihr nun den zweyten Lehrsatz algebraisch ausdrücket, so entsteht diese Formel.

$$s = \overline{a+u} \times \frac{n}{2} \text{ oder } \frac{an+un}{2}.$$

Und wenn ihr in dieser Formel jetzt a, jetzt u, jetzt n, als die unbekannte Größe ansehet, und den Werth derselben suchet, so findet ihr diese drey neuen Formeln.

$$a = \frac{2s}{n} - u$$

$$u = \frac{2s}{n} - a$$

$$n = \frac{2s}{a+u}$$

Wenn ihr den dritten Lehrsatz algebraisch ausdrücket, so entsteht diese Formel.

$$u = a + d \times \overline{n-1} = a + dn - d$$

Und wenn ihr in dieser Formel nach und nach jetzt a, jetzt d, jetzt n als die unbekannte Größe betrachtet, und ihre Werthe suchet, so entstehen diese drey neue Formeln.

$$a = u - dn + d$$

$$d = \frac{u - a}{n - 1}$$

$$n = \frac{u - a}{d} + 1$$

Wenn ihr die zween Werthe von a, nämlich den, welchen ihr aus dem ersten Lehrsatze hergeleitet, und den, welchen ihr aus dem zweyten gezogen habet, mit einander vergleichet, so bekommet ihr diese Gleichung $\frac{2s}{n} - u = u - dn + d$.

Und wenn ihr in dieser Gleichung nach und nach alle vier Buchstaben als die unbekannte Größe betrachtet, und ihre Werthe berechnet, so findet ihr diese vier neue Formeln.

$$s = \frac{nd - n^2 d}{2} + nu$$

$$n = \frac{d + 2u \pm \sqrt{-8ds + \overline{d + 2u}^2}}{2d}$$

$$u = \frac{s}{n} + \frac{dn - d}{2}$$

$$d = \frac{2nu - 2s}{n^2 - n}$$

Wenn

Wenn ihr die aus beyden Lehrsätzen hergeleiteten zween Werthe von u mit einander vergleichet, so erhaltet ihr diese Gleichung $\frac{2s}{n} - a = a + dn - d$

Hierans entstehen diese vier neue Formeln.

$$s = an + \frac{dn^2 - dn}{2}$$

$$a = \frac{s}{n} - \frac{dn + d}{2}$$

$$d = \frac{2s - 2an}{n^2 - n}$$

$$n = \frac{d - 2a \pm \sqrt{8ds + \overline{2a - d}^2}}{2d}$$

Wenn ihr endlich die beyderseits gefundenen Werthe von n vergleichet, so entsteht diese Gleichung $\frac{2s}{a+u} = \frac{u-a}{d} + 1.$

Aus dieser fließen folgende vier Formeln.

$$s = \frac{u^2 - a^2}{2d} + \frac{a+u}{2}$$

$$a = \frac{d \pm \sqrt{-8ds + \overline{d + 2u}^2}}{2}$$

$u =$

$$u = \frac{-d \pm \sqrt{8 d s + \overline{2a - d}^2}}{2}$$

$$d = \frac{u^2 - a^2}{2s - a - u}.$$

Alle diese zwanzig Formeln sind in folgender Tabelle enthalten.

Man sucht.	Man giebt.			Formeln.
a	u.	d.	n	$u - dn + d$
	u.	n.	s	$\frac{2s}{n} - u$
	d.	n.	s	$\frac{s}{n} - \frac{dn + d}{2}$
	u.	d.	s	$\frac{d \pm \sqrt{-8ds + \overline{d + 2u}^2}}{2}$
u	a.	d.	n	$a + dn - d$
	a.	n.	s	$\frac{2s}{n} - a$
	d.	n.	s	$\frac{s}{n} + \frac{dn - d}{2}$
	a.	d.	s	$\frac{-d \pm \sqrt{8ds + \overline{2a - d}^2}}{2}$

Man sucht.	Man giebt.	Formeln.
	a. u. n	$\frac{u-a}{n-1}$
d	a. n. ſ	$\frac{2ſ-2an}{n^2-n}$
	u. n. ſ	$\frac{2nu-2ſ}{n^2-n}$
	a. u. ſ	$\frac{u^2-a^2}{2ſ-a-u}$
	a. u. d	$\frac{u-a}{d}+1.$
n	a. u. ſ	$\frac{2ſ}{a+u}$
	a. d. ſ	$\frac{d-2a\pm\sqrt{8dſ+(2a-d)^2}}{2d}$
	u. d. ſ	$\frac{d+2u\pm\sqrt{-8dſ+(2u+d)^2}}{2d}$
	a. u. n	$\frac{an+un}{2}$
ſ	a. d. n	$an+\frac{dn^2-dn}{2}$
	u. d. n	$nu+\frac{nd-n^2d}{2}$
	a. u. d	$\frac{u^2-a^2}{2d}+\frac{a+u}{2}$

230. Anmerkung. Diese Formeln sind zwar für die aufsteigende Progreßion berechnet. Sie dienen aber zugleich auch für die absteigende, wenn ihr nur in denselben das erste Glied *u* das letzte *a* nennet.

Wir wollen nun die Anwendung dieser Formeln in einigen practischen Aufgaben machen.

Es ist durch die Erfahrung bekannt, daß ein frey herab fallender Stein, oder anderer Körper in der ersten Secunde 15 Schuhe hoch herab falle, (er durchläuft zwar einen um etwas wenigeres größern Raum: wir wollen aber dieses wenige, die Berechnung zu erleichtern, verachten) in der zweyten 45 Schuhe, in der dritten 75 Schuhe, und so ferner, also, daß der Raum, den er in auf einander folgenden Secunden durchläuft, eine arithmetische Progreßion machet, deren gemeine Differenz 30 ist. Nun stellet man an euch folgende Fragen:

Erste Frage.

Wie weit wird dieser Körper in einer Minute, oder, welches eines ist, in 60 Secunden kommen?

Es ist euch bekannt das erste Glied $a = 15$: die gemeine Differenz $d = 30$: die Anzahl der Secunden, durch welche die Bewegung dauret, oder die Anzahl der Glieder der Progreßion $n = 60$. Man verlanget zu wissen, den ganzen Raum, den dieser Körper durchlaufen wird: oder

die

s die Summe der ganzen Progreßion. Ihr müsset euch also der achtzehenten Formel $s = \frac{an + dn^2 - dn}{2}$ bedienen.

Wenn ihr nun anstatt der Buchstaben die Zahlen setzet, so bekommet ihr $s = 15 \times 60 + \frac{30 \times 3600 - 30 \times 60}{2} = 900 + \frac{108000 - 1800}{2} = 900 + \frac{106200}{2} = 909 + 53100 = 54000$ Schuhe.

Zweyte Frage.

Wie groß ist der Raum, den dieser Körper in der sechszigsten Secunde durchläuft?

Es ist bekannt das erste Glied $a = 15$: die gemeine Differenz $d = 30$: die Anzahl der Glieder $n = 60$. Man verlanget zu wissen das letzte Glied u.

Ihr müsset euch also der fünften Formel bedienen. $u = a + dn - d = 15 + 30 \times 60 - 30 = 15 + 1800 - 30 = 15 + 1770 = 1785$ Schuhe.

Dritte Frage.

Wie lange würde ein solcher Körper brauchen, bis er von der Sonne zu uns herab käme? Es ist aber die Sonne von uns entfernet 371967200000 Schuhe.

Es

Es ist bekannt das erste Glied $a = 15$: die gemeine Differenz $d = 30$: der ganze Raum welcher muß durchlaufen werden, oder die Summe der Progreßion $s = 371967200000$. Man verlanget zu wissen die Anzahl der Secunden, die unterdessen verstreichen werden, oder was eines ist, die Anzahl der Glieder der Progreßion, n.

Ihr müsset euch also der fünfzehenten Formel bedienen. $n = \frac{d - 2a \pm \sqrt{8ds + \overline{2a - d}^2}}{2d}$

$$= \frac{30 - 30 \pm \sqrt{8 \times 30 \times 371967200000 + \overline{30 - 30}^2}}{60}$$

$$= \frac{\pm \sqrt{89272128000000}}{60} = \frac{9448377}{60}$$

$$= 157473$$

Wenn ihr endlich die Secunden in Minuten, und diese in Stunden verwandelt, so bekommet ihr 43 Stunden, 44 Minuten, und 33 Secunden.

Dritter Abschnitt.

Von der geometrischen Proportion.

231. Wenn vier Größen also beschaffen sind, daß wenn die zwente durch die erste dividieret wird, der nämliche Quotient entsteht, welcher entsteht, wenn die vierte durch die dritte divi=

dividieret wird, so machen diese vier Grössen eine geometrische Proportion aus.

Eine jede geometrische Proportion ist durch diese Formel ausgedruckt. $a : aq :: b : bq$. Denn gleichwie a und b was immer für zwey Antecedens, so zeiget q was immer für einen beyderseits gleichen Quotient an.

232. Wenn das zweyte Glied der Proportion zweymal vorkömmt, das ist, wenn es das Consequens des ersten Verhältniß, und zugleich das Antecedens des zweyten ist, so wird diese Proportion eine stäte (continua) genannt.

Eine jede stäte geometrische Proportion gehöret hiemit zu dieser Formel $\div a : aq : aq^2$. Sie wird also ausgesprochen: a verhält sich zu aq wie aq zu aq^2.

Erster Lehrsatz.

In einer jeden geometrischen Proportion ist das Product der zwey äußersten Gliedern dem Producte der zwey mittlern gleich: oder dem Quadrate des mittlern, wenn es eine stäte Proportion ist.

233. Eine jede geometrische Proportion läßt sich durch diese Formel ausdrücken: $a : aq :: b : q$. Nun aber ist in dieser Formel das

das Product der äußersten Gliedern $a \times bq = abq$: das Product der mittlern ist $aq \times b = abq$.

Eine jede ståte geometrische Proportion ist in dieser Formel enthalten $\div\!\!\div a : aq : aq^2$. Nun aber ist das Product der äußersten $a \times aq^2 = a^2 q^2$: das Quadrat des mittlern ist $aq \times aq = a^2 q^2$.

Zweyter Lehrsatz.

Wenn vier Größen also beschaffen sind, daß das Product der äußersten dem Producte der mittlern gleich ist, so machen diese vier Größen eine geometrische Proportion aus.

234. **Beweis.** Es sey $ad = bc$. Ich sage, es sey $a : b :: c : d$. Denn wenn ich zwo gleiche Größen durch eine dritte dividiere, so muß beyderseits der nämliche Quotient entstehn. Folglich ist $\frac{ad}{bd} = \frac{bc}{bd}$: und wenn diese Brüche zum einfachsten Ausdrucke gebracht werden, $\frac{a}{b} = \frac{c}{d}$. Folglich ist $a : b :: c : d$.

Denn, wenn die zween Brüche $\frac{a}{b}$ und $\frac{c}{d}$ einander gleich sind, so muß sich a der Zähler des ersten, zu b seinem Nenner verhalten, wie c der Zähler des zweyten zu seinem Nenner d (§. 45.).

235. Es kann also jede Gleichung in eine Proportion aufgelöset werden. Man darf nur das erste Glied der Gleichung in zween Factores auflösen, das zweyte Glied ebenfalls in zween, und alsdenn, aus den Factoren des einen Glied die zwey äußere, aus den Factoren des andern die zwey mittlere Glieder der Proportion machen. Es wird nicht unnütz seyn, einige Beyspiele dieser Auflösung anzuführen.

Gleichungen.	Proportionen.
$ad - bd = cg + c$	$a - b : g + 1 :: c : d$
$1 - x^2 = a$	$1 - x : a :: 1 : 1 + x$
$x^2 - y^2 = 1$	$x - y : 1 :: 1 : x + y$

Dritter Lehrsatz.

Die Glieder was immer für einer Proportion können auf verschiedene Art versetzet werden, ohne die Proportion dadurch aufzuheben.

236. Beweis. Die Proportion bleibt, so lange das Product der äußern Gliedern dem Producte der mittlern gleich bleibt. Folglich

Wenn	$a : b :: c : d$	$ad = bc$
so wird	$a : c :: b : d$	$ad = bc$
auch seyn	$b : a :: d : c$	$ad = bc$
	$b : d :: a : c$	$ad = bc$
	$c : a :: d : b$	$ad = bc$
	$c : d :: a : b$	$cb = ad$
	$d : b :: c : a$	$ad = bc$
	$a + b : b :: c + d : d$	$ad = bc$
	$a : a + b :: c : c + d$	$ad = bc$
	$a - b : b :: c - d : d$	$ad = bc$
	$a : a - b :: c : c - d$	$ad = bc$

Denn es ist immer das Product der äus-
sern dem Producte der mittlern gleich.

Vierter Lehrsatz.

Wenn man die Glieder einer Proportion der Ordnung nach, durch die Glieder einer andern Proportion multiplicieret, so bleibt immer unter den Producten eine Proportion.

Beweis. Es seyen zwo Proportionen

$$a : aq :: b : bq$$
$$c : cp :: d : dp$$

237. Wenn ihr die Glieder der ersten ordentlich durch die Glieder der zweyten multiplicieret, so entsteht

$$ac : acpq :: bd : bdqp$$

wel-

welches wieder eine Proportion ist, weil beyderseits der nämliche Quotient nämlich pq entsteht.

Der Beweis für die Division ist nicht unterschieden.

Es sey $\begin{cases} ac : acpq :: bd : bdpq \\ c : cp :: d : dp \end{cases}$

Wenn ihr die Glieder der ersten durch die Glieder der zweyten ordentlich dividieret, so entsteht

$$a : aq :: b : bq.$$

238. Aus diesem folget, daß gleiche Potenzen wie auch gleiche Wurzeln solcher Größen, die eine Proportion ausmachen, gleichfalls proportional seyn.

Fünfter Lehrsatz.

Wenn mehrere gleiche Verhältnissen sind, so wird die Summe aller Antecedens zur Summe aller Consequens sich verhalten, wie was immer für ein Antecedens zu seinem Consequens.

239. Beweis. Die gleichen Verhältnissen seyn $a : aq$ und $b : bq$ und $c : cq$ und $d : dq$. Die Summe aller Antecedens ist $a + b + c + d$. Die Summe aller Consequens ist $\overline{a + b + c + d} \times q$. Nun aber ver-

halten sich diese zwo Summen gegen einander wie $a : aq$: weil beyderseits der nämliche Quotient nämlich q entsteht.

Erste Aufgabe.

Wenn was immer für drey Glieder einer geometrischen Proportion gegeben sind, das vierte finden.

140. Wenn eines der äußern abgeht, so machet das Product der mittlern: dieses dividieret, durch das gegebene Glied der äußern: der Quotient wird das gesuchte Glied seyn. Suchet ihr aber eines der mittlern: so machet das Product der äußern: dieses dividieret durch das gegebene Glied der mittlern: der Quotient wird das gesuchte seyn.

Exempel.

Man giebt diese drey Glieder einer Proportion $2 : 6 :: 5$. Welches wird das vierte seyn.

$5 \times 6 = 30$ das Product der mittlern.
$\frac{30}{2} = 15$ das verlangte vierte Glied.

Zweytes Exempel.

Man giebt das erste, dritte und vierte Glied einer Proportion, nämlich 2. 5. 15. Welches wird das zweyte seyn.

$2 \times 15 = 30$ das Product der äußern.
$\frac{30}{5} = 6$ das verlangte zweyte Glied.

Zweyte

Zweyte Aufgabe.

Wenn zwey Glieder einer ståten geometrischen Proportion gegeben sind, das dritte finden.

241. Wenn das mittlere abgeht, so machet das Product der äußern: aus diesem ziehet die Quadratwurzel: sie wird das verlangte Glied seyn. Geht aber eines der åußern ab, so machet das Quadrat des mittlern: dieses dividieret durch das gegebene Glied der åußern: der Quotient wird das gesuchte seyn.

Exempel.

Man giebt 2 und 8 als die zwey åußern Glieder einer ståten Proportion. Welches ist das mittlere?

$2 \times 8 = 16$ das Product der åußern.
$\sqrt{16} = 4$ das gesuchte mittlere Glied.

Zweytes Exempel.

Man giebt das zweyte und dritte Glied einer ståten Proportion, nåmlich 4 und 8. Welches ist das erste?

$4 \times 4 = 16$ das Quadrat des mittlern.
$\frac{16}{8} = 2$ das gesuchte erste Glied.

Der Beweis dieser zwo Auflösungen fließt für sich selbst aus dem ersten Grundsatze (§. 233.) Die Anwendung ist schon in der Arithmetik gemacht worden.

Vierter Abschnitt.

Von der geometrischen Progreßion.

242. Eine geometrische Progreßion ist eine Reihe der Größen, welche also beschaffen sind, daß immer der nämliche Quotient entsteht, wenn die nachfolgende durch die vorhergehende dividieret wird.

Es kann also eine jede geometrische Progreßion durch diese Formel ausgedrückt werden.

$$\div\!\!\div\; a : aq : aq^2 : aq^3 : aq^4 : aq^5 : aq^6 \text{ u. s. f.}$$

Erster Lehrsatz.

Was immer für ein Glied einer geometrischen Progreßion ist gleich dem Producte aus dem ersten Glied und aus dem gemeinen Exponent zu jener Potenz erhöhet, welche die Zahl der vorgehenden Glieder anzeiget.

243. **Beweis.** Denn der Exponent fängt an ein Factor zu seyn im zweyten Gliede, und er steigt in jedem Gliede um einen Grad.

Aus

Aus diesem folget: die Potenzen was immer für einer Größe machen eine geometrische Progreßion aus. Denn setzen wir a sey gleich 1, so bekömmt man in der allgemeinen Formel $\div\!\div$ $1 : q : q^2 : q^3 : q^4$ u. s. f. Ganz anders verhält sich die Sache bey den Wurzeln einer Größe.

Zweyter Lehrsatz.

In allen geometrischen Progreßionen ist das Product der zwey äußersten Gliedern gleich dem Producte aus was immer für zwey andern Gliedern, die von den äußersten gleich weit abstehen.

244. Der Beweis ist klar, wenn man nur die allgemeine Formel $\div\!\div$ $a : aq : aq^2 : aq^3 : aq^4 : aq^5 : aq^6$ u. s. f. betrachtet. Denn das Product der äußersten ist $a \times aq^6 = a^2 q^6$: das Product des zweyten und vorletzten Glieds ist $aq \times aq^5 = a^2 q^6$. Und so von andern.

Dritter Lehrsatz.

In einer jeden geometrischen Progreßion verhält sich das erste Glied zum dritten, wie das Quadrat des ersten zum Quadrate des zweyten: das erste zum vierten, wie der Cubus des ersten zum Cubus des zweyten, u. s. f.

245. Der Beweis fließt aus der allgemeinen Formel. Den $a : aq^2 :: a^2 : a^2 q^2$. Eben so ist $a : aq^3 :: a^3 : a^3 q^3$.

Vierter Lehrsatz.

In einer jeden geometrischen Progreßion verhält sich die Summe aller Glieder, das letzte ausgenommen zur Summe aller Glieder das erste ausgenommen: wie das erste Glied zum zweyten.

246. **Beweis.** Die Summe aller Antecedens verhält sich zur Summe aller Consequens, wie was immer für ein Antecedens zu seinen Consequens (§. 239.). Nun aber sind in einer geometrischen Progreßion alle Glieder ein Antecedens, das letzte allein ausgenommen: es sind auch alle ein Consequens, al-

lein

lein das erste ausgenommen. Hiemit verhält sich die Summe aller Glieder, ausgenommen das letzte zur Summe aller Glieder, ausgenommen das erste, wie das erste Glied zum zweyten.

247. Aus diesen Grundsätzen lassen sich wieder zwanzig Formeln berechnen, welche zur Auflösung aller Aufgaben dienen, die zur geometrischen Progreßion gehören. Weil aber die Berechnung dieser Formeln sehr schwer ist, und über das ihr Gebrauch selten vorkömmt, begnüge ich mich zwo herzusetzen, welche aus den vorangeschickten Grundsätzen unmittelbar fließen, und deren Gebrauch zum öftesten sich ereignet.

Erste Aufgabe.

Wenn das erste Glied einer geometrischen Progreßion, und der allgemeine Quotient, und die Anzahl der Glieder gegeben sind, das letzte Glied finden.

248. Wenn wir das erste Glied a, das letzte u, den allgemeinen Quotient q, die Anzahl der Glieder n nennen, so fließt aus dem ersten Lehrsatze diese Formel.

$$u = aq^{n-1}$$

Ihr müsset also um das letzte Glied zu bekommen, den allgemeinen Quotient zu jener Potenz

 erhö-

erhöhen, welche die Zahl der Glieder weniger eines anzeiget, und mit dieser Potenz das erste Glied multiplicieren. Weil aber, wenn *n* eine große Zahl ist, die Erhöhung zu einer so hohen Potenz sehr beschwerlich ist, so könnet ihr die Arbeit etwas abkürzen; wenn ihr euch diesen Grundsatz merket. Wenn man eine Größe zu einer Potenz erhöhen soll, kann man den Exponent dieser Potenz in zween oder mehrere Theile abtheilen, und die gegebene Größe zu den durch diese Theile angezeigten Potenzen erhöhen, und diese durch einander multiplicieren: das Product wird die verlangte Potenz seyn.

Wenn ihr zum Exempel eine Größe zur siebenten Potenz erhöhen sollet, so erhöhet sie zur dritten und vierten, multiplicieret diese durch einander, das Product ist die siebente Potenz.

Exempel.

Wir wollen setzen ein Körnlein Getreid, trage in einem Jahr nur fünf Körnlein: diese fünf werden alsdenn wieder ausgesäet, und bringe ein jedes derselben wieder fünf Körnlein: und so fort bis auf das vierzigste Jahr. Nun wird gefragt, wie viel im vierzigsten Jahr Körnlein wachsen werden.

Ihr

Ihr habet $a = 5$; $q = 5$; $n = 40$: folglich ist $n - 1 = 39$. Ihr müsset also um den Werth von u zu finden, gemäß der Formel $u = aq^{n-1}$ die Zahl 5 zu der neun und dreyßigsten Potenz erhöhen, und alsdann durch das erste Glied multiplicieren. Erhöhet also diese Zahl 5 anfangs bis zur dritten Potenz, sie ist 125. Diese multiplicieret durch sich selbst, so habet ihr die sechste Potenz 25625: diese multiplicieret durch sich selbst, so habet ihr die zwölfte Potenz 656640625: diese multiplicieret durch sich selbst, so habet ihr die vier und zwanzigste 431176910400390625: diese multiplicieret durch die zwölfte, so habet ihr die sechs und dreyßigste 283128275930881500 244140625.

Multiplicieret diese mit der dritten, so bekommet ihr die neun und dreyßigste 35391034491360187530517578125. Multiplicieret endlich diese durch das erste Glied 5, so bekommet ihr 176955172456800937652587 890625 die verlangte Anzahl der Körnlein, welche im vierzigsten Jahre wachsen.

Zweyte Aufgabe.

Wenn das erste und letzte Glied einer geometrischen Progreßion gegeben sind, und über das der allgemeine Quotient, die Summe der ganzen Progression finden.

249. Multiplicieret das letzte Glied durch den allgemeinen Quotient: von dem Producte ziehet das erste Glied ab: den Rest dividieret durch den allgemeinen Quotient weniger 1: der Quotient ist die Summe der ganzen Progreßion.

Beweis. Wenn ihr den vierten Lehrsatz algebraisch ausdrücket, so entsteht diese Proportion $s - u : s - a :: a : aq$.

Wenn ihr nun das erste Glied mit dem letzten, und das zweyte durch das dritte multiplicieret, so entsteht diese Gleichung

$$saq - uaq = sa - a^2.$$

Und wenn ihr in dieser Gleichung den Werth von s suchet, so findet ihr

$$s = \frac{uaq - a^2}{aq - a} = \frac{uq - a}{q - 1}.$$

Exempel.

Man fraget, wie viel Getreid in vierzig Jahren wachsen werde, wenn im ersten Jahre aus einem Körnlein 5 wachsen: diese wieder gesäet werden, und aus jeden wieder fünfe entspringen u. s. f.

Suchet zuerst das letzte Glied der Progreßion, wie in der vorhergehenden Aufgabe. Nachdem ihr dieses gefunden, so habet ihr $u = 176955172456800937652587890625$ $a = 5$, $q = 5$.

Wenn ihr nun das letzte Glied u durch q das ist durch 5 multiplicieret, so entsteht $uq = 884775862284004688262939453125$: und wenn ihr a oder 5 davon abziehet, so entsteht $uq - a = 884775862284004688262939453120$. Wenn ihr endlich dieses durch $q - 1$, das ist durch 4 dividieret, so entsteht $\frac{uq - a}{q - 1} = 221193965571001172065734863280$.

LIBRETTO
D' ABACO,

Nuovamente corretto, e di molti errori emendato.

DEVESI avvertire, che ogni figura poſta ſola ſignifica numero, ed ogni numero ſi deve intendere da uno ſino a nove, cioè: 1. 2. 3. 4. 5. 6. 7. 8. 9.
La Seconda figura s' intende decena, cioè 10.
La Terza figura ſignifica centenara.
La Quarta figura ſignifica numero de milliara.
La Quinta figura ſignifica decena de milliara.
La Seſta figura ſignifica centenara de milliara.
La Settima figura ſignifica numero de millioni.
La Ottava figura ſignifica decena de millioni.
La Nona figura ſignifica centenara de millioni.
La Decima ſignifica n. de milliara de millioni.

Prima	Numero	1
Seconda	Decena	10
Terza	Centenara	120
Quarta	Numero de milliara	1230
Quinta	Decena de milliara	12340
Seſta	Centenara de milliara	123450
Settima	Numero de millioni	1234560
Ottava	Decena de millioni	12345670
Nona	Centenara de millioni	123456780
Decima	n. de milliara de millio.	1234567890

Nota, che per un millione ſi deve intendere mille milliara, cioè mille volte mille.

In Baſſano, con Licenza de' Superiori.

1	via	1	fa	1
2		2		4
3		3		9
4		4		16
5		5		25
6		6		36
7		7		49
8		8		64
9		9		81
10		10		100
2		2		4
2		3		6
2		4		8
2		5		10
2		6		12
2		7		14
2		8		16
2		9		18
2		10		20
3		3		9
3		4		12
3		5		15
3		6		18
3		7		21
3		8		24
3		9		27
3		10		30
4	via	4	fa	16
4		5		20
4		6		24
4		7		28
4		8		32
4		9		36
4		10		40
5		5		25
5		6		30
5		7		35
5		8		40
5		9		45
5		10		50
6		6		36
6		7		42
6		8		48
6		9		54
6		10		60
7		7		49
7		8		56
7		9		63
7		10		70
8		8		64
8		9		72
8		10		80
9		9		81
9		10		90
10		10		100

2	via	11	fa	22	2	via	14	fa	28
3		11		33	3		14		42
4		11		44	4		14		56
5		11		55	5		14		70
6		11		66	6		14		84
7		11		77	7		14		98
8		11		88	8		14		112
9		11		99	9		14		126
10		11		110	10		14		140

2	12	24	2	15	30
3	12	36	3	15	45
4	12	48	4	15	60
5	12	60	5	15	75
6	12	72	6	15	90
7	12	84	7	15	105
8	12	96	8	15	120
9	12	108	9	15	135
10	12	120	10	15	150

2	13	26	2	16	32
3	13	39	3	16	48
4	13	52	4	16	64
5	13	65	5	16	80
6	13	78	6	16	96
7	13	91	7	16	112
8	13	104	8	16	128
9	13	117	9	16	144
10	13	130	10	16	160

2	via	17	fa	34	2	via	20	fa	40
3		17		51	3		20		60
4		17		68	4		20		80
5		17		85	5		20		100
6		17		102	6		20		120
7		17		119	7		20		140
8		17		136	8		20		160
9		17		153	9		20		180
10		17		170	10		20		200
2		18		36	2		21		42
3		18		54	3		21		63
4		18		72	4		21		84
5		18		90	5		21		105
6		18		108	6		21		126
7		18		126	7		21		147
8		18		144	8		21		168
9		18		162	9		21		189
10		18		180	10		21		210
2		19		38	2		22		44
3		19		57	3		22		66
4		19		76	4		22		88
5		19		95	5		22		110
6		19		114	6		22		132
7		19		133	7		22		154
8		19		152	8		22		176
9		19		171	9		22		198
10		19		190	10		22		220

2	via	23	fa	46	2	via	26	fa	52
3		23		69	3		26		78
4		23		92	4		26		104
5		23		115	5		26		130
6		23		138	6		26		156
7		23		161	7		26		182
8		23		184	8		26		208
9		23		207	9		26		234
10		23		230	10		26		260

2	24	48	2	27	54
3	24	72	3	27	81
4	24	96	4	27	108
5	24	120	5	27	135
6	24	144	6	27	162
7	24	168	7	27	189
8	24	192	8	27	216
9	24	216	9	27	243
10	24	240	10	27	270

2	25	50	2	28	56
3	25	75	3	28	84
4	25	100	4	28	112
5	25	125	5	28	140
6	25	150	6	28	168
7	25	175	7	28	196
8	25	200	8	28	224
9	25	225	9	28	252
10	25	250	10	28	280

2 via	29	fa 58
3	29	87
4	29	116
5	29	145
6	29	174
7	29	203
8	29	232
9	29	261
10	29	290

2	30	60
3	30	90
4	30	120
5	30	150
6	30	180
7	30	210
8	30	240
9	30	270
10	30	300

2	31	62
3	31	93
4	31	124
5	31	155
6	31	186
7	31	217
8	31	248
9	31	279
10	31	310

2 via	32	fa 64
3	32	96
4	32	128
5	32	260
6	32	192
7	32	224
8	32	256
9	32	288
10	32	320

2	33	66
3	33	99
4	33	132
5	33	165
6	33	198
7	33	231
8	33	264
9	33	297
10	33	330

2	34	68
3	34	102
4	34	136
5	34	170
6	34	204
7	34	238
8	34	272
9	34	306
10	34	340

2	via 35	fa 70		2	via 38	fa 76
3	35	105		3	38	114
4	35	140		4	38	152
5	35	175		5	38	190
6	35	210		6	38	228
7	35	245		7	38	266
8	35	280		8	38	304
9	35	315		9	38	342
10	35	350		10	38	380
2	36	72		2	39	78
3	36	108		3	39	117
4	36	144		4	39	156
5	36	180		5	39	195
6	36	216		6	39	234
7	36	252		7	39	273
8	36	288		8	39	312
9	36	324		9	39	351
10	36	360		10	39	390
2	37	74		2	40	80
3	37	111		3	40	120
4	37	148		4	40	160
5	37	185		5	40	200
6	37	222		6	40	240
7	37	259		7	40	280
8	37	296		8	40	320
9	37	333		9	40	360
10	37	370		10	40	400

11	via	11	fa	121
12		12		144
13		13		169
14		14		196
15		15		225
16		16		256
17		17		289
18		18		324
19		19		361
20		20		400
21		21		441
22		22		484
23		23		529
24		24		576
25		25		625
26		26		676
27		27		729
28		28		784
29		29		841
30		30		900
31		31		961
32		32		1024
33		33		1089
34		34		1156
35		35		1225
36		36		1296
37		37		1369
38		38		1444
39		39		1521
40		40		1600
11		12		132
11		13		143
11		14		154

11	via	15	fa	165
11		16		176
11		17		187
11		18		198
11		19		209
11		20		220
12		13		156
12		14		168
12		15		180
12		16		192
12		17		204
12		18		216
12		19		228
12		20		240
13		14		182
13		15		195
13		16		208
13		17		221
13		18		234
13		19		247
13		20		260
14		15		210
14		16		224
14		17		238
14		18		252
14		19		266
14		20		280
15		16		240
15		17		255
15		18		270
15		19		285
15		20		300

16	via	17	fa	272
16		18		288
16		19		304
16		20		320
17		18		306
17		19		323
17		20		340
18		19		342
18		20		360
18		21		378
2		20		40
3		30		90
4		40		160
5		50		250
6		60		360
7		70		490
8		80		640
9		90		810
10		100		1000
2		10		20
2		20		40
2		30		60
2		40		80
2		50		100
2		60		120
2		70		140
2		80		160
2		90		180
2		100		200
3		30		90
3		40		120
3		50		150

3	via	60	fa	180
3		70		210
3		80		240
3		90		270
4		40		160
4		50		200
4		60		240
4		70		280
4		80		320
4		90		360
4		100		400
5		50		250
5		60		300
5		70		350
5		80		400
5		90		450
5		100		500
6		60		360
6		70		420
6		80		480
6		90		540
6		100		600
7		70		490
7		80		560
7		90		630
7		100		700
8		80		640
8		90		720
8		100		800
9		100		900
10		100		1000

La prova del 7.			La prova del 9.		
De	7	e o	De	9	e o
De	14	e o	De	18	e o
De	21	e o	De	27	e o
De	28	e o	De	36	e o
De	35	e o	De	45	e o
De	42	e o	De	54	e o
De	49	e o	De	63	e o
De	56	e o	De	72	e o
De	63	e o	De	81	e o
De	70	e o	De	90	e o

Del moltiplicar per modo di Baricocolo.	Del moltiplicar per Scacchiero.
55555	666666
55555	666666
277775	3999996
2777775	3999996
2777775	3999996
2777775	3999996
2777775	3999996
3086355825	444435556

Rappresentazione de' Numeri.

1	2	3	4	5	6	7	8	9	10
11	12	13	14	15	16	17	18	19	20
21	22	23	24	25	26	27	28	29	30
31	32	33	34	35	36	37	38	39	40
41	42	43	44	45	46	47	48	49	50
51	52	53	54	55	56	57	58	59	60
61	62	63	64	65	66	67	68	69	70
71	72	73	74	75	76	77	78	79	80
81	82	83	84	85	86	87	88	89	90
91	92	93	94	95	96	97	98	99	100

Via	Fa	Fa	Fa	Fa	Fa	Fa
11	12	13	14	15	16	17
11	12	13	14	15	16	17
121	144	169	196	225	256	289
18	19	20	21	22	23	24
18	19	20	21	22	23	24
324	361	400	441	484	529	576
25	26	27	28	29	30	31
25	26	27	28	29	30	31
625	676	729	784	841	900	961
32	33	34	35	36	37	38
32	33	34	35	36	37	38
1024	1089	1156	1225	1296	1369	1444
39	40	41	42	43	44	45
39	40	41	42	43	44	45
1521	1600	1681	1764	1849	1936	2025
46	47	48	49	50	51	52
46	47	48	49	50	51	52
2116	2209	2304	2401	2500	2601	2704
53	54	55	56	57	58	59
53	54	55	56	57	58	59
2809	2916	3025	3136	3249	3364	3481
60	61	62	63	64	65	66
60	61	62	63	64	65	66
3600	3721	3844	3969	4096	4225	4356
67	68	69	70	71	72	73
67	68	69	70	71	72	73
4489	4624	4761	4900	5041	5184	5329

Via	Fa	Fa	Fa	Fa	Fa	Fa
74	75	76	77	78	79	80
74	75	76	77	78	79	80
5476	5625	5776	5929	6084	6241	6400
81	82	83	84	85	86	87
81	82	83	84	85	86	87
6561	6724	6889	7056	7225	7396	7569
88	89	90	91	92	93	94
88	89	90	91	92	93	94
7744	7921	8100	8281	8464	8649	8836
95	96	97	98	99	100	110
95	96	97	98	99	100	110
9025	9216	9309	9604	9801	10000	12100
120	130	140	150	160	170	180
120	130	140	150	160	170	180
14400	16900	19600	22500	25600	28900	32400

190	200	300	400	500
190	200	300	400	500
36100	40000	90000	160000	250000
600	700	800	900	1000
600	700	800	900	1000
360000	490000	640000	810000	1000000

A FAR DI DENARI SOLDI.

100.den. sono sol. 8.de.4.
200.den.sono sol.16.de.8.
300.den.sono sol.25.de.0.
400.den.sono sol.33.de.4.
500.den.sono sol.41.de.8.

600. de.sono sol.50.de.0.
700. de.sono sol.58.de.4.
800. de.sono sol.66.de 8.
900. de.sono sol.75.de.0.
1000. de.sono sol.83.d.4.

A partir in cento, cioè se lire 100. a peso val lire 1. che valerà a denari lire 1. a peso.		A partir per cento, se lire 100. a peso vale soldi 10. che valerà lire 1. a peso.
a lire 1. il cento viene a la lira den. 2. quin. 2.		a soldi 10. il cento vale la lira den. 1. quinti 1.
a lire 2. den. 4. quin. 4.		a sol. 10. den. 1. quin. 4.
a lire 3. den. 7. quin. 3.		a sol. 20. den. 2. quin. 2.
a lire 5. sol. 1. d. o. q. o.		a sol. 30. den. 3. quin. 3.
a lire 10.	soldi 2	a sol. 40. den. 4. quin. 4.
a lire 15.	soldi 3	a sol. 50. den. 6. quin. o.
a lire 20.	soldi 4	a sol. 60. den. 7. quin. 1.
a lire 25.	soldi 5	a sol. 70. den. 8. quin. 2.
a lire 30.	soldi 6	a sol. 80. den. 9. quin. 3.
a lire 35.	soldi 7	a sol. 90. den. 10. qu. 4.
a lire 40.	soldi 8	a sol. 100. den. 12. q. o.
a lire 45.	soldi 9	den. 8. sol. 4. den. 1.
a lire 50.	soldi 10	den. 16. sol. 8. den. 2.
a lire 55.	soldi 11	den. 17. sol. o. den. 3.
a lire 60.	soldi 12	den. 30. sol. 4. den. 4.
a lire 65.	soldi 13	den. 41. sol. 5. den. 5.
a lire 70.	soldi 14	den. 50. sol. o. den. 7.
a lire 75.	soldi 15	den. 58. sol. 4. den. 4.
a lire 80.	soldi 16	den. 68. sol. 4. den. 8.
a lire 85.	soldi 17	den. 75. sol. o. den. 9.
a lire 90.	soldi 18	den. 83. sol. 4. den. 10.
a lire 95.	soldi 19	den. 92. sol. 4. den. 11.
a lire 100.	soldi 20	den. 100. sol. 12. den. o.

REGOLE
DIVERSE,
PER FAR CONTI A MENTE.

UNO ha un cesto pien d'ovi, e mentre va per venderli, li casca in terra il cesto, e li ovi si rompono. Li vien addimandato quanti ovi vi erano nel cesto? risponde no'l so, ma quando li contava a due a due ne avanzava uno; a tre a tre ne avanzava uno; così a quattro, a cinque, e a sei sempre ne avanzava uno, ma a sette veniano pari, ed avanzava nulla, sicchè fate voi il conto quanti erano. Sono ova numero 301. 150. 1. 100. 1. 75. 160. 1. 43. 0.

Si moltiplica 6. via 7. fa 42. poi aggiungi uno sopra 42. farà 43. moltiplica per 7. fa 301. che tanti erano li ovi nel cesto.

Un Capriolo è avanti a un Cane 50. salti, e vanno saltando, ed ogni 5. salti del Cane sono 7. del Capriolo, onde in quanto tempo, o salti il Cane piglierà il Capriolo? Si moltiplica 5. via 50. fa 250. e questo 250. si parte per due, che viene 125. così in 125. salti il Cane avrà giunto il Capriolo, perchè ogni 5. salti il Cane ne avanza due.

Uno ha di salario Lire 9. al Mese quanto viene ad esser al dì? si moltiplica lire 9. per due fa lire 18. quali parti per tre ne viene soldi 6. al dì.

L' istesso se uno guadagna soldi 6. al dì si moltiplica 6. per tre fanno 18. si parte per due ne viene 9. e così viene a guadagnar lire 9. al mese.

Osservando che li mesi siano di 30. giorni.

Uno paga denari 10. al dì, quanto viene a pagare all' anno? si moltiplica li dieci per tre, che fa 30. questi 30. denari, fa che siano 30. Lire, quali parti per mezzo, che ne viene Lire 15., e tanto pagherà a ragion di 365. giorni per anno.

Se si volesse far il conto a ragion di 366. dì, si moltiplica quello, che paga al dì, che son denari dieci per cinque fanno 50. che sono soldi 3. denari 2.

Due uomini fanno compagnia, uno vi mette la persona con ducati 36. l' altro mette ducati 70. con patto di partir il guadagno per metà; dopo aggiustato, il secondo compagno in quel dì rimise nella compagnia ducati 30. con patto si negoziassero con gli altri al patto già fatto; questi dopo fatto i conti trovano di guadagno ducati cento. Si dimanda quanto li tocca per uno?

Uno va alla Fiera a comprar panno, e porta alquanti denari seco, lo pagò soldi 12. il brazzo, e li mancò soldi 30. quanto panno egli comprò?

Un Gentil' Uomo manda un servitore al mercato, e li commette, che compra 40. uccelli vivi, e spendi soldi 40. e compra piccioni per soldi 3. l' uno, i tordi a un soldo l' uno, e le celeghe a 12. al soldo, quanti ne comprò di ciascuna sorte?

Tavola di *Numeri Romani* da farsi leggere a'Fanciulli

	significa
I	1
II	2
III	3
IV, *o* IIII	4
V	5
VI	6
VII	7
VIII, *o* IIX	8
IX, *o* VIIII	9
X	10
XI	11
XII	12
XIII	13
XIV	14
XV	15
XVI	16
XVII	17
XVIII, *o* XIIX	18
XIX, *o* XVIIII	19
XX	20
XXX	30
XL, *o* XXXX	40
L	50
LX	60
LXX	70
LXXX	80
XC	90
C	100
CC	200
CCC	300
CD, *o* CCCC	400
D, *o* IↃ	500
DC, *o* IↃC	600
DCC, *o* IↃCC	700
DCCC	800
CM	900
M, *o* CIↃ	1,000
CIↃ CIↃ, *o* IIM	2,000
CIↃ CIↃ CIↃ, *o* IIIM	3,000
CIↃ CIↃ CIↃ CIↃ, *o* IVM	4,000
IↃↃ	5,000
CCIↃↃ	10,000
IↃↃↃ	50,000
CCCIↃↃↃ	100,000
IↃↃↃↃ	500,000
CCCCIↃↃↃↃ	1,000,000
CCCCIↃↃↃↃ CCCCIↃↃↃↃ	2,000,000

Jemand sagte zu einem andern,
Gieb mir 2 (zB Nüsse:) von deinen
so habe ich so viel als du $10+2=12$
und $14-2=12$.
der andere erwiederte.
Gieb mir 2 von deinen so habe
ich noch einmahl so viel als du
$14+2=16$ und $10-2=8$
~~oder 12+2 = 14 und 16+2=~~
$12-2=10$ und $16-2=$

www.ingramcontent.com/pod-product-compliance
Lightning Source LLC
Chambersburg PA
CBHW021353210326
41599CB00011B/850
9783743629851